TIINA RAEVAARA

WARUM UNS HUNDE GLÜCKLICH MACHEN

TIINA RAEVAARA

WARUM UNS HUNDE GLÜCKLICH MACHEN

… und was das mit unserer gemeinsamen Evolutionsgeschichte zu tun hat

Aus dem Finnischen von Tanja Küddelsmann
und Reetta Karjalainen

KNESEBECK *Stories*

F I
L I

Die Übersetzung dieses Buches wurde gefördert durch die finnische Organisation Finnish Literature Exchange (FILI).

Titel der Originalausgabe:
Minä, koira ja ihmiskunta: lajien välisen yhteiselon historia.
Erschienen bei: Like, 2022
Copyright © Tiina Raevaara, 2022
German language edition published by agreement with
Tiina Raevaara and Elina Ahlback Literary Agency, Helsinki, Finland.

Projektleitung: Emma Oeding, Knesebeck Verlag
Übersetzung: Tanja Küddelsmann, Oldenburg,
und Reetta Karjalainen, Yläne
Lektorat: Dr. Carina Heer, Burgebrach
Umschlaggestaltung und Layout: Favoritbüro, München
Umschlagabbildung: Hund © shutterstock/pressranya Nr: 2345689623
Satz: Buch-Werkstatt GmbH, Bad Aibling
Herstellung: Arnold & Domnick, Leipzig
Druck: Livonia Print, Riga
Printed in Latvia

ISBN 978-3-95728-843-1

Elektronisch ist folgende Ausgabe erhältlich:
eBook (epub): ISBN 978-3-95728-860-8

www.knesebeck-verlag.de

Für meine Kinder

INHALT

ZU BEGINN
DIE MENSCHHEIT

Die Geschichte der Menschheit ist eine Geschichte von Kriegen, Verstädterung und Technisierung.

Das war schon immer so. Und so wird es uns in Schulbüchern und auch nett verpackt in Bestsellern erzählt. Ein Blick ins Bücherregal oder in die nächstgelegene Bibliothek reicht, um zu verstehen, was ich meine. Die Vergangenheit scheint eine einzige unendliche Aneinanderreihung von Kriegen zu sein.

Andererseits handelt die Geschichtsschreibung auch davon, wie genial wir Menschen sind. Wir sind die Erfinder des Fernrohrs, der Schrift, der Kanalisation, des Verbrennungsmotors, der Wolkenkratzer, der Mondflüge und der Computer. Die Geschichte des Menschen dreht sich im Grunde darum, wie unsere Artgenossen lernten, Metalle, Holz und Stein zu nutzen. Unsere Geschichte ist eine Geschichte der Verarbeitung von Materialien.

Als schön wird die Geschichte der Menschheit nie dargestellt. In der Geschichtsschreibung wird uns erzählt, wie aggressiv unsere Artgenossen gewesen sind. Unsere Geschichte ist geprägt von skrupellosen Anführern, Tod, Hass und Zerstörung. Sie ist auf Rachegelüsten und Völkermorden aufgebaut.

Vor allem wird der Mensch immer einsam und isoliert dargestellt. Oder nicht einmal das: Es wird als selbstverständlich angesehen, dass es in der Geschichte niemanden sonst gab. Es gab nur die Spezies Mensch, die alleine entstand, sich alleine entwickelte, alleine ihre Erfindungen machte und alleine ihre Städte erbaute. Diese Geschichte des einsamen Helden haben auch die Religionen aufrechterhalten. Sie sprechen oft von Göttern, die ausschließlich den Menschen nach ihrem Vorbild erschufen und ihnen Regeln vorgaben, mit deren Hilfe sie sich von allem anderen auf der Welt unterscheiden konnten.

Heute zelebriert die Gattung Mensch ihre Einsamkeit und droht dabei, an ihrer Einzigartigkeit zu ersticken. Gleichzeitig späht sie weit in das Weltall in der Hoffnung, dass dort – endlich – jemand ist.

Und wenn wir alles ganz anders betrachten würden? In diesem Buch erzähle ich eine andere Wahrheit vom Menschen. Ich erzähle vom Menschen, der ein Tier ist wie alle anderen Tiere auch und für den es während seiner Evolution wichtig war, eng mit den anderen Tierarten zusammenzuleben.

Ich erzähle vom Menschen, der beharrlich den Kontakt zu den anderen Tieren gesucht hat. Ich will eine Geschichte erzählen, bei der die Menschheit sich durch Uneigennützigkeit, Rücksichtnahme und Toleranz auszeichnet. Ich will beweisen, dass die Menschen sich nicht allein auf der ganzen Welt ausgebreitet und ihre Gemeinschaften aufgebaut haben, sondern zusammen mit den anderen Tierarten.

Wenn man die Geschichte aus diesem Blickwinkel betrachtet, handelt sie nicht mehr vom Menschen allein.

Sie handelt auch vom Hund – und von vielen, vielen anderen Lebewesen.

APRIL

1. KAPITEL

ICH

Vor drei Jahren begriff ich, dass ich krank war. Ich stand unter ständiger Anspannung und in mir brodelte es.

Es war, als befände sich mein Körper andauernd in einem Alarmzustand. Abends konnte ich stundenlang nicht einschlafen, und wenn es mir endlich gelang, wachte ich alle paar Stunden auf. Nach fünf Uhr morgens war es aussichtslos, noch einmal einschlafen zu wollen. Beängstigende Gedanken gingen mir im Kopf herum und wurden riesengroß. Alle meine Erinnerungen waren schlecht geworden, glückliche Momente zu unglücklichen und Freunde zu Feinden, als würde ich mir ein Negativ von meinem Leben ansehen.

In meinen Gedanken führte ich unentwegt Gespräche, bei denen ich mich vor jemandem rechtfertigen musste. Es waren keine Erinnerungen an vergangene Gespräche, sondern eine Art Vorbereitung auf bevorstehende. Ich war mir sicher, dass Leute aus diesem oder jenem Grund sauer auf mich wären, und in Gedanken bereitete ich mich auf die Anschuldigungen vor, die bald auf mich einprasseln würden.

Ich war unendlich müde. Alles war anstrengend, die Arbeit ebenso wie der Alltag, ich wollte nur meine Ruhe haben. Es war Spätherbst und draußen war es ebenso düster wie in meinen Gedanken. Meine Erkrankung war die Folge von jahrelanger Überarbeitung und dem Glauben an die Unerschöpflichkeit meiner Kräfte. Zumindest dachte ich das damals.

Ich bin jetzt 42. Ich habe immer so gelebt, als wäre mein Leben jeden Moment zu Ende. Gleich nach der Oberstufe ging ich an die Universität Helsinki, um Biologie zu studieren. Mit 22 machte ich meinen Master und knapp vier Jahre später meinen Doktor. Mein erstes Kind wurde geboren, während ich an meiner Dissertation schrieb, und das zweite gleich nach deren Fertigstellung. Als ich 29 war, wurde mein Debütroman veröffentlicht. Mit nicht einmal dreißig hatte ich also mehr Träume verwirklicht, als in so manches Menschenleben hineinpassen.

Das Tempo drosselte ich deswegen nicht. Seit dem Beginn meiner Schriftstellerkarriere habe ich mit der Ausnahme von zwei Jahren jedes Jahr ein Buch veröffentlicht. Ich bin im Vorstand verschiedener Vereine, lehrte an diversen Universitäten Wissenschaftskommunikation und populärwissenschaftliches Schreiben und lebte daneben natürlich noch mein sonstiges Leben: Ich habe meine Kinder aufwachsen sehen, bin umgezogen, gereist, habe mich verliebt und wieder getrennt, habe von meinen Großeltern Abschied genommen und bin selbst älter geworden.

Vor fünf Jahren, im Jahr 2016, wurden drei Bücher von mir veröffentlicht, und jenes Jahr halte ich auch für einen ausschlaggebenden Grund für meine Erkrankung. Den Sommer und Herbst davor hatte ich fieberhaft geschrieben. Ich hatte gerade den Verlag gewechselt und arbeitete am zweiten Teil meiner Thrillertrilogie – ich wollte beweisen, dass das Vertrauen, das der neue Verlag in mich gesetzt hatte, berechtigt gewesen war. Als der Thriller zum Jahreswechsel fertig war, begann ich eine Auftragsarbeit zu schreiben, die Romanversion zu einer Fernsehserie, die in der Welt von Genmanipulationen angesiedelt ist. Als es Frühling wurde, hatte ich auch diese Aufgabe zu einem Ende gebracht und da musste ich auch schon mein Sachbuch über die allgemeine Rezeption von

Wissenschaft fertigstellen, das wie vereinbart zu Herbstbeginn veröffentlicht werden sollte.

An diese Zeit entsinne ich mich nur bruchstückhaft: Ich erinnere mich, wie ich bis in die Nacht hinein schrieb und mein Gehirn mit Musik zwang, wach zu bleiben. (Das Frühwerk von Genesis eignet sich gut dafür.) Ich erinnere mich, wie bedrückt ich abends im Dunkeln spazieren ging, weil ich vom Verlag eine E-Mail erhalten hatte, in der ich ermahnt wurde, endlich das Manuskript abzugeben. Ich weiß noch, dass ich nicht mehr in halb liegender Stellung am Sofa schreiben konnte, wie ich es sonst tue, weil ich schläfrig wurde und das Denken sich verlangsamte. Ich musste so aufrecht wie möglich sitzen, den Körper unter allen Umständen in Bewegung halten.

Dieses Jahr mit den drei Büchern überdehnte meine psychischen Gummibänder derart, dass sie zwei Jahre später, im Herbst 2018, nachgaben und rissen.

Ich habe immer die unterschiedlichen Jahreszeiten und die damit einhergehenden durchaus auch launischen Wetterlagen genossen, aber an das Wetter in jenem Herbst erinnere ich mich gar nicht. Ich habe keinerlei Vorstellung davon, wie die Natur aussah. In meiner Erinnerung war es damals immer dunkel. Gewiss sind der Oktober und November in Finnland finster. Die Sonne geht mit jedem Tag früher unter und später auf und in regnerischen Wochen kann man den Eindruck gewinnen, dass die Sonne hinter der Wolkenschicht gar nicht mehr existiert. Normalerweise konnte ich jedoch selbst der Dunkelheit und dem endlosen Novemberregen etwas abgewinnen.

Zu der Zeit, als ich krank wurde, schrieb ich wieder an einem neuen Roman – der wollte einfach nicht Form annehmen und die Teile wollten sich nicht zu einem Ganzen zusammenfügen –, daneben arbeitete ich auch zusammen mit einer Freundin an einem ausufernden Sachbuch. Zudem war ich für die Vorbereitungen eines Kongresses zur Wissenschaftskommunikation zuständig, schrieb Kolumnen und Blogtexte und lehrte nebenberuflich Wissenschaftskommunikation an der Universität Turku, wo man mir einige Monate zuvor eine befristete Gastprofessur übertragen hatte.

In meinem Kopf zischte und brodelte es. Emotional ging es in mir drunter und drüber. Ich hatte nicht den Eindruck, mein Leben irgendwie im Griff zu haben. Ich regte mich immer schon leicht auf, aber damals nahm diese Eigenheit überhand und ich war vor Auftritten, vor Lehrveranstaltungen und wegen jeder Kleinigkeit bei dem von mir organisierten Kongress kurz vor dem Durchdrehen. Wenn ich zu einer Besprechung in die Stadt fahren musste, stresste mich schon am Vorabend der Gedanke, ob ich in der Straße einen Parkplatz finden würde. Ich hatte Angst, dass alle E-Mails, die ich verschickt hatte, unhöflich und plump wirken könnten.

Ich konnte meinen Kindern nicht bei der Schule helfen. Meine Paarbeziehung litt darunter, dass ich gar keine Nähe aushielt. Ich hatte mich auch breitschlagen lassen, montagabends für ein paar Stunden auf die beiden kleinen Jungs einer Freundin aufzupassen, und der bloße Gedanke daran ließ mich verzweifeln. Ich war andauernd genervt und wäre am liebsten möglichst viel allein gewesen.

Wenn ich nach den Vorlesungstagen auf der dunklen Autobahn von Turku nach Hause fuhr, drehte ich die Musik möglichst laut auf, denn das war das einzige Mittel, die Gedanken mit etwas anderem als Beklemmung zu füllen. (Ich hörte Kate Bushs Album *The Dreaming*. Wahre Kraftmusik, aber seit jener Zeit, seit jenen Momenten kann ich sie nicht mehr anhören.)

Kurz nach Weihnachten schüttete ich einer Freundin, die Psychiaterin ist, mein Herz aus. Sie verschrieb mir zunächst das Antidepressivum Mirtazapin, das derart müde macht, dass ich nicht wagte, es nach einem ersten Probieren weiter zu nehmen. Dennoch wirkte es wie ein Neustart für mein Gehirn. Ein wunderbares, willkommenes Gefühl. Die Angst wich für einen Moment. Um den

Jahreswechsel herum konnte ich meinen Roman fertigstellen, indem ich mich für ein paar Tage in die leer stehende Wohnung einer anderen Freundin in Kouvola zurückzog.

Als der Alltag nach dem Jahreswechsel wieder begann, ging ich in Therapie. Im Gesundheitszentrum kam ich zunächst zu einer psychiatrischen Krankenschwester und dann zu einem Arzt. Er hörte mir zu, ich bekam positive Gedanken, Stimmungsaufheller und eine Überweisung für eine Kurztherapie. Ich beantragte auch eine Kur zur Aufrechterhaltung der Arbeitsfähigkeit, die im Herbst darauf beginnen sollte.

Die Situation verbesserte sich schnell. Ich vertrug die Medikamente gut und mein Körper kam zur Ruhe, ich konnte nach und nach besser schlafen und nahm mir im Frühjahr einen Monat komplett frei. Die schlimmste Erschöpfung ließ langsam nach. Ich unternahm mit meinem Hund lange Spaziergänge in Sipoonkorpi, dem nahe gelegenen Nationalpark. In jenem Frühjahr trug die Schneedecke ausnehmend gut. Die Frühlingssonne und der lang anhaltende Frost hatten den Schnee so hart werden lassen, dass man überall ohne einzusinken gehen konnte. Die Welt erschien mir weitläufiger. Die Sonne strahlte unglaublich hell.

Ich malte an einem Gemälde und konzentrierte mich auf den richtigen Gelbton. Ich räumte das Chaos, das sich zu Hause angehäuft hatte, auf. Das Sachbuch, das ich mit meiner Freundin zusammen geschrieben hatte, erschien. Das Leben schien wieder vorwärtszufließen, anstatt irgendwo in der völligen Finsternis festgefahren zu sein.

Ich musste mit meiner Arbeit auch noch den ganzen April pausieren, denn ich erkrankte an einer ungewöhnlich starken Grippe mit all ihren Nachwehen und musste fast alle Auftritte, Versammlungen und Lehraufträge absagen. Der Sommer war ziemlich unbeschwert. Die Ferien der Kinder nahmen dem Alltag die Eile und mir machte mein neues Hobby, das CrossFit, Spaß.

Im August konnte ich die Therapie beginnen und mich auf die Ursache all meiner Probleme, also mich selbst, konzentrieren.

Obwohl die psychiatrische Krankenschwester im Gesundheitszentrum mich ermahnt hatte, mich in der Therapie ausschließlich mit dem Burn-out zu beschäftigen, wusste es die Therapeutin zum Glück besser. Sie verstand bald, dass mich nicht nur der Stress in der Arbeit oder der volle Alltag mit Familie und Beruf störten. Am meisten belasteten mich meine Beziehungen zu anderen Menschen – oder eigentlich meine ganze Art, mit anderen Menschen zusammen zu sein.

Für Menschen ist es wesentlich, inmitten von anderen Menschen zu leben. Doch wenn der Mensch Probleme mit mit anderen Menschen hat, wird sein ganzes Leben zu einem Dickicht von Schwierigkeiten.

2. KAPITEL
HUNDE — WAS PASSIERT,
WENN SIE FEHLEN

Wie gesagt kann ich mich nicht daran erinnern, wie die Natur in dem Herbst meines Zusammenbruchs aussah. Ich müsste mich eigentlich daran erinnern, denn ich habe mich immer viel draußen bewegt, in Wäldern und auf Feldern, am Flussufer und in guten Wintern auch auf dem Eis des zugefrorenen Flusses. An jenen Herbst kann ich mich nicht erinnern, aber an den darauffolgenden Frühling, als alles sich langsam besser anfühlte. Meine mit Igor, meinem selbst getrimmten, mittelgroßen Pudel, unternommenen Ausflüge auf dem leuchtend weißen Schneehang des Nationalparks sind mir unauslöschlich in Erinnerung geblieben. Ich hatte mir kurze und breite Skier gekauft, die gut auf dem Rücksitz meines kleinen Autos Platz haben, und lief auf den Skiern mit dem Hund weiter den Fluss entlang als jemals zuvor.

Ein ebensolcher Frühling ist jetzt, zwei Jahre später, während ich an diesem Buch schreibe. Im April kann man jedoch nicht mehr Ski fahren, sodass ich beim Spaziergang mit Igor eher Plätze aufsuche, an denen die Sonne zuerst auch die letzten Schneereste schmelzen lässt.

Es ist gerade diese Zeit im Frühling, in der das Leben endlich über den Tod zu siegen scheint. Damit man versteht, was ich meine, muss man vermutlich in einem Land wie Finnland leben, in dem der Winter lang und kalt ist. Die Bäume verlieren ihre Blätter und sind über die Hälfte des Jahres bloße Skelette. Der Großteil der Vögel flieht vor dem Winter woanders hin. Eine Bekannte erzählte mir, sie hätte einem ausländischen Freund gegenüber den finnischen Winter einmal so geschildert: Es ist, als ob du dich im Gefrierschrank einschließt und dir dort in der Kälte und Dunkelheit jemand mit einem nassen Fetzen im Gesicht herumfuchtelt.

Wenn der Schnee im Frühling endlich schmilzt, sieht das Land zunächst tot aus. Unter dem Schnee kommt trockenes Gras zum Vorschein, braun gewordene Blumenstängel, eine verschimmelte graue Wiese sowie der ganze Müll, den der Schneepflug während des Winters mit dem Schnee an die Straßenränder geschoben hat. Die ersten Frühlingstage sind nicht schön. Irgendwann jedoch wird alles anders. Der Boden wird langsam grün, die toten Grashalme werden von lebenden überdeckt, die Bäume bekommen Knospen. Wir spazieren am Flussufer entlang und auf den platt getrampelten Pfaden des Naturschutzgebietes. Ich betrachte den vor mir gehenden Hund, der eifrig in den letzten Schneepfützen herumstöbert und an der Uferböschung stehen bleibt, um einem im Wasser schwimmenden Ast hinterherzusehen.

So lange ich mich erinnern kann, habe ich Hunde gemocht. Das Gefühl ist schwer zu beschreiben oder als bloßes *Mögen* abzutun. Richtiger gesagt habe ich immer schon ein riesengroßes Bedürfnis verspürt, in der Gesellschaft von Hunden zu sein. Ich habe Hunde in mein Leben ersehnt und habe geradezu danach gedürstet.

Nicht, dass ich die Anwesenheit von Hunden gewohnt gewesen wäre. Als Kind hatte ich zu Hause nie einen Hund, worüber ich sehr traurig war. Womöglich gab es da ein frühes, vergessenes Erlebnis, das mein Interesse an Hunden geweckt hat. Ich habe meine Eltern noch nicht dazu befragt.

Aus meiner Kindheit erinnere ich mich natürlich an viele Hunde. Beinahe in allernächster Nachbarschaft gab es Joonas, einen kleinen weißen Westhighlandterrier eines älteren Ehepaares, mit dem ich einige Male spazieren ging. In derselben Straße wohnte auch ein Dalmatiner, dessen Besitzer sehr laut war und sich erbitterte Wortgefechte mit seinem Nachbarn von gegenüber lieferte. Ich weiß nicht, wie der Hund hieß, aber ich erinnere mich daran, wie das Besitzerehepaar nach seinem Tod versuchte, das Auto von seinen Haaren zu befreien. Ich half ihnen dabei, gesellte mich einfach so dazu und zupfte mit Malerkrepp Hundehaare (ich war als Kind ziemlich mutig). Als Belohnung bekam ich einen Schokoriegel.

Der liebste Hund der Umgebung war mir Lili, eine als Begleithund ausgebildete, unentwegt schwanzwedelnde Labrador-Retriever-Hündin, die irgendwann während der Unterstufe in die Familie eines Klassenkameraden kam. Mit ihr ging ich oft spazieren, besonders während der Oberstufenzeit. Lili war eine äußerst brave und unkomplizierte Hündin und sie flippte aus vor Freude, wenn ich an der Tür läutete und sie mich durch das Flurfenster erblickte. Den ersten halben Kilometer sind wir immer voll gesprintet, damit Lili ihre überschüssige Energie abbauen konnte. Danach durchstreiften wir mitunter stundenlang die Wälder und das Flussufer meines Heimatstädtchens. Manchmal riss Lili von zu Hause aus und kam mir auf dem Schulweg entgegen. Sie drehte selbstständig ihre gewohnte Morgenrunde und ging dabei immer am Straßenrand, wie es sich gehörte. Wenn Lilis Bruder ausriss, steuerte er immer gleich den Bahnhof an und stieg in den nächstbesten Zug ein.

Und dann war da noch Saara, die schokoladenbraune Labradorhündin einer befreundeten Familie, die ich die ganzen zwei Stunden lang am Bauch kraulen konnte, die wir bei ihnen auf Besuch waren. Und alle Hunde meiner Freunde: Jesse, Turre, Leevi, Kössi, Lara, Taku, Netta, Romeo …

Hunde waren für mich immer schon die wichtigsten Tiere. Dennoch fand ich auch alle anderen Tierarten außerordentlich interessant. Ich hatte einfach das Bedürfnis, mit Tieren zusammen zu sein – also mit anderen Tieren als dem Menschen. Ich interessierte mich für Katzen, Pferde, Vögel, Frösche sowie eigentlich für alle Tiere, die mir über den Weg liefen.

In der dritten Klasse wechselte ich aus der normalen Unterstufe in die Musikklasse und fand unter meinen neuen Klassenkameraden eine zweite Tierbegeisterte. Wir verbrachten viel Zeit in den nahe gelegenen Wäldern und fingen heimlich Maulwürfe und Mäuse im Holzschuppen meiner Familie. Lebendig natürlich. Meine Freundin hatte beneidenswerte Fähigkeiten, sie wusste beispielsweise, wie man aus einem Eimer, einer Plastiktüte und einem Köder eine Falle baute. Wir hatten vor, eine Art geheimen Tiergarten auf dem Zwischendach des Schuppens zu errichten, aber zu ihrem Glück konnten unsere Nagetierfreunde entkommen, indem sie ein Loch in das Plastikterrarium nagten. Heute arbeitet diese Freundin als Ökologieprofessorin.

Ich konnte betteln, soviel ich wollte, meine Familie schaffte sich trotzdem keinen Hund an, aber in der dritten oder vierten Klasse bekam ich eine Rennmaus als Geschenk – genauer gesagt einen Mäuserich. Er hieß Max Moritz von Gerbil und konnte hervorragend Treppen hinaufhoppeln. Sein schöner wildbrauner Farbton am Rücken ging an den Seiten zum Goldblond am Bauch über. Am Schwanzende hatte er eine Quaste. Später bekam ich ein kleines Aquarium, in dem ich zu viele und die falschen Fische unterbrachte.

Viele meiner Haustiere habe ich in meiner Unwissenheit falsch behandelt, was mir nach Jahrzehnten noch immer zu schaffen macht. Mein erster Aquarienfisch, ein einsamer Guppy, lebte in einem kleinen Plastikbehälter. Er hätte viel mehr Platz, einen richtigen Filter und Artgenossen um sich herum gebraucht. Mein späteres Sechzig-Liter-Aquarium war viel zu klein für die große Anzahl an Fischen, die ich hatte, und ganz besonders für meinen groß gewachsenen Harnischwels, einen Bodenfisch mit einer schönen hohen Rückenflosse.

Zehn Jahre lang hatte ich eine Erdkröte als Haustier, die mir meine Kusinen von einer Joggingrunde mitgebracht hatten, weil meine Tierliebe für sie eine lustige Schrulle darstellt. Die daumengroße Kröte bekam viel zu unregelmäßig Futter und ich war zu unwissend, um ihr zum Beispiel ihren Winterschlaf zu lassen – abgesehen davon, dass man Wildtiere niemals gefangen nehmen sollte. Das ist unethisch.

Ich hatte das Bedürfnis, mit Tieren zusammen zu sein, aber keine Ahnung, wie man sie richtig behandelt.

Jahrelang hatte ich auf der Terrasse unseres Hauses ein Glasgefäß stehen, dessen Bewohnerschaft ich aus dem Bach geholt hatte: Wasserflöhe, kleine Wasserschnecken und Wasserasseln, außerdem natürlich Wasserpflanzen. Sie schienen in dem Behälter sehr gut zurechtzukommen, wenn ich das Wasser immer wieder nachfüllte. Das Miniaturökosystem war auch für die Erwachsenen interessant zu beobachten.

Max Moritz von Gerbil starb im respektablen Alter von dreieinhalb Jahren, und danach geriet die Lage ein wenig außer Kontrolle. Neben dem Aquarium und der Erdkröte hatte ich Feuerechsen oder richtiger gesagt wahrscheinlich Feuersalamander. Ich hatte auch Stabschrecken, Riesenerdschnecken, Hausgrillen sowie Amerikanische Großschaben. Die Schaben hielt ich heimlich, weil meine Mutter mir befohlen hatte, sie loszuwerden. Die Hausgrillen veranstalteten hingegen einen so fürchterlichen Lärm, dass ich ihr Terrarium nachts unter ein Sitzkissen und einen Stapel von Decken stellen musste, damit ich schlafen konnte.

Eine Hausgrille entkam und etwas später hörte man aus der Wand neben meinem Bett ein furchterregendes Knirschen, ein völlig unwirkliches Geräusch, ich war sicher, dass Außerirdische irgendeinen Apparat in den Schornstein hatten fallen lassen. Tatsächlich habe ich bis ins Erwachsenenalter hinein ziemlich irrationale Ängste gehabt. Zwischen dem Verschwinden der Grille und dem Auftreten des Geräusches war so viel Zeit vergangen, dass ich die beiden Ereignisse nicht miteinander in Zusammenhang brachte. Das Geräusch war so angsteinflößend, dass ich mich nächtelang weigerte, in meinem Zimmer im Obergeschoss zu schlafen. Eines Nachts kam die Grille endlich aus der Wand heraus und meine Eltern töteten sie. Ich weiß nicht, warum ich das Geräusch nicht als das meiner eigenen Hausgrille erkannte, vielleicht klang es aus dem Inneren der Wand übertragen anders oder die betreffende Grille war von einer anderen Art als diejenigen, die ich vorher gehabt hatte.

Irgendwann in den letzten Jahren am Gymnasium kümmerten sich meine Eltern nicht mehr so sehr darum, was ich alles in mein Zimmer schleppte. Ich hatte mehrere Rennmäuse und später einen Hamster, ein geradezu unfassbar niedliches Geschöpf. Für meinen ersten richtigen Freund besorgten wir zusammen drei Degus. Vom Aussehen erinnerten die wildbraunen Nager an groß gewachsene Rennmäuse, von ihrer Lebensart und den Kletterkünsten an eine Kreuzung zwischen Ratten und Eichhörnchen. Während meiner Studienzeit, als ich schon von zu Hause ausgezogen war, hatte ich sogar mehrere Ratten, aber da hatte ich auch meinen größten Traum verwirklicht: Ich wohnte mit einem Hund zusammen. Den Hund hatte mein damaliger Lebensgefährte angeschafft.

Von allen Tierarten war insbesondere der Hund mein Traum und mein Seelentier, die Verdichtung all meiner Tierliebe und meiner Sehnsucht nach tierischer Gesellschaft. Und das ist er noch immer.

Nach dem Gymnasium begann ich ein Studium der Biologie – natürlich. Ich war zufrieden, bis ich nach dem ersten Studienjahr eine mittlere Krise erlebte. Ich war die ganze Zeit über sicher gewesen, dass ich in Richtung Ökologie weitermachen und Tiere und Tierpopulationen erforschen würde. Während des an sich schnell und erfolgreich absolvierten Studiums hatte ich jedoch immer mehr das Gefühl, dass ich mich auf etwas Kleineres konzentrieren wollte. Ich wollte genauer hinsehen. Als Hauptfach wählte ich Genetik und habe die Wahl nie bereut. Über die Gene kann man das ganze Leben betrachten, seine Regelmäßigkeiten und den Wandel.

Ich begann schon ziemlich früh, an meiner Masterarbeit zu schreiben, im Frühjahr meines zweiten Studienjahres. Ich saß oft auch an den Wochenenden im Labor, kümmerte mich um die Zellkulturen und setzte Polymerase-Kettenreaktionen in Gang, mit deren Hilfe man gewünschte DNA-Frequenzen vervielfältigt. Das Ziel war es, solche Kopien des menschlichen MLH1-Gens zu konstruieren, die mit einer bestimmten Dickdarmkrebsart zusammenhängende Mutationen aufwiesen. Als ich die Mutantengene hergestellt hatte, züchtete ich in den Zellkulturen Proteine, die diese Mutationen enthielten, und untersuchte die Wirkung der Mutationen auf die natürliche Funktionsweise der Proteine. Das MLH1-Protein hat eine wichtige Aufgabe in den Zellen: Es repariert in der DNA entstandene Schäden. Menschen, die eine genetische Veranlagung dafür haben, an Dickdarmkrebs zu erkranken, haben oft eine vererbte Mutation in dem Gen, das für die Kodierung des MLH1-Proteins zuständig ist. Wenn die Reparatur der DNA nicht funktioniert, häufen sich in den Chromosomen der Zelle Fehler und schließlich kann die Zelle zu einer Krebszelle werden.

Nach der Masterarbeit begann ich meine Doktorarbeit zum selben Thema zu schreiben. Mittendrin kam mein erstes Kind zur Welt und ich nahm einen kurzen Mutterschaftsurlaub, und ungefähr ein halbes Jahr nach Fertigstellung meiner Dissertation nahm ich mir zum zweiten Mal Mutterschaftsurlaub, als mein Jüngster geboren wurde.

Während der Mutterschaftsurlaube widmete ich mich einem weiteren Traum: Ich fing an, Kurzgeschichten und einen Roman zu schreiben. Meine Kurzgeschichte »Fischadler« gewann auch bei einem Kurzgeschichtenwettbewerb, aber von der Preisverleihung weiß ich nur noch, dass ich mich unförmig und verschwitzt fühlte. Einen Monat zuvor hatte ich meinen Jüngsten zur Welt gebracht.

Wie die Gesellschaft um mich herum hatte auch ich immer gedacht, dass ein Hund bloß ein Haustier ist, ohne größere Bedeutung für alle außer Haustierliebhaber. Ich hätte mich nicht mehr irren können. Als ich aus meinem zweiten Mutterschaftsurlaub zur Forschung zurückkehrte, durfte ich mit einer Forschungsgruppe zusammenarbeiten, die die Gene von Hunden untersuchte. Zum ersten Mal überhaupt schaute ich aus wissenschaftlicher Perspektive auf dem Hund. Der Forscher Hannes Lohi, den ich bereits vorher kannte, war nach seiner Postdoc-Phase in Kanada wieder nach Finnland zurückgekehrt und hatte ein ambitioniertes Projekt gestartet, das eine riesige Biodatenbank finnischer Haustierhunde zusammensammeln sollte. Wir redeten mit vielen Hundemenschen: mit Züchtern, Vertretern von Rassevereinen, Tierärzten und sogar mit Chefs der Polizeihundestaffeln. Wir versuchten herauszufinden, was für Gesundheitsprobleme es unter den Rassehunden gab.

Hannes hatte während seiner Jahre in Kanada eine wichtige Entdeckung gemacht: Er hatte mit seinen Kollegen bei Vertretern der Lagotto-Romagnolo-Hunderasse einen Gendefekt entdeckt, der Epilepsie verursacht. Die Epilepsie, an der die Lagottos, auch italienische Wasserhunde genannt, erkranken, gleicht der sogenannten Lafora-Krankheit, einer Epilepsie-Form, die bei Menschen im Teenageralter auftritt. Diese Entdeckung war der Beginn der bedeutenden Forschungsrichtung, die Hannes in Finnland initiierte. Indem man die Gene von Hunden untersucht, kann man Erklärungen für Krankheiten der Menschen finden.

Wenn man aus der Evolutions-Perspektive auf die Welt der Lebewesen schaut, ist es mehr als eindeutig, dass Mensch und Hund nah miteinander verwandt sind. Darüber hinaus haben Menschen und Hunde viele sehr ähnliche Krankheiten: Zivilisationskrankheiten, Herzfehler, verschiedene Formen der Epilepsie, Krebs, Autoimmunerkrankungen und so weiter. Häufig steckt hinter Krankheiten die Fehlfunktion eines oder mehrerer Gene und oft kann sogar eine genetisch vererbte Veranlagung dazu führen, dass man an einer bestimmten Krankheit erkrankt.

Wie die anderen Säugetiere auch teilen Mensch und Hund im Großen und Ganzen dieselben Gene. Im Erbgut der Hunde ist es jedoch einfacher, bestimmte Symptome verursachende Genveränderungen zu finden, als in dem des Menschen. Das hat mehrere Gründe. Erstens sind die Hunde einer Hunderasse wegen strenger Zuchtkriterien einander genetisch sehr ähnlich. Die Züchtung und die Kreuzung untereinander unterbindet zusätzliche Veränderungen im Erbgut – also im DNA-Inhalt aller Chromosomen. Wenn es weniger »Hintergrundrauschen« gibt, ist der mit der Krankheit zusammenhängende Gendefekt leichter auszumachen.

Auch gibt es in den Stammbäumen der Rassehunde mehr Mitglieder und man kann ihre Herkunft weiter zurückverfolgen als beim Durchschnittsmenschen. Das erleichtert ebenfalls das Finden von Krankheitsgenen. So kann man mit der Forschung sowohl den Gesundheitszustand der Menschen als auch den der Hunde verbessern. Mittlerweile ist Hannes schon längst Professor und weltweit führender Experte auf seinem Gebiet.

Ich war nicht sehr lange bei der Hundeforschung dabei, denn ich brannte darauf, zu schreiben. Der Alltag mit kleinen Kindern war hektisch und ich begriff, dass meine beiden Leidenschaften – die Literatur und die Forschung – einfach nicht gleichzeitig in mein Leben passten. Beide verlangten Aufopferung und gleichermaßen kreative Energie. Ich wurde freiberufliche Schriftstellerin und ging ernsthaft daran, meinen Debütroman fertigzustellen. Ich war jedoch sehr dankbar für meinen Abstecher in die Welt der Hundeforschung. Erst dadurch hatte ich die Einzigartigkeit der gemeinsamen Geschichte von Mensch und Hund verstanden. Ich begriff, wie alt der Hund als Spezies ist und wie das Zusammenleben mit dem Menschen sein Wesen geprägt hat. Ich begriff auch, was für eine wichtige Rolle der Hund in der menschlichen Kultur spielt. Einige Jahre später schrieb ich mein erstes Sachbuch. Es handelte natürlich vom Hund und seiner Evolutionsgeschichte.

Woher kam mein Interesse für Tiere? Je mehr ich mich mit dem Thema beschäftigt habe, desto mehr bin ich der Überzeugung, dass es sich um eine angeborene Eigenschaft handelt, ein Bedürfnis, das aus den individuellen Persönlichkeitsmerkmalen entspringt. Ich glaube, dass ich im Großen und Ganzen als eine solche nach tierischer Gesellschaft lechzende Hundefreundin zur Welt gekommen bin.

Viele begründen die Tierliebe abschätzig und etwas unwissenschaftlich mit dem Pflegeinstinkt, also dem besonders für Frauen typischen biologischen Bedürfnis, sich um den Nachwuchs zu kümmern – und wenn es solchen nicht gibt, um etwas anderes.

Ich habe noch nie an diese Begründung geglaubt. Natürlich ging es in meiner Beziehung zu Max Moritz von Gerbil oder später zu den Hunden auch viel um Pflege. Es ist in vielerlei Hinsicht erfüllend, auf die Bedürfnisse eines Tieres richtig einzugehen: zu sehen, dass es das Futter isst, das ich ihm anbiete, sein Geschäft dort verrichtet, wo ich es vorgesehen habe, und sich in dem Schlafhäuschen wohlfühlt, das ich für ihn gebaut habe, und dort seinen Futtervorrat anlegt. Andererseits ist es für mich auch intellektuell belohnend, wenn es gelingt, einer sich vom Menschen unterscheidenden Tierart eine funktionierende Umgebung anzubieten. Wenn das Tier sich in der von mir geschaffenen Umgebung sichtlich wohlfühlt, habe ich das Gefühl, als hätte ich ein Rätsel gelöst. Es war als Kind direkt ein Triumph für mich, als ich lernte, die Frösche und meine Kröte zu füttern, indem ich ein Stück Futter auf meine Fingerspitze legte und sie dann vor dem Tier bewegte.

Als das Elsterjunge, das bei uns zur Pflege wohnte, seinen Schnabel zum Essen nicht öffnen wollte, hatte ich die Idee, einen schwarzen Handschuh anzuziehen. Daraufhin öffnete sich der Schnabel. Vielleicht ähnelte die Farbe des Handschuhs ein bisschen dem schwarzen Kopf der Vogelmutter.

Ich erinnere mich nicht daran, dass ich als Kind und Jugendliche irgendeine Art von Pflegeinstinkt gegenüber Menschenkindern oder Babys gehabt hätte. Ich spielte nicht mit Babypuppen und empfand die Kleinkinder in meiner Verwandtschaft eher als lästig. Ich kann mich eigentlich nicht einmal an sie erinnern, als sie klein waren. Manche meiner Freundinnen hatten bereits im Gymnasium einen starken Wunsch nach eigenen Kindern, aber ich selbst konnte mich damals mit diesem Gefühl keinesfalls identifizieren.

Wenn die Tierliebe bloß ein Nebenprodukt des normalen Pflegeinstinktes wäre, müsste dieser Instinkt dann beim Menschen nicht auch in seiner Ursprungsform zu erkennen sein? Wenn ich als Kind aus einem Pflegeinstinkt heraus Tiere um mich versammelte, hätte man denselben Pflegeinstinkt dann nicht auch gegenüber kleinen Menschenkindern bemerken müssen?

Der Großteil meiner Haustiere war außerdem ziemlich weit vom Menschen entfernt. Die langgliedrigen und schwebenden Ästen gleichenden Stabschrecken waren nicht gerade dafür geschaffen, den Pflegeinstinkt zu wecken, den die kindlich runde Erscheinungsform der eigenen Kinder sofort hervorruft.

Um ehrlich zu sein, fürchtete ich mich anfangs sogar vor meinen Stabschrecken. Als kleines Kind graute es mir richtiggehend vor Weberknechten und später wurde dieselbe Angst durch die sechsbeinigen und sich schaukelnd fortbewegenden Stabschrecken ausgelöst. Trotzdem kaufte ich sie in der Zoohandlung, und als die größte von ihnen einmal entlaufen war, musste ich sie in meinem Zimmer suchen. Als ich unter meinen Schreibtisch kroch, fand ich sie an der Unterseite der Tischplatte, nur wenige Zentimeter von meinem Gesicht entfernt. Ich musste all meinen Mut zusammennehmen, um das große Insekt mit der Hand zurück in sein Terrarium zu setzen.

Die Stabschrecken waren überhaupt nicht auf jene Art niedlich, wie man es oft von Haustieren annimmt. Und auch die streichholzschachtelgroßen Schaben, die den Stabschrecken folgten, waren das nicht. Und obwohl sie in ihrem Terrarium irgendwie auf eine sympathische Weise ungelenkig wirkten, konnte ich es überhaupt nicht genießen, als vor ein paar Jahren im Urlaub Schaben der gleichen Größe über den Boden meiner Ferienwohnung in Dubrovnik kraxelten. Dennoch habe ich mich als Kind auch für Schaben interessiert. Ich versuchte, für sie passendes Futter zu finden und im Terrarium eine Umgebung für sie zu schaffen, in der sie sich wohlfühlten. Informationen über unterschiedliche Tiere fand man damals nicht so leicht wie jetzt im Internetzeitalter.

Wesentlich für meine Tierliebe scheint mir der Austausch, eine Wechselwirkung zwischen mir und dem Tier zu sein. Dass wir miteinander kommunizieren. Mit den Stabschrecken bestand die Kommunikation darin, dass sie die Blätter aßen, die ich ihnen brachte, und auf den Ästen herumkletterten, die ich ihnen im Terrarium platzierte. Mit der Rennmaus war die Kommunikation schon viel mannigfaltiger: Sie kam aus ihrem Terrarium freiwillig in meine Hand, fraß mir ihr Lieblingsessen direkt aus der Hand und lernte, die lange Treppe im Zuhause meiner Kindheit bis nach oben zu hüpfen, als ich den Fortschritt mit Sonnenblumenkernen belohnte.

Vielleicht ist dieses Bedürfnis nach Wechselwirkung ein Schlüssel dafür, dass mir von allen Nicht-Menschen-Tieren gerade die Hunde die liebsten sind. Der Hund ist ein Tier, mit dem man kommunizieren kann und das ganz klar auch selbst mit dem Menschen in Austausch treten will.

Warum reicht mir die Kommunikation mit Menschen nicht? Die ist doch viel mehr von Belang. Warum das Leben mit Weichtieren und Gliederfüßlern verschwenden, die meistens nicht einmal meine Anwesenheit bemerken, wenn ich zur selben Zeit mit meinen Artgenossen beispielsweise über Friedrich Dürrenmatts Bücher diskutieren könnte oder über Kingston Walls Musik oder darüber, wie man die letzte Szene in Joyce Carol Oates Roman *My sister, my love* interpretieren könnte?

Warum versuche ich, mit einem Hund kommunizieren, wenn der Versuch jedenfalls größtenteils zum Scheitern verurteilt ist? Ich liebe lange analytische Gespräche mit Menschen. Dennoch muss ich ehrlich zugeben, dass mich andere Tiere viel mehr interessieren als meine Artgenossen.

Ich lese diese Aussage von eben immer wieder von Neuem. Sie hört sich roh an, kalt und absolut falsch, denn am wichtigsten auf der Welt sind mir meine Kinder und ihr Wohlergehen.

Mit fremden Menschen, die mir entgegenkommen, mag ich dennoch nicht reden – dagegen fällt mir auf, dass ich mit mir entgegenkommenden Katzen, Pferden, Krähen und Fröschen immer Kontakt aufnehme. Ich könnte stundenlang die Vögel im Vogelhäuschen beobachten oder die Igel beim Herumwuseln, aber ich könnte nicht stundenlang in einem Café sitzen und fremde Menschen beobachten.

An der Begegnung von Tieren und Menschen gibt es doch einen wesentlichen Unterschied. Von Tieren umgeben verspüre ich eine innere Ruhe, die ich unter Menschen, wie mir scheint, nie erreichen kann.

Als meine Angstzustände und meine Erschöpfung vor zwei Jahren sich allmählich besserten und ich mich bei Frühlingsanbruch schon Schritt für Schritt ein bisschen besser fühlte, kehrte dennoch nicht alles wieder zum Normalen zurück. Ich hatte ein riesiges Bedürfnis, allein zu sein. Meine Kinder ertrug ich – allerdings neigen Teenager ohnehin dazu, sich in ihr Zimmer hinter verschlossene

Türen zurückzuziehen. Aber sonst spürte ich, wie mich Menschen sehr schnell überforderten. Die Nähe meines Partners war zum Beispiel zu anstrengend für mich. Ich hatte das Gefühl, dass die bloße Anwesenheit eines anderen Erwachsenen andauernd etwas von mir verlangte: den anderen wahrzunehmen, seine Reaktionen, Stimmlagen, Worte und alle möglichen versteckten Botschaften zu deuten, mein eigenes Dasein anzupassen. Auch kurze Besuche waren anstrengend. Ich ließ Geburtstage von Bekannten und Freunden ausfallen, mied Buchpremieren, Konzerte und Kunstausstellungseröffnungen.

Große Menschenansammlungen gingen mir gegen den Strich. Mit meinen Freundinnen traf ich mich natürlich – aber nur unter vier Augen oder in kleinen Gruppen, aber die Treffen waren leichter, weil ich wusste, dass sie nicht endlos lange dauern würden.

Überhaupt ertrug ich die Kommunikation mit Menschen am Vormittag besser als am Abend. Am Abend war ich schon merklich erschöpft und auch kleine Dinge belasteten mich unverhältnismäßig stark. Wenn zum Beispiel abends noch eine Nachricht aus der Schule meiner Kinder eintrudelte und ich mit dem Kind beispielsweise noch herausfinden musste, wo seine Schlittschuhe oder Skier waren, zischte und brodelte es in meinem Gehirn beim Schlafengehen und es ließ sich nicht abschalten.

Jetzt sind seit jenem von Erschöpfung gezeichneten Frühjahr zwei Jahre vergangen. Mein Zustand hat sich weiterhin allmählich gebessert, aber die Empfindlichkeit gegenüber sozialer Belastung ist geblieben. Am Abend noch am Sofa sitzen zu bleiben, um mit der Familie zu reden, ist nicht gut. Auch nur ein kurzer Blick auf Facebook oder Twitter kann dazu führen, dass ich spät am Abend noch etwas sehe, was dann in meinem Kopf herumspukt. Die abends angesiedelten, mit der schriftstellerischen Tätigkeit verbundenen Auftritte kosten mich garantiert den nächtlichen Schlaf. Auch sonst kommt es mir fast unmöglich vor, zu Abendveranstaltungen zu gehen, und seien sie noch so nett und interessant. Ich bin mittlerweile diejenige, die von Abendessen und einem zusammen verbrachten Abend spätestens um neun nach Hause geht. Es geht nicht allein um physische Ermüdung. Die Begegnung mit anderen Menschen hat etwas an sich, was mich auf eine ganz besondere Weise belastet.

War ich immer schon so? Bin ich von meiner Persönlichkeit her introvertiert, eine Person, die strikt nach innen gekehrt ist und die jegliche soziale Interaktion Energie kostet? Bestimmt, zum Teil. Ich habe mich immer auch alleine wohlgefühlt. Meine eigenen Gedanken sind meines Erachtens äußerst interessant und unterhaltsam.

Früher habe ich mich jedoch in der Gesellschaft von Menschen wohlgefühlt. Ich habe sowohl Feste wie gemeinsame Abende genossen und leicht neue Menschen kennengelernt. Ich war von Menschen begeistert, ließ mich von ihnen inspirieren, zog Kraft aus den Begegnungen mit ihnen. Eine derartige durch Menschen hervorgerufene Erschöpfung, wie ich sie hier beschreibe, habe ich früher nicht gekannt.

Allerdings bin ich sowieso der Meinung, dass das Wesen der Menschen immer eine Kombination aus Introvertiertheit und Extrovertiertheit ist und deren Ausmaß nicht in Stein gemeißelt. In verschiedenen Lebenslagen kommen verschiedene Merkmale zum Vorschein. Wenn man von introvertierten und extrovertierten Menschen spricht, versucht man zudem nie, den Grund für diese Persönlichkeitsmerkmale zu finden. Es muss irgendeinen Grund dafür geben, dass wir Menschen uns darin unterscheiden, wie wir die Gesellschaft anderer Menschen erleben.

Jedoch belastet mich sogar in den schlimmsten Momenten meines Lebens nicht jede Gesellschaft. Während der Zeiten der Angst und der Erschöpfung, wenn ich allein sein wollte und Menschen mied, habe ich mich mit meinem Hund immer wohlgefühlt. Igor kam eineinhalb Jahre vor meinem Zusammenbruch zu uns und war zur Zeit meiner schlimmsten Erschöpfung jung, lebhaft und suchte Aufmerksamkeit. Dennoch hat auch seine fordernde Präsenz nie etwas Belastendes für mich gehabt. Und ein Hund versteht es tatsächlich zu fordern. Er hebt nicht die Hand, um sich zu Wort zu melden, und beschäftigt sich auch nicht mit seinem Handy, während er auf mich wartet. Im Gegenteil, Igor stößt mich mit seiner Schnauze am Knie an, wenn er Hunger hat. Er hüpft im Flur auf und ab, bis ich ihn in den Garten lasse. Er sitzt vor mir und starrt mich an, bis ich aufstehe und er mir zeigen kann, was er will.

Mitten in meinem Unwohlsein habe ich die ganze Zeit über gewusst, dass die mit meinem Hund zu zweit verbrachten Momente mir besonders guttun. Als ich es eilig hatte, waren es kurze Spaziergänge und ein Abstecher in den nahe gelegenen Wald, aber je weiter meine Genesung voranging, desto länger verweilten wir in Naturschutzgebieten und auf Naturpfaden. Meine Seele und mein Körper kommen zur Ruhe, wenn ich den neben mir auf dem Sofa schlafenden Igor betrachte. Meine Finger graben sich automatisch in sein Fell. Ich bin vielleicht der routinierteste Hundekrauler der Welt.

Ich kann nicht umhin zu fragen: Was hat es mit einem Menschen auf sich, der eher seinen Hund erträgt als seine Artgenossen?

3. KAPITEL
ZU VIEL GEFÜHL

In der Unterstufe war meine Lieblingssendung im Fernsehen *Star Trek – Das nächste Jahrhundert*. In der Serie befehligt Kapitän Jean-Luc Picard das zur Sternenflotte gehörende Raumschiff Enterprise irgendwo weit, weit weg in den noch nicht erkundeten Weiten des Weltalls.

Eine der zentralen Personen in der Mannschaft des Raumschiffes ist die Beraterin Deanna Troi. Ihre Mutter ist kein Mensch, sondern eine Betazoidin, das ist eine humanoide Spezies, und aufgrund ihrer Herkunft besitzt Troi telepathische Fähigkeiten. Wie die Artgenossen ihrer Mutter spürt sie auch über weite Entfernungen die Gefühlslage anderer Individuen.

Deanna Troi erspürt die psychischen Schwierigkeiten der Mannschaft und kümmert sich wie eine Kuratorin oder Therapeutin um sie. Eine noch wichtigere Rolle kommt Troi jedoch dann zu, wenn die Enterprise auf Vertreter einer fremden Intelligenz oder auf Siedlungen im All stößt. Kapitän Picard kann leichter Entscheidungen treffen, wenn er unterscheiden kann, ob die Vertreter der fremden Art beispielsweise wütend oder ängstlich sind.

Deanna Troi spürt ihre Wahrnehmungen sehr physisch. Wenn sie das Leid fühlt, das sich in einer Siedlung auf einem Planeten ereignet hat, stößt sie einen Urschrei aus und sackt auf der Kommandobrücke zusammen. Insbesondere Trauer und Tod haben eine starke Wirkung auf sie, sie verursachen regelrecht körperliche Schmerzen bei ihr.

Troi ist eine erfundene Figur, deren Eigenschaften mit fiktiven Umständen erklärt werden, wie dem genetischen Erbgut einer fremden humanoiden Art. In die wirkliche Welt versetzt wäre Deanna Troi ein sehr mitfühlender, empathischer Mensch, der unentwegt auslotet, was die Personen um ihn herum fühlen. Ein Psychopath ist im Gegensatz dazu nicht fähig Empathie zu empfinden. Er strebt danach, die anderen Menschen nach seinem Willen zu verändern, während ein super empathischer Mensch damit beschäftigt ist, in dem Gefühls-Dickicht anderer Menschen einfach nur zu überleben.

Die Deanna Trois im wirklichen Leben nehmen die Emotionen anderer Menschen in sich auf und fühlen sie womöglich noch stärker als ihre eigenen.

Ich bin Deanna Troi. Ich nehme ständig wahr, was die Menschen um mich herum fühlen. Ich mache mir schon im Vorhinein Sorgen darüber, dass andere Menschen enttäuscht, wütend, genervt, beängstigt oder traurig sein könnten. Wenn ein Mensch in meiner Umgebung dann enttäuscht, gereizt oder traurig ist, kann ich mich nicht auf mein eigenes Leben konzentrieren. Die Gefühle des anderen Menschen füllen meine Gedanken. Ich bin sehr empfänglich für die Stimmlagen, Gesten und Mimik der Menschen. Ich beobachte diese ständig und passe mein Verhalten an sie an. Ich tue mich sehr schwer, anderen etwas abzuschlagen, weil ich niemanden enttäuschen will.

Das alles hört sich so an, als wäre ich sehr uneigennützig und hilfsbereit. Ganz so ist es aber nicht. Im Grunde geht es zum Beispiel bei der Schwierigkeit, Nein zu sagen, auch um Egoismus, darum, das eigene Wohlbefinden nicht zu gefährden: Ich will mit allen Mitteln die Bedrängnis vermeiden, die bei mir durch die negativen Gefühle anderer Menschen aufkommt. Denn meine Bedrängnis ist etwas sehr Physisches. Alle, die starke Angstzustände erlebt haben, wissen, dass man Geist und Körper eines Menschen nicht voneinander trennen kann. Das Herz schlägt schneller, auf der Brust lastet ein Druck. Der Körper gerät in einen Ausnahmezustand. Nachts wälze ich Probleme und leide an schlimmer Schlaflosigkeit. Ich will Situationen vermeiden, in denen ich anderen Menschen Ungemach bereiten könnte, um meine eigenen Angstzustände möglichst gering zu halten. Ich will nicht in Situationen geraten, in denen mir meine Empathielast zu schwer wird. Deswegen passe ich mich dem Leben der anderen an.

Mich selbst sehe ich in vielerlei Hinsicht widersprüchlich. Vor sozialen Situationen bin ich nervös, dennoch genieße ich die Gesellschaft von Menschen. Ich lerne schnell neue Menschen kennen und habe auch jetzt im Erwachsenenalter viele neue Freundschaften geschlossen. Ich werde rasch zum Teil einer Gruppe. Dennoch ist das Zusammensein mit Menschen gleichzeitig anstrengend. Ich reagiere auf die Bedürfnisse der anderen und passe mich den anderen an, aber ich kann Menschen auch im Nullkommanichts aus meinem Leben ausschließen. Das ist immer ein Zeichen dafür, dass ich die Gefühlsbelastung zu lange mit mir herumgeschleppt habe und keinen anderen Ausweg mehr sehe.

In Freundschaften und Paarbeziehungen ist meine Eigenart immer wieder eine große Belastung gewesen. Für das Gegenüber ist es ja zunächst ein Geschenk. Ich bin mit allem einverstanden, will keine Entscheidungen treffen, die zu Reibereien führen könnten, ich beschwere mich nicht und meckere schon gar nicht.

Während das Raumschiff Enterprise die unendlichen Weiten des Weltalls erkundet, wird Deanna Troi mehrere Male von einer unbekannten Intelligenz »eingenommen«: Ein fremder Geist erobert Trois Bewusstsein. Ich kann mir vorstellen, wie das ist. In einer Paarbeziehung fürchte ich, dass meine eigenen Grenzen verschwinden und ich sozusagen mit den Bedürfnissen und Gefühlen des anderen verschmelze. Und nach manch einer sehr fröhlichen Veranstaltung voller Menschen, Begegnungen und Gespräche habe ich das Gefühl, dass ich voller fremder Menschen bin und mein eigenes Ich bedeutungslos wird und verschwindet. Das ist sehr unangenehm und sogar beängstigend.

Als meine Erschöpfung am größten war, brauchte es für die Überforderung kein besonderes Ereignis oder eine große Menschenmenge. Die bloße Anwesenheit eines anderen Menschen genügte. Auch die Gesellschaft meines Partners war schwer zu ertragen, was für einen Außenstehenden seltsam sein kann. Dennoch ist das logisch: Die Paarbeziehung ist ja eine enge Beziehung, in der es leicht zu Spannungen kommen kann und bei der auch unter normalen Umständen eine enorme Bandbreite von Gefühlen auftritt, von Zuneigung bis hin zu verschiedenen Ängsten, von Unsicherheit bis zur Liebe, von Freude bis zur Enttäuschung. Als mein Geist und mein Körper im Herbst 2018 in einer Art Alarmzustand waren, wurde das dauernde Beobachten der Gefühlszustände eines anderen Menschen zu anstrengend.

Was ist der Grund für den Hang zu sozialer Empfindlichkeit und einer übergroßen, selbstzerstörerischen Empathie? Ich halte diese Eigenschaften für einen Teil meines Temperaments. Das Temperament ist einem Menschen angeboren. Man kann es mit Erziehung oder Schule nicht ändern, aber sein Auftreten kann sich im Lauf des Lebens ändern. Man kann seine Eigenheiten auch kennenlernen, was den Umgang damit erleichtert.

Das Temperament setzt sich aus verschiedenen Teilgebieten zusammen. Ein Teil ist die sogenannte Sensitivität, die Empfindsamkeit gegenüber äußeren Reizen. Zu den äußeren Reizen zählen auch soziale Situationen und das Verhalten anderer Menschen. Viele meiner Bekannten, die in einer Familie mit Alkoholproblemen aufgewachsen sind, haben erzählt, dass sie aufgrund der Umstände in ihrer Kindheit dafür sensibilisiert sind, die Gefühlslagen anderer

Menschen zu beobachten. Mein Leben war nicht so. Meine Kindheit und Jugend waren stabil, sicher und friedlich. Dennoch stelle ich fest, dass mein Problem bereits in der Kindheit da war. Ich war immer darauf bedacht, meine Eltern und meinen kleinen Bruder vor Enttäuschungen zu bewahren.

Für meine Eigenart gibt es keinen äußeren Grund. Ich bin nun einmal so, und so wie ich bin, muss ich lernen zurechtzukommen. Deanna Troi kann ihren telepathischen Kanal nicht schließen und ich kann es auch nicht. Mein Echolot ist die ganze Zeit in Betrieb.

Deanna Troi konnte zumindest Vertreter einer fremden Intelligenz treffen. Mein Leben ist damit verglichen sehr gewöhnlich. Auch kleine Dinge können jedoch zu einer Tortur werden. In der Unihockeytruppe lebe ich in ständiger Sorge, dass eine Spielerin ein Ereignis am Spielfeld Dritten gegenüber zu scharf kommentiert – ich fürchte Konflikte innerhalb der Mannschaft, obwohl sie in keiner Weise etwas mit mir zu tun haben. Bei einer Besprechung kriege ich Angst, weil ich zwischen zwei Gesprächsteilnehmern aufkommende Differenzen bemerke. Ich kann sehr schwer Arbeitsaufträge ablehnen, auch solche, die ich auf keinen Fall machen möchte, weil ich niemandem eine Enttäuschung, ein schlechtes Gefühl oder Umstände bereiten will, nicht einmal per E-Mail. Irgendwann vor Jahren hatte ich eine aufkeimende Fernbeziehung zu einem Mann, zu dem ich mich überhaupt nicht hingezogen fühlte, aber dessen flirtende Nachrichten ich nicht unbeantwortet lassen konnte. Zum Glück dauerte die belastende Situation nicht lange.

Soziale Situationen gehe ich im Vorhinein in Gedanken durch. Und das tue ich umso mehr, je erschöpfter und gestresster ich bin. Meine Gedanken füllen sich dann mit künftigen Konflikten, den Gefühlen der anderen, die es noch nicht gibt oder die es nicht einmal jemals geben wird.

»Make it stop!«

So ruft Deanna Troi der ihr zu Hilfe eilenden Ärztin zu, wenn sie den andauernden telepathischen Strom in ihrem Bewusstsein nicht mehr erträgt. Wir Deanna Trois des wirklichen Lebens empfinden diese Hilflosigkeit, diese Überlastung ebenfalls, wenn wir unter unserer Arbeitslast zusammenbrechen, unser Selbst und unsere Bedürfnisse schrumpfen, das Verhalten von Ex-Partnern schönreden, die Schulden anderer – im wörtlichen wie im übertragenen Sinne – bezahlen und im schlimmsten Fall in Beziehungen mit Drogenabhängigen oder Narzissten geraten. Die Nettigkeit, die Empfindsamkeit und die Unfähigkeit, Nein zu sagen, können in vielerlei Hinsicht teuer werden.

Deanna Troi hat in der Sternenflotte eine wichtige Aufgabe, aber welchen Nutzen hat die Menschheit bloß von jemandem wie mir?

Wieso bin ich so, wie ich bin?

4. KAPITEL
MENSCH SEIN – MENSCH WERDEN

Obwohl der Frühling im Ganzen betrachtet eine wunderschöne Zeit ist, ist das Beste daran die Ankunft der Vögel. Ich spaziere mit Igor am Flussufer entlang und beobachte ein Singschwanpärchen, das im hohen Gras der Flussbiegung ruht, im Schutz der Felder, des Wäldchens und der Autobahnbrücke. Die Schwäne brüten nicht am Fluss, sie sammeln hier nur Kräfte, bevor sie zu ihren Brutstätten weiterziehen. Die Vögel verlassen das Ufer, als wir in ihrer Nähe auftauchen. Sie scheinen zu verstehen, dass Mensch und Hund nicht bis ins Wasser kommen. Igor gewöhnt sich auch bald an die Schwäne und versucht sie nach dem ersten Mal nicht mehr anzubellen. Er ist begeistert von dem durch die Sonne aufgetauten Flussufer. Ich bin vollkommen überzeugt davon, dass man Hunden ihre Stimmung ansehen kann. Insbesondere Zufriedenheit und Entspannung erkennt man an ihrer ganzen Haltung von den Lefzen bis zur Schwanzspitze. Igor sucht Maulwurfshügel und Hasenkötel, steckt seine Schnauze inmitten der toten Grashalme in den lehmigen Boden. Der Schwanz peitscht aufgeregt hin und her.

Zu Hause stoße ich auf YouTube zufällig auf einen Kanal, auf dem ich im Livestream ein Fischadlernest beobachten kann. Ich weiß, dass die Anzahl solcher Nestkameras in den letzten Jahren geradezu explosionsartig angestiegen ist, aber ich habe versucht, nichts allzu engagiert mitzuverfolgen. Vor ungefähr zehn Jahren habe ich den ganzen Sommer lang die Ereignisse in einem estnischen Fischadlernest im Auge behalten. Abgesehen davon, dass mich das unheimlich viel Zeit kostete, merkte ich auch, dass es mich stresste. In der Natur wimmelt es nur so von Gefahren, sodass meine Seelenruhe in jenem Sommer unentwegt auf die Probe gestellt wurde. Das Wetter war unerträglich heiß und das Fischadlerweibchen bebrütete ihre Eier mit geduldigem, aber leidendem Habitus. Danach schützte sie ihre kleinen Jungen vor Hitze und Stürmen, während das Männchen einen Fisch nach dem anderen zum Nest brachte. Alle drei Jungen wurden groß und lernten fliegen.

Ich war viel zu sehr in die Vögel vernarrt, ich neige dazu, von allem sehr schnell zu eingenommen zu sein, von Häusern, Computern, Menschen, Routinen oder Erinnerungen, vor allem aber von Tieren, auch wenn ich sie nur über die Kamera sehe.

Jetzt ist das in West-Finnland befindliche Fischadlernest auf den Bildern noch leer und sieht nach dem Winter ziemlich mitgenommen aus. Ich werfe einen Blick auf den Chatverlauf neben dem Stream. Dort ist zu erfahren, dass das Fischadlerpärchen Alma und Ossi, das in den vorangegangenen Jahren in dem Nest gebrütet hat, noch nicht von den Kameras gesichtet worden ist. Viele Chatter scheinen das Nest bereits seit Jahren zu beobachten.

Menschen sind außerordentlich interessiert an dem Leben und den sozialen Beziehungen anderer, und das Interesse richtet sich nicht nur auf Menschen. Fischadler eignen sich dafür genauso gut – oder fiktive Personen wie die Protagonisten von *Reich und Schön* oder *Harry Potter*. Die Spezies Mensch hat ein angeborenes Interesse an allem, was andere tun, wollen oder erleben.

Angeboren ist uns das Bemühen, die Personen um uns herum zu verstehen. Sind wir jemals wirklich in der Lage dazu? Ich habe große Schwierigkeiten damit, auch nur mich selbst zu verstehen.

Nach meiner Erkrankung habe ich versucht, verschiedene Perspektiven zu finden, von denen aus ich meine Schwierigkeiten einordnen und besser verstehen könnte. Neben der Introversion stieß ich dabei auch auf das Thema Hochsensibilität. Hochsensible Menschen erleben äußere und innere Reize sehr stark und sind dadurch belastet. Ich finde natürlich auch an diesem Gedanken vieles, was zu mir passt, aber beides, die Introversion und die Hochsensibilität scheinen mir als Antwort nicht befriedigend. Sie erklären nicht genug: Meiner Meinung nach sind sie bloß Charaktereigenschaften. Es muss doch Gründe dafür geben, dass es introvertierte und hochsensible Menschen gibt.

Ich bin Biologin, also suche ich normalerweise nach Gründen in ferner Vergangenheit. Der Zeithorizont ist in der Biologie ein sehr weiter. Zum Beispiel entstand der heutige Mensch, *Homo sapiens,* vor etwa 300 000 Jahren, aber auch das ist im Maßstab der Evolution bloß ein Flügelschlag.

Vielleicht muss ich zuerst verstehen, wie es ist, ein Mensch zu sein, und erst dann bin ich der Lage, mich selbst zu erklären.

Die allgemein anerkannte Sichtweise ist, dass es in der Entwicklungslinie des Menschen, also in der Aneinanderreihung von Arten, die zu uns modernen Menschen geführt hat, drei bedeutende Entwicklungsschritte gegeben hat. Diese bestehen vor allem in Verhaltensänderungen, aber sie haben sich auch auf unsere physischen Eigenschaften ausgewirkt. Das Verhalten des Menschen im Laufe der Zeit hat sich darauf ausgewirkt, wie wir biologisch geworden sind. Und umgekehrt: Unsere biologische Beschaffenheit und wie sich unsere Biologie verändert hat, wirkte sich auf unser Verhalten aus.

Die von mir erwähnten drei Entwicklungsschritte sind *die Verwendung und Herstellung von Werkzeugen, die Sprache und andere symbolische Handlungen* sowie als Letztes die *Domestizierung* anderer Tierarten, also die Erschaffung neuer, zahmer Arten aus den wilden Urformen. Die Werkzeugkultur, die symbolische Kultur und die Haustiere, das sind kurz aufgelistet die wichtigsten Faktoren der Menschheit.

Die amerikanische Paläoanthropologin Pat Shipman, mit deren Gedanken ich mich in den letzten Jahren beschäftigt habe, nennt diese Entwicklungsschritte die *diagnostischen Merkmale* des Menschen. Was meint sie damit? Die diagnostischen Merkmale sind charakteristisch für den Menschen, mit ihrer Hilfe kann man unsere Art von anderen Arten unterscheiden, genau so wie man eine Krankheit mit genauer Diagnostik von einer anderen unterscheiden kann. Die Werkzeugkultur, das symbolische Verhalten und die Domestizierung anderer Arten sind zudem sehr alte Merkmale – teilweise stammen sie aus der frühesten Entwicklungslinie unserer Art und sind wichtig für unsere Evolution gewesen.

Diese drei Erkennungsmerkmale des Menschen kann man auch *extrasomatische Adaptionen* nennen. Dieses Wortungetüm weist darauf hin, dass es sich bei unseren diagnostischen Merkmalen um Anpassungen unseres Verhaltens handelt und dass deren Entstehung keine nennenswerten physischen Veränderungen erfordert hat. Die Urahnen des Menschen hatten Hände und geschickte Finger, lange bevor jemand begann, damit Werkzeuge oder andere Gegenstände herzustellen.

Das älteste der diagnostischen Merkmale der Menschen ist in der Tat die Herstellung von Werkzeugen – oder zumindest sind davon die langlebigsten Spuren erhalten geblieben. Die ersten Anzeichen von angefertigten Werkzeugen in unserer Entwicklungslinie, also die ältesten Anzeichen der Sachkultur, sind ungefähr zweieinhalb Millionen Jahre alt. Sie sind praktisch genauso alt wie die Spezies Mensch, *Homo*. Die Werkzeuge der ersten Sachkultur in der Olduvai-Schlucht im Norden Tansanias sind Steine, die zum Klopfen verwendet wurden, sowie von Steinen abgeschlagene scharfkantige Bruchstücke. Später fertigte man auch Werkzeuge aus Knochen an, danach kamen allmählich auch andere Materialien dazu.

Das zweite diagnostische Merkmal unserer Gattung ist etwas uneindeutiger, nämlich die symbolischen Handlungen und die Sprache. Uneindeutiger ist dieses Merkmal deshalb, weil es schwerer zu untersuchen ist als Steinwerkzeuge. Verhalten und Sprache hinterlassen nur implizite Hinweise in den archäologischen Schichten oder in dem übrigen Beweismaterial – etwa in den Genen. Das für unsere Art der Sprache wichtige FOXP2-Gen entstand spätestens vor 300 000 Jahren und man fand es abgesehen vom heutigen Menschen auch beim Neandertaler-Menschen. Das vom FOXP2-Gen produzierte Protein reguliert unter anderem die Muskeln des Kehlkopfes und wirkt sich auf die Entwicklung bestimmter für die Lauterzeugung maßgeblicher Hirnregionen aus. Es scheint jedoch unmöglich, herauszufinden, ob die Menschen damals wirklich sprachen.

Die ältesten Schriftsysteme sind nur 5000 Jahre alt. Wenn man die Geschichte der menschlichen Kommunikation betrachtet, ist das Schreiben bloß eine Fußnote. Andere Arten der Kommunikation sind viel langlebiger und wichtiger gewesen.

Zudem beinhaltet das symbolische Handeln weit mehr als nur gesprochene und geschriebene Sprache: Kunst, Rituale oder zum Beispiel Körperschmuck gehören alle zu seinen Ausdrucksformen. Die ältesten Felsmalereien sind ungefähr 45 000 Jahre alt, aber die allerältesten Anzeichen für die künstlerische Neigung unserer Vorfahren sind mindestens 430 000 Jahre alte Gravuren in einer Muschelschale. In die an einem indonesischen Flussufer bereits im Jahr 1890 gefundene Schale ist mit einem scharfen Gegenstand ein Sägemuster eingeritzt worden. Dieses wurde in der Muschelschale erst 2007 bemerkt. Der Graveur war aller Wahrscheinlichkeit nach ein Vertreter der Gattung *Homo erectus.*

Das dritte den Menschen definierende Merkmal ist die Domestizierung von Tier- und Pflanzenarten. Dieses diagnostische Merkmal ist auch das jüngste. Der Hund, der erste Begleiter des

Menschen und mein Seelentier, begann sich vor 30 000 Jahren vom Wolf abzuspalten, aber die meisten domestizierten Haustiere und Kulturpflanzen sind höchstens 10 000 Jahre alt.

Ich verwende in diesem Zusammenhang den Begriff *Domestizierung*, der vielleicht für viele ein unnötiges Fremdwort ist. Es gibt dafür jedoch keine genaue deutsche Entsprechung. Man spricht von Zähmung, aber das Wort ist nicht präzise genug. Zähmen kann man neben einer Art auch ein einzelnes Tier. Die Domestizierung bedeutet jedoch, dass eine ganze Tierpopulation sich verändert, und sie verändert sich nicht bloß von ihrem Verhalten her, sondern auch biologisch und genetisch. Einen einzelnen Wolfswelpen kann man zähmen, aber der Hund ist ein vom Wolf abstammendes domestiziertes, hinsichtlich seines Verhaltens und Aussehens von der Ursprungsart abweichendes Tier.

Der *Homo sapiens* hat Lebewesen auf der ganzen Welt domestiziert und die Vorgangsweise ist überall eigenständig gewesen. Es handelt sich also nicht um ein kulturelles Element, das sich von einem geografischen Ort in andere Gebiete ausgebreitet hätte. Die Nutzung domestizierter Arten verringerte die Abhängigkeit des Menschen von den Veränderungen in der Umwelt. Wenn man sich sein Essen selbst anbaute und seine Nahrungslieferanten selbst hielt, hing das Leben nicht davon ab, was man zufällig fand oder fangen konnte. Die domestizierten Nutztiere zogen mit dem Menschen an neue Wohnstätten. Auch die Kälte war besser zu ertragen, wenn Leder, Wolle und warum nicht auch die wärmende Nähe des Hundes verfügbar waren.

Zusätzlich zu Material und Nahrung boten die domestizierten Tiere auch noch eine ganze Menge weiterer Vorteile: Sie waren (und sind noch immer) Transportmittel und Wächter. Sie produzieren Dünger, verwerten Abfälle und wehren Schädlinge ab. Mithilfe der Tiere hat der Mensch mehr Kraft und Schnelligkeit erlangt und seine Sinne geschärft. Mithilfe eines Pferdes, Esels,

Hundes oder Lamas kommt man schneller und weiter voran als auf Menschenbeinen. Der Ochse pflügt den Acker und das Pferd zieht die Baumstämme viel leichter aus dem Wald als der Mensch. Dem Schwein kann man die Lebensmittelreste verfüttern, die Katze hält die Nager fern von den Kornspeichern. Der Hund spürt viel effizienter den Hirsch im Wald auf als der Mensch. Die domestizierten Tierarten sind so tief mit unserer Lebensweise verwoben, dass man ihre Existenz oft nicht einmal wahrnimmt.

Alle drei diagnostischen Merkmale des Menschen – die Werkzeuge, die symbolische Kultur und die Domestizierung – sind von ihrem Ausmaß und ihrer Wirksamkeit einzigartig. Auch andere Tierarten verwenden Werkzeuge, zum Beispiel zum Herauspulen von Larven oder zum Zerschmettern von Muscheln, und deren Individuen oder Populationen können voneinander auch die Verwendung dieser Werkzeuge erlernen. An die Vielfalt der menschlichen Sachkulturen reicht jedoch keine andere Art heran.

Besonders außergewöhnlich an unserer Sachkultur ist die Herstellung der Werkzeuge. Auf die Bearbeitung des Materials wird viel Zeit aufgewendet und das Resultat unterscheidet sich stark vom Ausgangszustand. Andere Werkzeug anwendenden Tiere machen Gebrauch von bereits vorhandenen Eigenschaften eines Gegenstandes: Ein Schimpanse spitzt einen langen Ast oder Stock, damit er die im Astloch verborgene Beute aufspießen kann, aber der Stock ist, wie er ist. Daran verändert der Schimpanse nichts. Der Mensch verändert die Grundeigenschaften seiner Werkzeuge viel stärker.

Der Mensch hat außerdem schon früh Werkzeuge hergestellt, deren Zweck die Herstellung anderer Werkzeuge ist. Das erfordert gute kognitive Fähigkeiten: Man muss sich die einzelnen Arbeitsschritte vorstellen können. Man muss planen können, eine Vorstellung von dem Endergebnis haben und die Eigenschaften der verschiedenen Materialien mitberücksichtigen.

Symbolische Sprache und Verhalten sind womöglich noch schwieriger einzig der menschlichen Entwicklungslinie zuzuschreiben als die Sachkultur. Auch in der Kommunikation anderer Primaten kann man sprachliche Züge erkennen, zum Beispiel die Aneinanderreihung von Lauten oder Gesten, die bestimmte Dinge bedeuten, um eine Botschaft zu verdeutlichen. Der Tanz der Bienen, mit dem den anderen Bienen im Bienenstock mitgeteilt wird, wo sich der Nektar befindet, ist ein häufig verwendetes Beispiel für die Kommunikation der Tiere. Und sind nicht die aufwendigen Balztänze mancher Vögel mit den Ritualen der Menschen vergleichbar? Es ist sehr schwierig, symbolisches Verhalten einzig dem Menschen zuzuschreiben.

Einzigartig für die Symbolkultur der Menschen ist jedoch deren Fortbestand und Kumulation, also die Wiederholung. Die heute lebenden Menschen profitieren von dem, was die vorherigen Generationen gemacht haben, und entwickeln es weiter. Der Mensch hat gelernt, sein Denken mit Felsenmalereien, Gravuren und Schriftzeichen zu dokumentieren. Die Kultur des Menschen baut auf der vorherigen auf, ergänzt und verbessert diese. Wie bei der Sachkultur machen auch dieses diagnostische Merkmal die Menge und Komplexität einzigartig, nicht dessen bloßes Vorkommen.

Und die Domestizierung? Ist die Nutzung anderer Tierarten einzigartig für den Menschen? Unterscheidet sich die Beziehung von Mensch und domestizierten Tieren beispielsweise von all den symbiotischen Beziehungen, die im Tierreich vorkommen? Auch die Domestizierung kann man nicht einzig dem Menschen zuschreiben. Die Blattschneiderameisen legen mithilfe der zerkleinerten Pflanzenteile Pilzfarmen an, deren Wachstumsbedingungen sie sehr genau regulieren können, unter anderem dadurch, was für einen Boden sie dem Pilz bieten. Ameisen und Pilze haben sich während der Millionen von Jahren dauernden Evolution in einer für beide Seiten nützlichen Beziehung angepasst. Vielleicht sind für die Art des Menschen, zu domestizieren, die Schnelligkeit und Kurzlebigkeit typisch: Abgesehen davon, dass wir als Art gelernt haben, mit anderen Arten zusammenzuleben, kann ein einzelner Mensch Vertreter anderer Tierarten zur Aufzucht aufnehmen. Das scheint im Tierreich eine sehr einzigartige Vorgangsweise zu sein.

Jedes Lebewesen hat seinen Platz im Ökosystem, also seine eigene *Ökonische*. Mithilfe von Werkzeugen, symbolischer Kultur und Domestizierung hat der Mensch sich und seinen Begleitern aktiv seine eigene ökologische Nische gebaut.

Die drei diagnostischen Merkmale des Menschen sind der Schlüssel für den Erfolg der Menschheit gewesen, weil sie schnelle Anpassungen ermöglicht haben. Mit diesen Merkmalen haben sich die Menschen neue Lebensgewohnheiten aneignen und ihre Umgebung wechseln können. Von der alten Lebensweise hat man nahtlos zu einer neuen übergehen können, ohne dass die Evolution biologische Veränderungen des Menschen produzieren musste. Das Überleben des Menschen war nicht abhängig von einem bestimmten Klima, einer bestimmten Vegetation oder Bodenbeschaffenheit. Der Mensch hat seine Ökonische sozusagen immer mit sich getragen.

In den diagnostischen Merkmalen verbirgt sich jedoch etwas Merkwürdiges – fast ein Rätsel. Denn die rabiateste Entwicklung bei allen drei diagnostischen Merkmalen hat sich in der Zeit des heutigen Menschen, des *Homo sapiens,* ereignet. Die Sachkultur und die Kunst sind explosionsartig aufgeblüht, als unsere Spezies bereits etwa 200 000 Jahre alt war. Damals fing der Mensch an, andere Lebewesen zu domestizieren.

Physisch hatte sich nichts verändert, auch die Hände blieben so, wie sie schon seit Ewigkeiten gewesen waren. Das Gehirn war bereits vor dem Entstehen des *Homo sapiens* zu seiner heutigen Größe herangewachsen.

Es änderte sich etwas anderes.

Kurz gesagt lautet das Rätsel also: Was brachte den *Homo sapiens* vor knapp 100 000 Jahren dazu, sein Verhalten zu ändern? Was animierte ihn dazu, riesige Malereien an Felswänden anzubringen und zu seiner Unterstützung ganze Tierarten zu zähmen? Was änderte sich im innersten Kern des Menschseins, wenn doch biologisch alles schon seit Langem gleich gewesen war?

Ich versuche etwas, was vielleicht unmöglich ist, also in der Vergangenheit unserer Art Erklärungen für meine eigenen Schwierigkeiten zu finden. Mein Versuch wird nicht dadurch leichter, dass auch die Menschheit sich selbst ein Rätsel zu sein scheint.

5. KAPITEL
DIE BEDEUTUNG
DER MENSCH-TIER-VERBINDUNG

Ich werfe mal wieder einen Blick in den Livestream vom Fischadlernest. Ich habe einen festen Entschluss gefasst: Ich werde das Nest bloß nebenbei beobachten, nur ab und zu. In dieser Hinsicht kenne ich mich gut. Ich habe viel zu tun. Für den Sommer sind zwei große Schreibarbeiten geplant und ich kann es mir nicht leisten, nervös oder erschüttert zu sein. Ich habe vor, die Fischadler nur oberflächlich zu betrachten, ohne mich zu sehr einnehmen oder nervös machen zu lassen.

Ossi und Alma sind jetzt von ihrer Überwinterung zurückgekehrt. Bei mir kommen Erinnerungen an die Vögel in jenem estnischen Nest hoch, die ich vor zehn Jahren beobachtet habe, und ich fange an, die Sprache der Fischadler wieder zu verstehen. Schrille Revierschreie ertönen, als Ossi einen fremden Fischadler in der Nähe in die Flucht schlägt.

Ich entdecke, dass es noch ein weiteres Nest mit Livestream gibt. Auch dieses Nest befindet sich in West-Finnland, irgendwo in der Nähe von Ossis und Almas Nest. Genaue Orte werden nicht öffentlich bekannt gegeben. Dieses zweite Nest ist von einem jungen Fischadler namens Ahti eingenommen worden. Als Partnerin zieht das dreijährige Fischadlerweibchen Nuppu ein, für die der Nistversuch offenbar ihr erster ist. Ahtis Partnerin vom Vorjahr, Helmi, ist gar nicht wieder beim Kameranest erschienen. Selbst kann ich die Fischadler noch nicht voneinander unterscheiden, alle sehen gleich aus.

Mein Entschluss wackelt. Nach einigen Tagen Mitverfolgen sind die Livestreams zu beiden Nestern praktisch die ganze Zeit auf dem Computer offen, während ich schreibe. Der Warnruf der Fischadler unterbricht mein Schreiben immer wieder. Der Ruf beginnt mit kurzem, hohem Klirren, dann folgen längere, schrille Schreie und zum Schluss lässt das Fischadlermännchen einen ansteigenden, lang gezogenen Ruf hören.

Der letzte Laut hat etwas über alle Maßen Wehmütiges an sich. Viele Vogellaute haben auf mich dieselbe Wirkung. Der Ruf des Kranichs oder des Prachttauchers, das Quäken des nach Süden fliegenden Gänseschwarms und das dumpfe Trompeten der Schwäne sind geradezu herzzerreißend.

Das junge Paar Ahti und Nuppu baut noch fleißig an seinem Nest, aber das Nest von Alma und Ossi wirkt bereits wunschgemäß und fertig. Die Bauweise lässt sich aus dem Winkel der seitlichen Kamera nicht ganz genau beurteilen, aber es wirkt so, als wäre das Nest zu drei Vierteln von einem ziemlich undurchlässigen Rand aus zusammengetragenen Ästen umgeben. Beim letzten Viertel ist der Rand viel lichter und fehlt sogar ganz. Gewöhnlich landen die Fischadler an dieser Stelle auf ihrem Nest. Der Nestboden ist mit Torf, Moos und klein gehackter Baumrinde bedeckt. Die Nestmulde ist in die Hälfte des Nestes gescharrt worden, die von dem massiven Rand umgeben ist. Die Vögel haben sich lange darauf konzentriert, den Rand aus Ästen anzufertigen, aber jetzt in letzter Zeit tragen sie vermehrt Moos und trockenes Gras als bisher in das Nest. Das Nest sieht weich und gemütlich aus.

Ich bleibe bei dem Gedanken hängen, dass beide Fischadler zu wissen scheinen, wie ein gutes Nest aussieht. Ich habe keine Ahnung, ob sie während des Nestbaus miteinander kommunizieren.

Sie arbeiten ganz klar zusammen, aber über die Kamera höre ich keine Laute und kann ihre Gesten nicht so genau deuten. Ich merke nicht, was sie aneinander vermutlich bemerken. Es gibt Situationen, in denen die Vögel sich ganz deutlich gebärden. Wenn beispielsweise etwas Verdächtiges in der Nähe fliegt, stoßen sie ihren Warnruf aus und fächeln mit ihren Flügeln über dem Nest. Ich kann nicht sagen, ob diese Laute dazu dienen, den Feind zu vertreiben, oder als Hilferuf an den Partner gemeint sind. Immer wenn der den Warnruf ausstoßende Fischadler alleine beim Nest ist, eilt der andere schnell zu Hilfe. Ossi geht auch für Alma fischen. Alma stößt ebenfalls Rufe aus, wenn Ossi Fisch bringt, aber der Laut ist ein anderer als bei den Warnrufen. Oft gewinnt man den Eindruck, dass die Fischadler begreifen, wo der jeweils andere hinschaut, und sich auch selbst dorthin umdrehen.

Die Spezies Mensch ist sehr neugierig: Uns interessieren das Weltall, andere Planeten und die mögliche Existenz irgendeiner extraterrestrischen Zivilisation zunehmend. Gerade jetzt bin ich ungemein interessiert an dem Leben der Fischadler. Der *Homo sapiens* ist begierig nach neuen Erfahrungen und neuem Wissen.

Am meisten interessiert die Menschheit jedoch anscheinend der Mensch selbst. Wir sind immer begeistert, wenn es jemandem gelingt, die Spezies Mensch im neuen Licht zu präsentieren. Warum sind wir, wie wir sind? Sind wir wirklich einzigartig? Was ist die Quintessenz des Menschseins? Auf diese Fragen wollen wir immer neue Antworten.

Während ich das hier schreibe, ist das Buch *Im Grunde gut – Eine neue Geschichte der Menschheit* des niederländischen Historikers Rutger Bregman weltweit sehr beliebt. Darin stellt Bregman den Menschen als eine das Gute anstrebende, friedfertige Art dar. Er erzählt von Soldaten, die ihre Munition nicht verschossen, und von Jungen, die, nachdem sie auf einer Insel gestrandet waren, kein blutiges Chaos wie in *Herr der Fliegen* anrichteten, sondern füreinander sorgten und überlebten. Laut Bregman ist das grundlegendste Merkmal des Menschen das Streben nach Anständigkeit. Das ist seine Antwort auf unsere Fragen: Die Quintessenz des Menschseins besteht in Freundlichkeit und Kooperation.

Ein anderes äußerst beliebtes Buch, in dem es um den Menschen geht, ist das 2013 auf Deutsch erschienene Werk *Eine kurze Geschichte der Menschheit* des israelischen Historikers Yuval Noah Harari. Harari sieht den Menschen vor allem als einen Geschichtenerzähler, deren Gesellschaft von gemeinsamen Mythen aufrechterhalten wird. Die Menschen kooperieren und begnügen sich mit ihrer Rolle als Zahnrädchen der Gesellschaft, weil sie an gemeinsame Vorstellungen wie den Wert des Menschen, Moral und Gott glauben. Harari ist der Meinung, dass genau darin die Antwort auf alle Fragen zum Thema Mensch liegt: Unsere Faszination für Geschichten hat uns zu dem gemacht, was wir jetzt sind.

Beide Bücher wurden viel gelesen und dafür gelobt, dass sie eine neue Sichtweise auf das Menschsein bieten. Das Selbstwertgefühl der Menschheit ist wieder für eine Weile hergestellt – bis wir nach einer Weile wieder neue Erklärungen dafür ersehnen, warum wir so sind, wie wir sind.

Sowohl bei Bregmans als auch Hararis Büchern stört mich dasselbe: Sie schneiden den Menschen aus dem Kontext, also aus dem übrigen Tierreich. Ich selbst sehe den Menschen als festen Bestandteil der Biosphäre, also aller mit Lebewesen besiedelten Schichten der Erde. Wir haben uns aus früheren Arten entwickelt und unsere DNA beweist, dass wir denselben Ursprung haben wie alle anderen Lebewesen auf der Erde. Die Netzwerke der anderen Lebewesen um uns herum haben uns zu dem geformt, was wir sind. Bregman beschäftigt sich in seinem Buch jedoch nur mit den Beziehungen der Menschen untereinander. In Hararis Werken strebt die von Geschichten faszinierte Menschheit aus ihrer tierischen Herkunft der

Göttlichkeit entgegen. Alle anderen Tiere sind bloß Mittel zum Zweck und Objekte menschlicher Grausamkeit.

Vielleicht liegt das Problem darin, dass Bregman und Harari Historiker sind. Geschichte ist eine wunderbare Wissenschaft, eine Humanwissenschaft, bei der die Vergangenheit darüber definiert wird, was frühere Menschen gemacht haben. Die Kultur und Gesellschaft des Menschen beinhalten jedoch nicht nur Menschen. Es existiert überhaupt keine Gesamtheit, die nur Menschen enthält. Wir leben zusammen mit anderen Arten auf unserem kleinen Erdball. Diese anderen Tiere haben unsere Kultur geprägt und unsere Gesellschaft mit aufgebaut. Oder vielleicht sollte man es so sagen: Die Menschheit hat sich und ihre Welt mithilfe der anderen Tierarten geformt.

Das Nebeneinander der Arten ist nicht nur ein Merkmal der Vergangenheit. Egal in welchen Winkel der Erde man reist, die Menschen sind nie unter sich, sondern leben eng mit anderen Tierarten zusammen. Am Land sieht man Haustiere und Nutztiere, in der Stadt insbesondere Hunde. Sogar unter so extremen Bedingungen wie in Spitzbergen leben die Menschen mit Hunden zusammen.

Die Geringschätzung unserer tierischen Begleiter sieht man auch daran, dass Haustiere in der Forschung seit Langem unterrepräsentiert sind. Wie die Humanisten die Tiere bei der Geschichtsforschung vergessen haben, haben auch die Biologen nur Wildtiere erforscht. Erst in den letzten zehn oder fünfzehn Jahren sind die Haustiere wirklich in der Forschung angekommen.

Pat Shipman, die über die drei diagnostischen Merkmale des Menschen geschrieben hat, hat ähnlich wie Bregman und Harari auch ihre eigene Ansicht darüber, was das bedeutendste den Menschen definierende Merkmal ist. Shipman ist Paläoanthropologin, also auf eine Wissenschaft spezialisiert, bei der die Vergangenheit und Evolution des Menschen unter anderem mithilfe von Fossilien erforscht werden.

Der wichtigste richtunggebende Faktor für die Evolution des Menschen ist laut Pat Shipman nicht Anständigkeit oder gemeinsame Glaubenssätze, wie Bregman und Harari nach ihr behauptet haben, sondern etwas ganz anderes.

Am wichtigsten ist laut Pat Shipman die sogenannte *Mensch-Tier-Verbindung* gewesen. Nach ihrer Darstellung handelt es sich dabei um ein uraltes Merkmal der Spezies Mensch, das eine zentrale Wirkung auf die Evolution, das Verhalten und die Gene unserer Art gehabt hat. Die Verbindung zu den anderen Tieren ist so stark und grundlegend, dass man die menschliche Natur und die Evolution unserer Art ohne sie nicht verstehen kann. Pat Shipman schrieb über ihre Gedanken in dem Buch *The Animal Connection* sowie in zahlreichen wissenschaftlichen Artikeln.

Praktisch handelt es sich bei der Mensch-Tier-Verbindung um das Bedürfnis und die Fähigkeit des Menschen, andere Tierarten zu verstehen. Nach außen hin kann man es unter anderem daran sehen, dass der Mensch ständig etwas mit den anderen Tierarten zu tun haben will.

Die Mensch-Tier-Verbindung ist an sich weder etwas Gutes noch Böses. Sie bringt jedoch beides hervor. Es gibt unterschiedlichste Beispiele dafür, wie stark die Mensch-Tier-Verbindung ist: Von der gesamten Biomasse aller Säugetiere der Erde sind 60 Prozent, von der Biomasse der Vögel 70 Prozent Nutztiere des Menschen, wie Rinder oder Brathühnchen.

Wir halten auch massenhaft Haustiere. In Finnland wurden im Jahr 2020 mehr Hundewelpen registriert, als Kinder geboren wurden. Die Kynologische Gesellschaft Finnlands registrierte insgesamt 48 982 Hunde und laut der Prognose des Statistischen Zentralamtes wurden 46 452 Babys geboren. Noch vor zehn Jahren war die Statistik 60 000/51 000 zugunsten der Babys. Finnland ist hierbei nicht allein, das Phänomen ist überall in den entwickelten Gesellschaften zu beobachten. Genau genommen investieren wir so viel in die Haustiere, dass es für uns aus dem Blickwinkel der Evolution sogar schädlich ist. Es ist ziemlich bemerkenswert, dass wir zum Beispiel für Hunde Zeit und Geld opfern und uns nicht damit begnügen, stattdessen viele Kinder zu bekommen und unsere Ressourcen für sie zu verwenden. Über die Gründe für so ein bemerkenswertes Phänomen sollte man wirklich nachdenken, aber das wurde bisher kaum getan.

Pat Shipman forscht seit vielen Jahren, sie ist emeritierte Professorin der Paläoanthropologie, die sich besonders bei der Erforschung der Sachkultur der frühen Menschenarten einen Namen gemacht hat. Neben ihrem von mir bereits erwähnten Werk hat sie unter anderem Bücher darüber geschrieben, wie gerade die Mensch-Tier-Verbindung den heutigen Menschen erfolgreicher als den Neandertaler machte, sowie darüber, wie der Hund entstand (*Our Oldest Companions: The Story of the First Dogs*, 2021).

Es ist natürlich schwer, die Hypothese von der Mensch-Tier-Verbindung zu überprüfen. Die Vergangenheit ist bereits passiert, das Experiment kann man nicht wiederholen. Wie Yuval Harari und Rutger Bregman pickt auch Shipman die Rosinen aus dem Kuchen. Wenn man aus der Vergangenheit die ins eigene Gedankenkonstrukt passenden Einzelheiten heraussucht, wirkt jede Hypothese glaubhaft und vollkommen. Wenn man einen Hammer in der Hand hat, sehen alle Probleme wie Nägel aus. Shipmans, Bregmans und Hararis Gedanken können auch gleichzeitig wahr sein. Dieselbe Sache kann man durchaus aus verschiedenen Blickwinkeln betrachten.

Tatsächlich aber finde ich, dass die Geschichte der Menschheit neue Impulse braucht. Das einzig auf den Menschen gerichtete Bild von unserer Vergangenheit und Gesellschaft hat dazu geführt, dass wir die Welt an den Rand einer nie zuvor gesehenen Krise geführt haben. Die Klimaveränderung und das Schwinden der Artenvielfalt bedrohen auch schon unsere eigene Existenz. Wir haben offensichtlich nicht genug über unsere Beziehung zu anderen Lebewesen nachgedacht.

Rutger Bregman meint, wir seien im Grunde anständig, und Yuval Noah Harari meint, wir liebten Geschichten. Warum hat uns unsere Anständigkeit in die Situation gebracht, in der unsere Lebensweise alles Lebendige auf der Erde bedroht? Sind wir so weit gekommen, weil wir einander die falschen Geschichten erzählt haben und an die falschen Dinge geglaubt haben?

Ich finde, die Mensch-Tier-Verbindung erklärt die aktuelle Situation der Menschheit und rückt auch viele Puzzleteile der Vergangenheit des Menschen glaubhaft an seinen richtigen Platz. Pat Shipman hält die Mensch-Tier-Verbindung für einen so bedeutsamen Faktor in der Entwicklungslinie des Menschen, dass sie ihn zu der Liste der diagnostischen Merkmale des Menschen hinzufügen will. Zur Werkzeugkultur, dem symbolischen Verhalten und der Domestizierung würde sich so die Mensch-Tier-Verbindung gesellen.

Laut Shipman beweisen fossile und archäologische Funde, dass der Mensch bereits in seiner frühen Evolutionsphase eng mit anderen Tieren verbunden war. Zudem behauptet sie, dass der Mensch gerade wegen der Mensch-Tier-Verbindung zum Menschen wurde. Wir sind demnach so geworden, wie wir heute sind, weil der heutige Mensch und seine Vorfahren danach gestrebt haben, eine Verbindung zu anderen Tierarten und auch zur Natur insgesamt herzustellen. Ohne Mensch-Tier-Verbindung wäre der Mensch nicht, wie er heute ist.

Die Mensch-Tier-Verbindung begann mit der Beobachtung und Nutzung anderer Tierarten – ein Verhalten, das natürlich nicht einzigartig im Tierreich ist. Zum Beispiel können arktische Wolfsrudel Karibuherden auch über eine lange Zeit verfolgen. Die im Rudel jagenden Wölfe sind in der Lage, bei der Jagd sowohl das Verhalten der Beutetiere als auch das ihrer eigenen Artgenossen vorherzusehen. Delfine fischen, indem sie kooperieren. Der Vorgang ist sehr komplex und beinhaltet das Vorhersehen des Verhaltens der Fischschwärme ebenso wie das Vertrauen darauf, dass auch die eigenen Artgenossen wissen, was sie tun. Und ganz sicher hat das Bedürfnis, andere Tiere zu beobachten, auch mit der Vermeidung von Gefahren zu tun.

Beispiele dafür, wie die Tiere ihr gegenseitiges Verhalten prognostizieren können, gibt es unendlich viele, und es sind noch längst nicht alle identifiziert worden. Die Art, wie andere Tierarten die Welt wahrnehmen, ist so mannigfaltig, dass wir aufgrund unserer beschränkten Sinne nicht einmal alles berücksichtigen können.

Die Genialität von Pat Shipmans Mensch-Tier-Verbindungs-Hypothese zeigt sich, wenn man ihr Verhältnis zu Sachkultur, symbolischen Handlungen und Domestizierung von Tieren genauer analysiert. Die Tierverbindung verknüpft nämlich alle anderen diagnostischen Merkmale zu einem logischen Ganzen. Sie bietet den drei diagnostischen Merkmalen einen Rahmen. Einen Gebrauchszweck. Ein Licht, in dessen Schein man die anderen Merkmale betrachten kann.

Die Neigung zum Anfertigen und Gebrauch von Werkzeugen kam den archäologischen Funden nach spätestens vor 2,8 Millionen Jahren auf. Schlagsteine und Splitter wie jene der Olduvai-Sachkultur wurden unter anderem auf dem Gebiet von Tansania, Kenia und Äthiopien gefunden und sie gehörten den ersten Vertretern des Menschengeschlechts wie dem *Homo ergaster* und dem *Homo erectus* sowie unseren noch früheren Vorfahren, dem Südaffen *Australopithecus garhi*. Der Größe und Form nach zu urteilen, wurden die frühen Steingegenstände zum Beispiel als Kellen, Messer und Sägen verwendet. Darüber schreibt Shipman in ihrem Buch *The Animal Connection*.

Der *Australopithecus garhi* ging bereits auf zwei Beinen und die Männchen waren vermutlich deutlich größer als die Weibchen. Als

Länge eines als Weibchen klassifizierten Fossils wurden 140 Zentimeter gemessen. Der Kiefer war kräftig und vorstehend, die Zähne groß, das Stirnbein sehr vorgewölbt. Den *Australopithecus garhi* könnte man nicht mit dem heutigen Menschen verwechseln.

Was wurde mit den aus dem Stein geschlagenen Splittern und Brocken geschaufelt und geschnitten?

Zumindest Beutetiere. Zum Beispiel sind an den beim fossilen Material aus Gona und Bouri in Äthiopien gefundenen alten Tierknochen desto mehr Anzeichen für Schneiden und anderes Verarbeiten zu sehen, je mehr frühe Werkzeuge ebenfalls am Fundort waren.

Für Pat Shipman ist es wesentlich, dass die Werkzeuge des Menschen gerade für die Fleischverarbeitung verwendet worden sind: Die Entstehung der Sachkultur ist ein riesiger Sprung in der Evolution des Menschen und dieser Sprung hängt eben mit Tieren zusammen.

Wurde der Mensch mithilfe der Werkzeuge ein mit den Raubtieren vergleichbarer Fleischesser? Möglicherweise. Unsere früheren Vorfahren aßen wahrscheinlich dieselbe Nahrung wie die Schimpansen heute, also Früchte, Pflanzenteile, Wurzeln, Insekten, Vogeleier und nur selten irgendein kleineres Wildtier.

Die Wandlung zum Fleischesser geht nicht einfach so vonstatten. Das Leben als Raubtier oder auch Aasfresser ist herausfordernd. Auch andere Tiere gieren nach Fleisch und die Konkurrenten sind lebensgefährlich. Der Mensch ist kein besonders großes Säugetier. Der *Australopithecus garhi* hatte weder Reißzähne noch scharfe Krallen. Mithilfe der Werkzeuge minimierten unsere Vorfahren die Zeit, die man beim Tierkadaver verbringen musste. Sie hatten es eilig wegzukommen, bevor die größeren Raubtiere zur Stelle waren, oder aber sie wollten noch etwas von dem erlegten Tier haben, auch nachdem die großen Raubtiere zuerst die besten Stücke gefressen hatten. Das ermöglichten die Werkzeuge.

Yuval Noah Harari ist der Meinung, der frühe Mensch hätte vor allem Knochenmark gegessen. Wenn die Tiere an der Spitze der Nahrungspyramide, wie zum Beispiel die Löwen, die Beute erlegt und das beste Fleisch gegessen hatten, kamen als Nächstes Aasfresser wie Hyänen dran. Erst dann trauten sich die Menschen zur Beute, die Fleischfresser auf der niedrigsten Stufe der Nahrungspyramide. Mit ihren Werkzeugen kamen sie an das nahrhafte, aber schwer zugängliche Knochenmark heran. Die Menschen waren wie Spechte, die Larven aus einem Baum hervorholen, schreibt Harari in seinem Buch.

Die Bedeutung dieser Periode für die Evolution des Menschen und die Mensch-Tier-Verbindung, die diese Evolution lenkte, kann man gar nicht genug betonen. Der zum Fleischfresser gewordene Mensch musste lernen, sowohl das Verhalten der Beutetiere als auch das der rivalisierenden Raubtiere vorherzusehen. Die Individuen und Gruppen, die das gut konnten, zogen einen bemerkenswerten Nutzen aus dieser Fähigkeit. Das Vorhersehen setzte das Beobachten und Verstehen der anderen Tiere voraus und natürlich auch starkes Interesse an der Sache.

Fleischfresser leben weiter auseinander als die Pflanzenfresser. Vielleicht begannen die Vorfahren des Menschen genau aus diesem Grund, in immer weitere Gebiete zu ziehen: Vor zwei Millionen Jahren breiteten sie sich von Afrika über den Nahen Osten aus. Die steinzeitliche Sachkultur setzte seine Entwicklung an den neuen Wohnstätten fort.

Laut Mensch-Tier-Verbindungs-Hypothese von Pat Shipman erfolgte die nächste wichtige Phase in der Entwicklung des Menschen vor ungefähr 200 000–40 000 Jahren, als die Fähigkeit, Werkzeuge herzustellen, einen großen Sprung machte. Das ist genau der rätselhafte Zeitpunkt, auf den ich am Ende des letzten Kapitels hinwies. Der Mensch begann, verschiedene Materialien vielfältiger als bisher einzusetzen. Zudem wurden anstelle von Universalwerkzeugen unterschiedliche Geräte für verschiedene Zwecke entwickelt und mit den verbesserten Gerätschaften begannen auch die Jagdtechniken komplexer zu werden.

Die Veränderung passierte vor allem beim heutigen Menschen. Unsere Art entstand vor ungefähr 300 000 Jahren in Afrika, sie hatte also schon lange biologisch unverändert existiert. Die ersten Vertreter begannen vor ungefähr 100 000 Jahren in zwei Wanderungswellen in Richtung Europa zu ziehen, und die *Modernisierung des Verhaltens* oder *Diversifikation* geschah zur gleichen Zeit, als der heutige Mensch in Asien und Europa sesshaft wurde.

Manchmal wird das Ereignis auch *kognitive Revolution* genannt und es wird je nach Experten vor 80 000–30 000 Jahren verortet.

Der Begriff *Revolution* ist nicht besonders passend, weil er leicht das Bild einer schnellen Veränderung vermittelt, wobei der Prozess sich über einen Zeitraum von mehreren zehntausend Jahren vollzog. Andererseits hatten die Menschenkulturen bereits Millionen von Jahren ohne eine solche Entwicklung verbracht, wie sie sich jetzt in einem Bruchteil dieser Zeit vollzog.

Das Wort *kognitiv* weist darauf hin, dass das Denkvermögen des Menschen in jener Zeit leistungsfähiger wurde. Zum Beispiel ist die Vorgangsweise des Menschen, Werkzeuge für die Herstellung anderer Werkzeuge anzufertigen, ein Anzeichen für gute kognitive Fähigkeiten. Die Fähigkeiten scheinen das moderne Verhalten hervorgebracht zu haben. Der Mensch konnte immer besser planen und sich etwas vorstellen.

Andererseits kann man sich das Ereignis insbesondere als eine Revolution des symbolischen Handelns vorstellen. Genauer gesagt bewirkte diese Veränderung eine Vervielfachung symbolischen Denkens bei der Organisation des Handelns. Dieser Gedanke klingt kompliziert, aber wenn wir an unser heutiges Leben denken, dann organisieren wir doch unsere Handlungen in erster Linie mit Schreiben und Musik. Unsere symbolische Kultur gibt zum Beispiel vor, was der Mensch tut und wie er seine Zeit einteilt, wie er mit anderen umgeht und welche Rolle er in der Gesellschaft einnimmt.

Infolge dieser Ereignisse begann die Menschheit, neben Werkzeugen vermehrt Felsenmalereien, Skulpturen und Gravuren anzufertigen. Die Menschen fingen damit an, ihre Körper mit Farben zu schmücken und ihre Toten rituell zu begraben. Vermutlich entwickelten sich damals auch die sprachlichen Fähigkeiten rasant weiter. Mithilfe dieser Fertigkeiten vermittelte man Wissen von einem Individuum zum nächsten und von einer Gruppe zur nächsten, bewahrte Sachen im Gedächtnis, teilte und bestärkte gemeinsame Empfindungen untereinander und plante womöglich auch kommende Ereignisse. Organisation des Handelns ist genau das.

Anzeichen von Kunst gibt es auch aus viel früherer Zeit – ich meine zum Beispiel die 500 000 Jahre alten Gravuren in den Muschelschalen –, aber während der kognitiven Revolution stieg die Anzahl sprunghaft an. Vielleicht wurde damals auch gesungen und getanzt, vielleicht wurden Geschichten erzählt und vielleicht auch rhythmisch zur Musik getrommelt. Es gibt niemanden, der uns das sagen kann, und wir können nur raten, welche Teile unserer Kultur damals verstärkt wurden oder entstanden.

Wenn die biologischen Voraussetzungen beispielsweise für die Herstellung von Kunst bereits seit Hunderttausenden oder sogar Millionen von Jahren bestanden hatten, warum machte man auf einmal so wirksam Gebrauch von ihnen? Vor der kognitiven Revolution gab es den *Homo sapiens* mindestens schon 200 000 Jahre lang. In diesem Zeitraum ereignete sich in Europa beispielsweise die Saale-Eiszeit, die von den wärmeren Perioden, den Interglazialen, begleitet wurde. So ein Detail macht vielleicht deutlicher, um wie lange Zeiträume es geht. Auch wenn ich Jahrtausende und -millionen hier in diesem Text abhandle, als wären sie einfach so im Nu vergangen, geht es dabei dennoch um Veränderungen, die sich während einer sehr langen Zeit ereignet haben.

Auch im Kern der kognitiven Revolution blitzt die Mensch-Tier-Verbindungs-Hypothese von Pat Shipman auf. Sie ist wie das Kreislaufsystem, das Sauerstoff und Nährstoffe in alle Körperteile transportiert und ohne das der Körper nicht am Leben bleiben könnte.

Die älteste bisher bekannte Felsenmalerei ist die 45 000 Jahre alte, in einer indonesischen Höhle gefundene, naturgetreue Darstellung eines Sulawesi-Hirschebers. In Afrika, Europa, Asien und Australien – auf allen Kontinenten, auf denen sich der *Homo sapiens* vor rund 40 000 Jahren ausgebreitet hatte, findet man Felsenmalereien, und in der Tat: Diese Kunstwerke bilden Tiere ab. Die Künstler beschreiben in ihren Bildern die Eigenheiten der Tiere sehr genau. Auf ihnen kann man Farbe, Fellmuster, Verhaltensmerkmale und das Geschlecht erkennen. Zum Beispiel sind auf den 36 000 Jahre alten Tierbildern in der Höhle in Chauvet in Frankreich kleine Sprenkel, größere Flecken, aufgestelltes und glattes Fell sowie akribisch gezeichnete Ohren und Schnauzen zu erkennen, obwohl bestimmt ein Großteil der Details der Zeit zum Opfer gefallen ist.

Die Artenvielfalt auf den Bildern ist riesig. Die Chauvet-Malereien zeigen Pferde, Bären, Mammuts, Eulen sowie Nashörner und Löwen – die gab es tatsächlich damals in Europa. Auf diesen Bildern wird übrigens nie die Landschaft oder das Wetter abgebildet und nur sehr selten kommen Menschen vor oder beispielsweise Insekten, Pflanzen, Früchte, Nüsse und Wurzelknollen, von denen man doch annehmen kann, dass sie den Menschen jener Zeit wichtig waren.

Die Kunst oder zumindest die Felsenmalereien beschränkten sich darauf, von Tieren zu erzählen, überwiegend von Säugetieren und Vögeln. Die Gewohnheiten der Beutetiere und das Verhalten von Raubtieren, die für den Menschen gefährlich waren, sind Wissen gewesen, das ständig gebraucht wurde. Die Tiere hatten jedoch auch eine große rituelle Bedeutung. Die Gedanken von Shipman scheinen wirklich Sinn zu ergeben: Die Malereien können durchaus Beweise dafür sein, dass die Menschen Tiere beobachtet haben, sie verstehen wollten und schließlich das Gelernte auf den Höhlenwänden aufgezeichnet haben. Die Neigung des Menschen zu symbolischem Verhalten hängt offenbar eng mit anderen Tierarten zusammen.

In jenen seltenen Fällen, in denen die damaligen Künstler Menschengestalten zwischen Tierherden gemalt haben, sind an den Menschen Hörner oder zum Beispiel ein Vogelschnabel zu erkennen. Sind das Abbildungen von irgendwelchen uralten Ritualen, Erinnerungen an die Ausflügen der Schamanen? Sind es Versuche, die Grenze zwischen Mensch und Tier aufzuheben? Sind es Beweise dafür, dass es diese Grenze damals gar nicht gab?

Vielleicht haben die Menschen vor 40 000 Jahren über dieselben Dinge nachgedacht wie ich jetzt: über Merkmale, die den Menschen und den anderen Tieren gemeinsam sind und die sie voneinander unterscheiden. Über das Bedürfnis, ständig mit Tieren in Beziehung zu treten. Über die Faszination, die von Tieren ausgeht.

Ich habe das Gefühl, dass ich dem Kern meines Anliegens näher komme. Wenn ich die Beziehung der Menschheit zu Tieren verstehen könnte, würde ich vielleicht auch besser verstehen, warum es für mich so wichtig ist, mit Rennmäusen oder einem Hund zusammenzuleben, und warum ich meine Tage damit verbringe, über meinen Computerbildschirm Fischadler zu beobachten.

Die zentrale Bedeutung der Mensch-Tier-Verbindung für die Evolution des Menschen weist darauf hin, dass unsere Beziehung zu Tieren etwas Besonderes ist. Wenn ich verstehen könnte, warum die tierische Gesellschaft so angenehm für mich ist, könnte ich womöglich auch besser verstehen, warum die Gesellschaft von Menschen so anstrengend für mich ist.

6. KAPITEL
DIE ERSTEN SCHRITTE ZUR TIERLIEBE

Ich mag den Gedanken, dass ich ein uraltes Lebensmodell des Menschen verwirkliche, wenn ich mit Igor im nahe gelegenen Wald spazieren gehe oder ihn neben mir schlafen lasse. Das hat etwas Tröstliches. Vielleicht haben die Menschen bereits vor Tausenden und Zehntausenden von Jahren Seelenfrieden aus den gleichen Dingen bezogen wie ich. Ich bin nicht einzigartig und das ist eigentlich ein sehr tröstlicher Gedanke. Ich bin Teil eines Kontinuums.

Mensch und Hund gehen wirklich schon seit ewigen Zeiten nebeneinander her. Soviel wir heute wissen, war der Hund das erste Begleittier des Menschen. Ich weiß nicht, ob die Bezeichnung ganz genau stimmt, aber ich finde auch keine bessere. Haustier trifft es nicht. Mit Nutz- und Haustieren meint man etwas anderes. Der Begriff »Begleittier« hat eine sehr eng begrenzte Bedeutung.

»Begleiter« ist ein flexibles Wort, das verschiedene Formen von Beziehungen ermöglicht. Oder wäre »Gefährtentier« besser oder vielleicht »Tiergefährte«? Pat Shipman verwendet für die frühen Hunde den Begriff »*companion*« und den kann man sowohl mit »Begleiter« als auch mit »Gefährte« übersetzen.

Die dritte diagnostische Eigenschaft des Menschen, die Domestizierung von Pflanzen und Tieren begann gegen Ende der kognitiven Revolution. Die frühesten Spuren davon, dass der Mensch eng mit einer anderen Tierart zusammenlebte, sind über 30 000 Jahre alt. Es sind Spuren vom Hund. Der Mensch lebte damals in kleinen Gruppen ein Jägern-Sammler-Leben. Die Art war ungefähr 20 000 Jahre zuvor aus Afrika eingewandert und nahm nun weitere Kontinente in Besitz. Nordeuropa, die Alpen sowie der Großteil der britischen Inseln waren von einer dicken Eisschicht überzogen.

Die anderen Begleittiere des Menschen wurden deutlich später domestiziert, vor etwa 10 000 Jahren im Zusammenhang mit der neolithischen Revolution. Damals nahm auch die Landwirtschaft ihren Anfang, und die ganze Lebensweise des Menschen änderte sich.

Zusätzlich zu seiner frühen Domestizierung ist beim Hund unter anderem bemerkenswert, dass er ein Raubtier ist, kein weidender Pflanzenfresser wie der Großteil der später domestizierten Tierarten. Hinsichtlich des Hundes gibt es sehr viele Ausnahmen. Es ist leicht zu verstehen, warum zum Beispiel die Domestizierung eines Schafes so nützlich für den Menschen war. Es lieferte Fleisch und Wolle. Der Nutzen des Hundes ist nicht so eindeutig.

Angelehnt an Pat Shipmans Gedanken über die Mensch-Tier-Verbindung, waren die Begleittiere für den Menschen ein Evolutionsvorteil. Die Gruppe von Menschen, die Tiere hatte und mit diesen umgehen konnte, kam besser zurecht. Deswegen haben sich die Eigenschaften, die die Mensch-Tier-Verbindung begünstigten, unter den modernen Menschen verbreitet. Die Menschengruppe, die Hunde als Hilfe beim Jagen benutzen konnte, erbeutete mehr und war erfolgreicher als die anderen. Die Fähigkeit, mit Hunden zurechtzukommen, wurde häufiger. Sie war eine kulturelle Anpassung, die sich als nützlich erwiesen hatte, aber vielleicht wurden auf diese Art und Weise auch Genformen häufiger, die es erleichterten, eine Verbindung zu anderen Tierarten herzustellen. Schließlich lassen sich auch andere Aspekte unserer Beziehung zu den domestizierten Tieren in unseren Genen erkennen. Ein oft herangezogenes

Beispiel dafür ist die bei nördlichen Völkern allgemein verbreitete Laktosetoleranz. Als der Mensch immer kältere und unwirtlichere Gegenden besiedelte, wurden die Milch der Begleittiere und die daraus gewonnene Nahrung immer wichtiger. Wie andere Säugetiere auch verlor der Mensch mit dem Erwachsenwerden die Fähigkeit, Laktose zu zerlegen. Deswegen bekamen die Laktoseintoleranten – und das ist der Großteil der Weltbevölkerung – von Milch Bauchschmerzen. Die Träger des Mutantengens, die ihre Laktosetoleranz auch im Erwachsenenalter beibehielten, kamen im Norden gut zurecht, weil sie genug Nahrung hatten. Sie bekamen mehr Nachkommen als die anderen, und deswegen ist diese Eigenschaft auch heute noch in der finnischen Bevölkerung allgemein verbreitet.

Vielleicht war sogar die Beziehung des heutigen Menschen, des *Homo sapiens*, zu Tieren der Grund dafür, dass er sich letztendlich über den ganzen Erdball ausbreitete, aber der bereits vor ihm in Europa angekommene Neandertaler *Homo neanderthalensis* seltener wurde und schließlich ganz verschwand. Die Arten waren nah beieinander – so nah, dass Kreuzungen stattfanden. Warum war die eine Art also so klar ein Gewinner und die andere Verlierer? Vielleicht war die Nutzung der Tiere das Zünglein an der Waage. Auch diesen Gedanken hat Pat Shipman aufgebracht. Ihr Buch *The Invaders: How Humans and Their Dogs Drove Neanderthals to Extinction* denkt über den Nutzen nach, den die modernen Menschen durch Hunde hatten. Wahrscheinlich führte jedoch das Zusammenspiel vieler Faktoren zum Verschwinden des Neandertalers, wie das Verschmelzen mit dem modernen Menschen, die fehlende Anpassung an veränderte klimatische Bedingungen, Krankheiten sowie die Konkurrenz mit dem modernen Menschen.

Die Kultur der Neandertaler erlosch vor ungefähr 40 000 Jahren. Die allerletzten ein wenig uneindeutigen Beweise sind ungefähr 30 000 Jahre alt. Aus dieser Zeit gibt es bereits viele Belege für das Zusammenleben von Hunden und den modernen Menschen, aber es wurden keinerlei Spuren davon gefunden, dass die Neandertaler Hunde oder andere Begleittiere gehabt hätten. Es kann sein, dass von dem Moment an, als die Entwicklungslinien, die zum *Homo sapiens* und zum *Homo neanderthalensis* führten, sich voneinander entfernten, die Mensch-Tier-Verbindung nur beim *sapiens* stärker wurde.

Wie ich schon betont habe, haben die diagnostischen Merkmale des Menschen – die Sachkultur, das symbolische Verhalten und die Domestizierung anderer Arten – zweierlei Charakter. Sie sind kulturell, erlernbar und auf andere Individuen übertragbar, aber ihre Basis befindet sich dennoch in unseren biologischen Eigenschaften. Unsere Finger und Augen ermöglichen die Herstellung von bildender Kunst und Werkzeugen. Unsere Sinne sind derart gestaltet, dass wir auf viele Arten miteinander kommunizieren können. Unsere kognitiven Fähigkeiten ermöglichen den symbolischen Sprachgebrauch.

Weil die diagnostischen Merkmale nützlich gewesen sind, ist die Evolution dazu übergegangen, Eigenschaften zu begünstigen, die eine effizientere Verwirklichung der diagnostischen Merkmale ermöglichen. Wir waren im Laufe von Jahrmillionen in der Lage, immer komplexere Werkzeuge und bedeutungsvollere Kunst herzustellen.

Die Technik entwickelt sich natürlich auch deswegen weiter, weil wir das Wissen vorheriger Generationen – voriger Jahrtausende – zur Verfügung haben und nicht jede Generation das Rad wieder von Neuem erfinden muss. Ich behaupte trotzdem, dass sich zugleich auch zum Beispiel unsere Fingerfertigkeit, unsere dreidimensionale Vorstellungsfähigkeit und unsere Fähigkeit, Laute voneinander zu unterscheiden, weiterentwickelt haben. Dafür ist es natürlich schwierig, Beweismaterial zu finden: Auf die Fingerfertigkeit lässt sich schwer aus bloßen Knochen schließen und aus einem Schädel auf das Vorstellungsvermögen.

Meine Behauptung basiert deswegen auf dem Endergebnis: Die Kunst und die symbolische Kultur sind die ganze Zeit über immer komplexer geworden. Es ist sehr wahrscheinlich, dass unsere angeborenen Fähigkeiten sich im Zuge der Evolution verbessert haben. Hinsichtlich der angeborenen Fähigkeiten gibt es Unterschiede zwischen den Menschen und es ist klar, dass sich innerhalb der Menschheit diejenigen behauptet haben, die gute Jagdbögen herstellen konnten oder die besonders eindrucksvoll singen konnten.

Weil diese Fähigkeiten zum Teil von unseren biologischen Eigenschaften und somit unseren Genen abhängig sind, haben sich die Genformen, die diese Fähigkeiten ermöglichen, immer mehr durchgesetzt. Weil die Evolution Generation um Generation die geschickteren Individuen begünstigt hat, sind wir allmählich immer fingerfertiger und künstlerischer geworden.

Unzweifelhaft ist es auch so, dass unsere Neigung zur Mensch-Tier-Verbindung und Domestizierung anderer Arten irgendwie mit unseren Genen zusammenhängt. Die auf Genen basierenden Eigenschaften ermöglichen die Mensch-Tier-Verbindung nicht nur, sie schaffen zudem auch das Bedürfnis danach.

Dann wäre es so, dass – so wie einige von uns von Anfang an begabte Zeichner sind, andere ausnehmend vielversprechende Sänger und wieder andere besonders schnell Muskeln aufbauen – manche von uns auch von Geburt an darauf ausgerichtet sind, eine Verbindung zu anderen Tierarten herzustellen. Pat Shipman vermutet, dass die frühen Menschen, die das Verhalten von Tieren vorhersehen und mit ihnen umgehen konnten, besser als die anderen zurechtkamen und ihre Eigenschaften weitervererbten. Die Menschheit fühlte sich Generation um Generation in der Gesellschaft anderer Tierarten immer wohler und verstand diese immer besser.

Ich komme nun auf mich und die Spaziergänge mit meinem Hund zurück. Viele mit sozialer Interaktion und mit der Begegnung anderer Menschen zusammenhängende Dinge sind für mich schwierig, denn ich spüre die Stimmungen der anderen und neige dazu, mich für diese verantwortlich zu fühlen. Ist es möglich, dass wegen dieser Sensibilität die Begegnungen mit Tieren besonders bedeutungsvoll und bereichernd für mich sind? Ich denke mittlerweile, dass ich mit meiner Tierliebe und Menschenscheu nicht irgendeine Laune der Natur bin, sondern das logische Ergebnis in der Entwicklungslinie des Menschen nach Jahrmillionen der Evolution. Ich bin ein Individuum, bei dem besonders deutlich eine für das Überleben der Menschheit wichtige Eigenschaft zu sehen ist: das Bedürfnis zur Mensch-Tier-Verbindung.

Vielleicht bin ich ein besonders zweckmäßiger Mensch. Vielleicht sind die Dinge, die mir das Leben schwer machen, Eigenschaften, die die Evolution am Beginn der Menschwerdung begünstigte, weil sie die Kommunikation auch mit anderen als nur den Artgenossen ermöglichten.

7. KAPITEL
ICH SEHE DICH

Alma und Ossi, das Fischadlerpärchen, das bereits mehrmals miteinander genistet hat, verschwendet keine Zeit. Das erste Ei erscheint gleich in der zweiten Aprilhälfte im Nest. Alma sitzt im Nest, sie wirkt fokussiert, die Augen halb geschlossen, den Nacken etwas gekrümmt, und lässt während des Eierlegens immer wieder ein tiefes knurrendes Geräusch hören. Im Abstand von zwei Tagen kommen noch zwei Eier hinzu und Alma ist geradezu eine Supermama: Kurz vor dem Legen des dritten Eies jagt sie noch einen fremden Fischadler aus der Nähe des Nestes fort.

Das Weibchen des anderen Nestes, Nuppu, wirkt immer schlapper: Sie fühlt sich in der Nestnähe wohl, macht zwischendurch die Augen zu und scheint zu dösen. Ich denke, dass Nuppu müde ist, weil sie bald Eier legen wird. Deute ich ihr Verhalten jetzt vollkommen aus meiner Erfahrung als Mensch? Die Entwicklung der Eier in ihrem Körper verbraucht viel Energie. Auch bei mir war eine außergewöhnliche Müdigkeit das erste Symptom bei meinen Schwangerschaften. Ist es überhaupt vernünftig, solche schwesterlichen Gedanken über Artgrenzen hinweg zu haben?

Ihr erstes Ei legt Nuppu eine Woche nach Alma. Nuppu macht das zum ersten Mal und das Unterfangen ist für sie augenscheinlich ganz und gar nicht so einfach wie für ihre Artgenossin, die bereits mehrere Würfe aufgezogen hat. Nuppu ist unruhig und ändert ständig ihre Haltung. Die Augen sind halb zu, die Federn stehen ab. Sie atmet schwer. Schließlich lässt sie hohe Schreie hören und dazwischen schnelle rasselnde Laute. Das Los einer Erstgebärenden ist nicht einmal im Tierreich leicht. Die Geräusche lassen Ahti von seinem Wachposten auf einem nahe gelegenen Baum zum Nest fliegen. Er steht eine Weile neben Nuppu, als wollte er sie unterstützen.

Als das Ei endlich auf der Welt ist, sind sowohl Nuppu als auch Ahti unheimlich begeistert davon. Sie starren das Ei an und schieben es vorsichtig mit ihrem Schnabel hin und her.

Liege ich völlig falsch, wenn ich solche Dinge über Vögel denke? Alma halte ich für erfahren, bei der Eier legenden Nuppu meine ich Schmerz und Nervosität zu erkennen. Ich nehme an, dass die Vögel aufgeregt sind. Ich nehme an, dass sie einander mögen. Ich projiziere meine eigenen Erfahrungen darüber, wie es ist, als denkendes Wesen aus Fleisch und Blut auf dieser Welt zu sein, auf die Vögel. Können Fischadler und Menschen ähnliche Erfahrungen mit sich und der Welt haben?

Als meine Angstzustände zum Jahresende 2018 am stärksten waren, versuchte ich mich zu sammeln, indem ich im Auto laut Musik hörte oder am Smartphone »Wohlfühldinge« ansah: Ich schaute beispielsweise die Fernsehserie *Frasier*. Sie versetzte mich irgendwo weit weg in die Vergangenheit, an den Fernsehapparat im Zuhause meiner Kindheit. Die Figuren waren in ihrer Vertrautheit tröstlich und der Humor wohlwollend. Kein Drama, nichts hatte etwas mit meinem Leben zu tun. Es ist interessant, mit was für Sachen ein erschöpfter Mensch versucht, seinen Seelenfrieden wiederherzustellen.

Mein dritter audiovisueller Zufluchtsort waren Tiervideos. *Katzenvideos,* wie man wohl gemeinhin sagen würde, obwohl ich vermutlich mehr Aufnahmen von Hunden als von Katzen anschaute. Solche kurzen Sequenzen, bei denen die Haustiere etwas Drolliges machen und niemandem etwas Schlimmes passiert. Neben

Hunden und Katzen sah ich Papageien, Pferde, Kühe, Schildkröten, Ratten und was immer die Menschen so in Reichweite ihrer Handys haben.

Ich bekomme gute Laune, wenn ich ein Tier sehe, also kein Menschentier, sondern eine andere Art von Tier. Meine Ängste werden für einen Moment kleiner oder zumindest sind sie in meinen Gedanken nicht mehr im Vordergrund. Ich entspanne mich. Meine Herzfrequenz sinkt. Wenn man mich genauer untersuchen würde, wäre sicher festzustellen, dass das Stresshormon Cortisol sich bei mir beim Betrachten anderer Tiere verringert und mein Gehirn vermehrt das Wohlfühlhormon Oxytocin ausschüttet.

Meine Sinne sind richtiggehend darauf ausgerichtet, die Umgebung nach Tiergestalten abzusuchen. Ich bemerke aus großer Entfernung, wenn auf einem Feld in der Morgendämmerung ein Reh oder Fuchs ist. Mein Mann wundert sich immer über mein scharfes Sehvermögen, aber ich denke, es geht eher darum, dass mein Auge automatisch nach bestimmten Gestalten sucht und mein Gehirn sofort Alarm schlägt, wenn es einen Treffer gibt. Die Wahrnehmung gelangt schnell in die Sphäre des bewussten Denkens. Ein Großteil kommt dort ja niemals an.

Ich bin ein Mensch, der darauf ausgerichtet ist, Tiere in der Umgebung zu finden. Ich behaupte, dass ich auch ein Mensch bin, der außerdem darauf ausgerichtet ist, mit ihnen zu kommunizieren.

Wo beginnt eine Mensch-Tier-Verbindung, wie Pat Shipman sie beschreibt? Handelt es sich dabei bloß um geübtes Beobachten von Tieren oder um mehr?

Zu einer schlaftrunkenen Morgenstunde scrolle ich mich durch Facebook. Zwischen den Statusmeldungen und Bildern blitzt ein Gesicht auf. Ich mache eine flüchtige Einschätzung von dessen Gefühlslage – wie die Menschen eben Gesichter zu registrieren pflegen, ohne weiter darüber nachzudenken. Das Gesicht hat einen aufmerksamen, neugierigen Ausdruck. Ich scrolle genauso automatisch in den Einträgen weiter und erst einen Moment später veranlasst mich etwas dazu, das Bild noch einmal herauszusuchen.

Das Gesicht ist nicht das eines Menschen, sondern das eines Bären. Ich habe es dennoch als ein Gesicht unter anderen Gesichtern registriert, einen weiteren Tropfen in der Flut von Gesichtsbildern. Für mich war es vorrangig ein Gesicht. Nachrangig war dabei die Art des Besitzers.

Gesichter sind wichtig. Es ist eigentlich merkwürdig, dass sich im Laufe der Evolution ein derartiges Gebilde entwickelt hat, wo bei so vielen Stämmen des Tierreichs der Anfangsbereich des Verdauungstraktes und der Zugang zu den Atemwegen sowie viele verschiedene Sinnesorgane angesiedelt sind: Augen, Ohren, Nase – oder wie man sie auch immer bei der jeweiligen Art nennt. All das könnte sich genauso gut an einer anderen Stelle des Körpers befinden.

Für den Menschen ist sowohl das eigene als auch das Gesicht der anderen einer der wichtigsten Bereiche des Körpers. Mit dem Gesicht beobachten wir die Umgebung und nehmen wahr, was andere Individuen tun. Mit dem Gesicht kommunizieren, atmen und essen wir. Das Gesicht ist das Aushängeschild aller bewussten Lebewesen. Wir begegnen anderen Menschen über das Gesicht: mit Blicken, Gesten und Worten. Man verpasst häufig auch Robotern ein Gesicht, denn das signalisiert, dass es sich um jemanden handelt, mit dem man interagieren kann.

Ich hinterfrage die Art, wie und wo ich Gesichter wahrnehme. Es ist leicht zu sagen, bei welchen Arten ich ganz klar ein Gesicht sehe: bei Hunden, Bären, Katzen, Pferden, Vielfraßen, Eichhörnchen, Ratten und so weiter. Allgemein bei Säugetieren, auch bei jenen Arten, die sich von ihrer Anatomie her deutlich vom Menschen unterscheiden, wie Elefanten und Delfine.

Auch Vögel haben ein Gesicht. Eine deutlich andere Gesichtsform ändert nichts daran: Vögel haben nicht nur einen Schnabel, auch ihre Augen sind so auf der Seite des Kopfes, dass kein für viele Säugetiere typisches nach vorne gerichtetes Gesichtsfeld entsteht. Dennoch haben die Fischadler, die ich beobachte, ganz klar ein Gesicht.

Ganz klar ein Gesicht haben auch Reptilien und Frösche. Insekten sind im Grenzbereich meiner persönlichen Gesichtserkennung. Ausgewachsene Insekten haben meistens einen vom restlichen Körper unterscheidbaren Kopf, Augen und oft auch einen Mund – und somit auch ein Gesicht. Bei Larven ist das unterschiedlich. Es hängt auch sehr oft von der Bildschärfe und der Stellung des Insekts ab, wie schnell mein Gesichtserkennungsprogramm startet. Das Gesicht eines Insekts würde vermutlich jedoch eher unter den Facebook-Einträgen auffallen, als es beim Bärengesicht der Fall war.

Gesichtserkennung ist in der Kognitionswissenschaft ein gut untersuchtes Thema – gerade auch im Zusammenhang mit künstlicher Intelligenz. Ich spreche hier viel unwissenschaftlicher darüber. Ich versuche, den Moment einzugrenzen und in Worte zu fassen, in dem ich ein anderes Lebewesen als Individuum erkenne, in dem ich »jemanden« sehe, der Gefühle und Ziele und ein eigenes Bewusstsein hat. Das Gesicht ist der Schlüssel zu diesem Moment.

Wenn ich eine Dohle ansehe oder einen Fischadler, sehe ich ein bewusstes Individuum – eine Person. Sie hat einen Schnabel und die Haut ist von Federn bedeckt, aber das ist nebensächlich. Mein Verstand versucht unverzüglich eine Verbindung zu dieser Person herzustellen: ihre Ziele und Gefühlslagen zu verstehen.

Bei der Begegnung mit anderen geht es meines Erachtens immer darum, dass man den anderen erst einmal wahrnimmt und sich eingesteht, dass vor einem jetzt ein anderes selbstständiges Individuum ist. Es ist zweitrangig, welche Art dieser andere vertritt. Manchmal ist es ein Mensch, manchmal ein Hund oder eine Katze, aber solche Überlegungen zur Spezies sind nur die Feineinstellung. Das Wahrnehmen und Anerkennen des anderen ist das A und O von allem.

Wie könnte man das wissenschaftlich behandeln? Psychologen würden in diesem Zusammenhang über die *Theory of Mind* sprechen. Das ist ein unter anderem in der Entwicklungspsychologie und der Bewusstseinsforschung verwendeter Terminus, mit dem man die Fähigkeit eines Individuums meint, zu verstehen, dass auch andere *mind*, also Gefühle, Bedürfnisse und einen Willen haben.

Ein ganz kleines Kind ist zu dieser Erkenntnis noch nicht fähig, es kann noch nicht das unabhängige Bewusstsein des anderen erfassen, aber diese Fähigkeit entwickelt sich allmählich. Ein Zweijähriger versteht noch nicht, dass der Vater, der um die Ecke steht, nicht dieselbe Sicht aus dem Fenster hat wie es selbst. Einem Vierjährigen kann man die Ausformung der Theory of Mind schon zumuten. Mit einfachen Versuchsanordnungen kann man die Theory of Mind testen. Es wird untersucht, ob die Testperson versteht, was eine andere Person wahrnehmen kann und was nicht. Auf der einfachsten Stufe hat es hinsichtlich der Theory of Mind keinerlei Bedeutung, welche Art das andere Individuum vertritt. Es ist nur wesentlich, dass man versteht, dass das andere Individuum nicht dieselben Wahrnehmungen und Gefühle teilen kann, die man selbst hat. Die Theory of Mind kann man auch als Ausgangspunkt der Empathie sehen.

Ein anderer Mensch ist für uns automatisch »jemand«, von uns abgekoppelt, aber ein ebenfalls denkendes und handelndes Wesen. Auch bei der Begegnung mit einem Tier geht es darum. Wir haben als Gesellschaft das Recht der Tiere auf *mind*, auf Bewusstsein und Gefühle, kleingeredet: Wir haben sie ihnen sogar ganz abgesprochen. Sie wurden als Maschinen gesehen, die automatisch von Trieben wie von einfachen Computerfunktionen gesteuert werden.

Die Theory of Mind hat bestimmt ihren Anteil an der Beziehung der frühen Menschen zu den anderen Tieren gehabt. Ich habe nicht den leisesten Zweifel daran, dass der *Homo erectus,* der vor

1,9 Millionen Jahren lebte, zur Theory of Mind fähig war. Weitaus interessanter wäre es, danach zu fragen, ob er nur bei seinen Artgenossen oder auch bei den Vertretern aller Arten Gefühle und Bewusstsein annahm.

Mit fällt kein Grund ein, warum die Theory of Mind damals nur die Artgenossen umfasst haben sollte. Damit man in der Natur zurechtkommt, ist es günstig anzunehmen, dass alle Akteure Absichten und Gefühle haben. Gerade die Anerkennung anderer Akteure kann ein Bestandteil der Mensch-Tier-Verbindung sein.

Interessant ist, welche Unterschiede es unter Menschen hinsichtlich der Ausgestaltung der Theory of Mind geben könnte. Gehen manche empfindsamer als andere vor? Unterscheiden wir uns darin, wie genau wir die Absichten des anderen erahnen oder Dinge wahrnehmen?

Bestimmt. Interaktionsprobleme im Zusammenhang mit dem Autismus-Spektrum werden mit Defiziten bei der Ausgestaltung der Theory of Mind erklärt. Wobei man mit *Autismus-Spektrum* neurobiologische Entwicklungsstörungen unterschiedlichen Ausmaßes meint, die sich sowohl auf die Fähigkeit des Menschen auswirken, mit anderen in Wechselwirkung zu treten, als auch auf die Art, die Umgebung wahrzunehmen und zu erleben. Aber auch außerhalb des Autismus-Spektrums unterscheiden sich die Menschen voneinander. Wahrscheinlich ist die Fähigkeit zur Theory of Mind ein Kontinuum mit Extrempolen.

Ein anderes Phänomen, das für eine geschärfte Wahrnehmung für Tiere relevant sein könnte, ist die *Pareidolie*. Das ist ein Terminus der Wahrnehmungspsychologie, mit dem man die Neigung, Regelmäßigkeiten in einer Reihe von zufälligen Sinneseindrücken zu erkennen, bezeichnet. Noch vor ungefähr zwanzig Jahren konnte man im Fernsehen »Schneesturm« sehen, ein durch die Hintergrundstrahlung erzeugtes elektromagnetisches Rauschen. Wenn man es lange genug anstarrte, verwandelte sich der offenbar zufällige Schneefall in ein regelmäßiges Pulsieren und sogar in Gestalten. Dieses Phänomen wurde durch Pareidolie erzeugt. Das Rauschen bleibt gleich, aber das Gehirn interpretiert es neu.

Am häufigsten spricht man über Pareidolie jedoch im Zusammenhang mit der Wahrnehmung von Gesichtern. Menschen sehen gesichtsähnliche Formen mal in der Rinde eines alten Baums, mal auf dem Toastbrot oder an einer Hausfassade. Gesichter sind so wichtig für unser Leben, dass es zweckmäßiger ist, nicht vorhandene Gesichter wahrzunehmen, als vorhandene Gesichter nicht zu bemerken. Zu viel ist hierbei besser als zu wenig.

In der Entwicklungslinie des Menschen war es wahrscheinlich lange Zeit wichtig, auf in der Nähe erscheinende Gesichter zu reagieren. Der Mensch ist eine soziale Art und abhängig von anderen Menschen. Schon eine Stunde alte Säuglinge streben danach, Gesichter oder gesichtsähnliche Formen anzuschauen.

Unter Pareidolie versteht man jedoch die Fehldeutungen auch anderer Sinnesorgane als bloß der Augen. Zum Beispiel kann sich ein beliebiges Rauschen melodisch anhören, wenn man es länger anhören muss. Mit der Pareidolie hat man auch versucht, die Entstehung von Religionen und Mythen zumindest teilweise zu erklären. Wenn Wolken und Bäume Gesichter zu haben scheinen, lag es nahe, die Natur als von personalisierten Geistern beseelt anzusehen.

Laut Untersuchungen variiert auch die Tendenz zur Pareidolie von Mensch zu Mensch. Bei Frauen ist sie stärker vorhanden. Insbesondere die Neigung, Gesichter zu sehen, ist bei Frauen deutlich ausgeprägter als bei Männern. Das kann genetisch bedingt sein, oder es kann daher kommen, dass man Frauen von Kindheit an zu einer sozialeren Lebensweise anspornt als Männer.

Menschen, die im Autismus-Spektrum angesiedelt sind, neigen im Allgemeinen weniger zu Pareidolie als Vergleichspersonen, aber sie registrieren auch echte Gesichter ineffizienter als andere.

Besonders stark kommt die Pareidolie unter Menschen vor, die an einer schizotypischen Persönlichkeitsstörung leiden. *Schizotypie* ist ein in der Psychiatrie gebrauchter, etwas ungenauer Terminus. Ein schizotypischer Mensch hat zum Teil bizarre Vorstellungen, zum Beispiel von seiner eigenen Wahrnehmungsfähigkeit oder von den geheimen Absichten der anderen.

Von mir selbst kann ich ehrlich zugeben, dass ich eine starke Neigung zur Pareidolie habe. Die Anfälligkeit variiert je nachdem, wie ängstlich oder gestresst ich gerade bin. In schlechten Momenten – oder sind es gute Momente? – scheint der Wald voller Menschen- und Tiergestalten zu sein. Wenn ich meinen Blick nach oben schweifen lasse, sehen die Äste eines Baums für einen Augenblick wie ein Elch aus. Ich schnappe nach Luft, aber dann wird die Wahrnehmung genauer und der Organismus kommt wieder zur Ruhe.

Die Verbindung zwischen Stress und Pareidolie wird durch Forschungsergebnisse bestätigt: Verängstigte Menschen sehen leichter als andere Gestalten in einem zufälligen Rauschen. Ein unter Angstzuständen leidender Mensch ist in einer Art Alarmzustand und dann ist es wichtig, Abweichungen in der Umgebung oder Anzeichen der Anwesenheit anderer Menschen zu bemerken.

Dennoch ist diese Neigung bei mir auch in entspannten Zeiten stark. Ich halte diese Eigenschaft für angeboren, denn ich habe sie schon immer gehabt. Es kann trotzdem sein, dass meine Arbeit als Schriftstellerin sie auch verstärkt hat. Die kreative Arbeit ist doch gerade das Suchen nach einer Ordnung in einem zufälligen Ganzen, der Versuch, dem Rauschen eine Gestalt zu geben.

Auf jeden Fall denke ich, dass meine starke Tendenz zu Pareidolie auch meine Empfänglichkeit für Tiere erklärt. Ich bin besonders darauf getrimmt, in der Umgebung Tiergestalten wahrzunehmen und bei ihnen Gesichter zu erkennen, weswegen es mir leichtfällt, Tiere für ebensolche bewussten Wesen zu halten wie Menschen.

Wenn diese Eigenschaft bei einem Menschen sehr schwach ausgeprägt ist, ist es bestimmt kein Wunder, wenn er zum Beispiel Pelztiere mit Gegenständen gleichsetzt.

Sahen die frühen Menschen bei Tieren anderer Arten Gesichter? Machten sie einen Unterschied zwischen den Menschengesichtern und anderen Gesichtern?

Die uralte Kunst scheint sich mit denselben Fragen zu beschäftigen wie ich. Die älteste bisher bekannte Skulptur wurde in Hohlenstein-Stadel in Deutschland im Jahr 1939 gefunden. Sie ist aus einem Stoßzahn eines Mammuts hergestellt und ihr Alter wird auf 35 000 bis 40 000 Jahre geschätzt. Die Skulptur stellt eine Gestalt dar, die einen menschlichen Körper und den Kopf eines Höhlenlöwen hat.

Die berühmten Tiermalereien in den Höhlen von Lascaux in Südwest-Frankreich sind ungefähr 17 000 Jahre alt. Darunter ist ein Mensch, möglicherweise ein toter oder verletzter Mann, der jedoch einen Vogelschnabel hat.

Und was wollte man mit der sogenannten Venus-Malerei im bereits erwähnten südfranzösischen Chauvet erzählen? Die »Venus« ist ursprünglich ein auf eine von der Natur geformte Kalksteinsäule gemaltes schwarzes Vulva-Dreieck, umrahmt von einem runden weiblichen Becken, gewesen, aber irgendein späterer Künstler hat um es herum einen Gruppe von Tieren gemalt, unter anderem Höhlenlöwen und einen Moschusochsen und eine Männergestalt mit einem Bisonkopf.

Ich behaupte also Folgendes: Die vorzeitliche Kunst beweist, dass den Menschen bereits vor Zehntausenden von Jahren daran gelegen war, die Grenze zwischen dem Menschen und den anderen Tieren zu erkunden. Das Nachdenken über das eigentliche Wesen der Menschheit ist nicht nur ein Phänomen unserer Zeit.

Im Kern des Menschseins ist offenbar die ewige Frage nach uns und den anderen. Sie lässt auch mir keine Ruhe.

MAI

8. KAPITEL
DER HUND AN MEINER SEITE

Der April geht in den Mai über. Auch Nuppu legt insgesamt drei Eier und das Brüten ist in beiden Fischadlernestern in vollem Gange. Die Weibchen tragen die Hauptverantwortung für das Brüten, aber wenn die Männchen ihnen Fisch bringen, fliegen sie woanders hin zum Fressen. Währenddessen dürfen Ossi und Ahti das Brüten übernehmen. Ich schreibe»dürfen«, weil die Männchen beider Nester das Brüten sehr zu mögen scheinen, und die Weibchen müssen sie bei ihrer Rückkehr ins Nest manchmal regelrecht von den Eiern wegdrängen.

Nisten findet auch in unserem Garten statt. Zu Frühlingsbeginn besorge ich acht Vogelhäuschen und hänge sie in dem lächerlich kleinen Wäldchen hinter unserem Haus auf. Fünf Häuschen sind sofort besetzt: In einem nisten kleine Spatzen, in zweien Blaumeisen, in einem Kohlmeisen und in das fünfte zieht später ein Trauerschnäpperpärchen ein. Die restlichen Häuschen werden verschmäht. Um deren Eingangsöffnung ist ein glänzender Metallring, und es sieht ganz so aus, als ob die Vögel nicht nah an dessen spiegelnde Reflexion fliegen wollen.

Ich sitze auf den Terrassenstufen und schaue zu, wie die Spatzen Nestbaumaterial in das von ihnen auserwählte Häuschen tragen. Wenn einer der Vögel gerade im Häuschen ist, wartet der andere auf dem Ast und versucht nicht, sich hineinzuzwängen.

Die Vögel scheinen zu wissen, was sie tun. Alles wirkt zweckmäßig.

Die Zweckmäßigkeit ist auch in den Fischadlernestern zu erkennen. Das Verhalten der Vogelpärchen zueinander ist bestens koordiniert. Sie scheinen zu verstehen, worauf der andere hinauswill. Wenn Alma den Fisch, den sie bekommen hat, nicht aufessen kann, bringt sie das Flossenstück zurück zum Nest und reicht es Ossi. Wenn Ossi einen neuen Zweig zum Nest bringt, verbaut Alma diesen an seinem endgültigen Platz.

Ich liege mit dem Laptop im Schoß auf dem Sofa und tauche in das Leben der Fischadler ein. Igor schläft bei meinen Füßen und blickt manchmal irritiert auf, wenn aus dem Computer der durchdringende Alarmruf des Fischadlers erklingt.

Igor war nicht immer mein einziger Hund. Als er als Welpe in unsere Familie kam, gab es auch einen anderen Hund, eine gutmütige Schäferhündin namens Rauni, die in demselben Herbst geboren worden war wie mein Erstgeborener. Sieben Jahre und ein weiteres Kind später blieb Rauni nach der Scheidung bei mir und sie war in all jenen schwierigen Momenten der Einsamkeit, Unsicherheit, Trauer und Wut an meiner Seite. Rauni war bei einem Großteil der wichtigsten Erinnerungen meines Lebens dabei. Die Erinnerungen bleiben, aber Rauni ist nicht mehr.

Es wird immer gesagt, dass man einem Tier nicht vertrauen darf, aber ich vertraute Rauni blind. Sie war unglaublich geduldig. Manchmal musste ich ein sich an ihrem Hinterbein festkrallendes Kind loseisen – meine Jungs waren schon immer sehr temperamentvoll und aktiv. Sie ließ es zu, dass ein Kind an ihren Futternapf krabbelte oder ihr den Kauknochen aus dem Maul stibitzte.

Rauni war ein außergewöhnlich schönes Tier, dunkel, mit einem dichten Fell. Ihre Pfoten waren von einem warmen Braun, und auf der Brust hatte sie einen weißen Fleck. In der finnischen Mythologie war Rauni die Frau des Übergottes Ukko und in der altskandinavischen Tradition ist Rauni eine Art Ebereschen-Geist. Die orangeroten Beeren der Eberesche haben denselben Farbton wie Raunis rotbraune Pfoten.

Manchmal, wenn ich beim Autofahren in den Rückspiegel blicke, meine ich noch immer Raunis dunkle Gestalt mit den großen Ohren auf der Rückbank sitzen zu sehen. Rauni wurde über 14 Jahre alt, und als ich sie zum Einschläfern bringen musste, war es die schwierigste Entscheidung und der traurigste Tag meines Lebens.

Mein Ältester ist 17, während ich das hier schreibe. So alt wäre jetzt auch Rauni. Aber während ein Menschenkind in diesem Alter noch nicht einmal das Erwachsenenalter erreicht hat, ist ein Hund schon lange zu alt, um noch zu leben.

Ich bin kein gläubiger Mensch, sondern einer dieser verhassten Rationalisten, die der Meinung sind, dass uns die Würmer mitsamt unseren Seelen auffressen und es so ganz gut ist. Trotzdem: Wenn ich einmal sterbe, hoffe ich, dass mein Bewusstsein mit dem Gefühl erlischt, dass Rauni wieder bei mir ist.

Igor ist ganz anders als Rauni, natürlich allein schon wegen seiner Größe. Den mittelgroßen Pudel und die Schäferhündin verbinden jedoch besonders ihre Verspieltheit und der Wunsch, Kontakt mit den Menschen aufzunehmen. Igor ist ein kluger und anhänglicher Hund, der sich zum Schlafen neben mich drängelt und klare Anzeichen von Humor zeigt. Igor ist schwarz, die Pfoten und der Brustkorb sind graubraun und er sieht meistens ziemlich verstrubbelt aus, denn ich bin bei ihm fürs Trimmen verantwortlich.

Ich kann nicht mehr so richtig ohne Hund sein. Das Zuhause fühlt sich leer an ohne einen Hund. In den Wald zu gehen ist sinnlos ohne die Gesellschaft eines Hundes. Ich sehne mich nach dem Blick eines Hundes. Ich brauche die Nähe eines Hundes, dass ich bloß die Hand ausstrecken muss, um die Wärme des Hundes zu spüren. Die Anwesenheit eines Hundes bringt mir inneren Frieden.

Wo liegen die Wurzeln dieses Seelenfriedens? In den Volksmärchen ist der Hund das Symbol für Treue. »Der beste Freund des Menschen« ist eine Bezeichnung für den Hund, die rund um die Welt verwendet wird. Der Hund steht für Treue, Heimat, Familie, Freundschaft und für eine Loyalität und Vertrautheit, die alles überdauert.

Wenn ich mich entspanne, indem ich meinen schlafenden Hund anschaue, tue ich womöglich etwas, was der Mensch schon seit 30 000 Jahren tut. Der Gedanke macht mich beinahe schwindlig. Der Hund ist tief mit uns und unserer Kultur verbunden. Der Mensch hat viel, viel länger mit dem Hund zusammengelebt, als er an den Gott des Christentums, des Judentums oder des Islam glaubt, als er schreiben oder Landwirtschaft betreiben kann. Der Hund ist die erste Tierart, mit der Menschen umfassend zusammenlebten. Ist der Hund vielleicht der Schlüssel zur Mensch-Tier-Verbindung der Menschheit?

Über den Ursprung des Hundes gab es im Lauf der Geschichte alle möglichen Behauptungen, aber laut Genuntersuchungen stammt der Hund vom Wolf ab. Nur von ihm und von keiner sonstigen Art.

Früher war der Wolf eine sehr weit verbreitete Spezies. Er lebte überall auf der Nordhalbkugel. Afrika, Australien sowie natürlich die Antarktis waren die einzigen Kontinente, auf die er sich nicht ausgebreitet hatte. Es gab viele Wölfe und das Gebiet, in dem sie vorkamen, war zusammenhängend, sodass sich die Gene von einer Population auf die andere ausbreiten konnten.

Heute lebt der Wolfsbestand zersplittert nur noch hier und da. Die Jagd und die Ausbreitung menschlicher Behausungen haben bewirkt, dass viele Wolfspopulationen das Problem der Inzucht haben. Die Gene können nicht fließen. Auf der Welt leben schätzungsweise 300 000 Wölfe. Die größten Bestände gibt es in Kanada und Russland. In Finnland leben ungefähr 200 Wölfe, was verglichen mit der Größe des Landes ziemlich wenig ist. Besonders in Jagdkreisen will man den Wolfsbestand möglichst klein halten, weil die Wölfe manchmal Jagdhunde töten.

Heutzutage spricht man vom Wolf als großem Raubtier, aber in der zweiten Hälfte der letzten Eiszeit zählte der Wolf höchstens zu den mittelgroßen Raubtieren und schlichtweg zu deren unterer Klasse. In Eurasien lebten damals weit furchterregendere Raubtiere als er. Heute sind sie ausgestorben. Der Höhlenlöwe, der Säbelzahntiger, der Höhlenbär und viele andere Arten konkurrieren nicht mehr mit dem Wolf um die Beute. Auch unter den Pflanzenfressern gab es zu jener Zeit riesige Tiere. Die Mammuts, Wildnashörner und die Riesenhirsche sind ebenfalls ausgestorben.

Die letzte Eiszeit Nordeuropas, die Weichsel-Kaltzeit, begann vor ungefähr 116 000 Jahren, und als sie vor ungefähr 11 000 Jahren allmählich zu Ende ging, endete auch das Pleistozän-Zeitalter. Zu jener Zeit verschwand eine riesige Anzahl an Säugetieren, insbesondere sehr große Tierarten. Man kann der Ansicht sein, dass das aktuell stattfindende Artensterben, von dem oft als die sechste Artensterbe-Welle der Erde gesprochen wird, schon damals begann. Der Wolf hat jedoch überlebt.

Für den Beginn der Artensterbe-Welle sind vielfältige Gründe vorgeschlagen worden. Das sich ändernde Klima wirkte sich auf die Pflanzenwelt aus, der Mensch wurde ein noch besserer Jäger, und einige kurze Kältephasen inmitten der Erwärmung brachten die Anpassungsfähigkeit der Arten noch zusätzlich durcheinander. Es handelte sich auch um einen Kollaps des Gleichgewichts der Natur. Als große Pflanzenfresserarten ausstarben, waren sie nicht mehr da, um die sogenannten Mammut-Steppen frei zu halten. An deren Stelle wuchs nach und nach Wald, was die an Graspflanzen gewohnten Arten beeinträchtigte. Als deren Bestände zurückgingen, litten darunter auch die Raubtiere. Das Tier- und Pflanzenreich ist immer ein Netzwerk, in dem nichts geschehen kann, ohne dass es sich auch auf andere Teile des Netzwerks auswirkt. Auf jeden Fall sieht es so aus, als ob der jagende Mensch einer der wichtigsten Gründe für das Verschwinden der Megafauna war.

Dem Wolf gelang es, sich anzupassen. Viele Raubtiere des Pleistozän-Zeitalters waren auf ein bestimmtes Beutetier spezialisierte Superjäger, aber der Wolf war mit allem zufrieden, auch mit Aas. Als Schwächerer und Kleinerer hatte er fressen müssen, was die Größeren und Bedrohlicheren übrig ließen. Jetzt war diese Flexibilität von Vorteil.

Die Anpassungsfähigkeit hat der Wolf sich bis heute bewahrt. Wölfe leben sowohl in der Tundra, wo sie den Karibuherden folgen, als auch in Indien, wo sie Kleinwild jagen. Neben den Lebensgewohnheiten variiert das Aussehen der Wölfe. Die Wölfe im Norden sind groß, grau, mit einem dicken Fell und kleinen Ohren. Die Wölfe im Süden sind kleiner, gelblicher, mit dünnem Fell und großen Ohren.

Im Erbgut des Wolfs gibt es also viel Variation, die Fähigkeit, sich an unterschiedlichste Bedingungen anzupassen. Dieselbe genetische Flexibilität hat auch die Entstehung des Hundes ermöglicht.

Die vorläufig ältesten bekannten Spuren des Hundes sind ungefähr 33 000 Jahre alt. Das hört sich vielleicht angesichts der halben Milliarde Jahre, die das Leben auf der Erde hinter sich hat, wenig an. Gemessen an der Geschichte des Menschen ist es jedoch eine bemerkenswert lange Zeit. Auch der ungefähr 300 000 Jahre alte *Homo sapiens* ist als Art recht jung. Ein Zehntel dieser Zeit hat der Hund mit uns gelebt.

Auch die anderen Meilensteine in der Geschichte des modernen Menschen liegen so kurz zurück, als hätten sie sich gestern ereignet. Unsere Artgenossen wanderten vor ungefähr 100 000 Jahren von ihren Geburtsstätten in den Nahen Osten und von dort breiteten sie sich weiter in der ganzen Welt aus, zum Beispiel vor 60 000 Jahren in Ost-Asien und vor etwa 40 000 Jahren in Europa. Was veranlasste den Menschen, Afrika zu verlassen? Das weiß man nicht. Die spätere Ausbreitung nach Norden kann man sich weitestgehend mit der Veränderung des Klimas erklären. Als die Weichsel-Eiszeit sich zurückzog, folgte der Mensch dem weichenden Rand der Eisschicht. Wobei *folgen* hier nicht der richtige Ausdruck ist. Vielmehr breiteten sich die Menschen Generation für Generation weiter nach Norden aus, als neuer Lebensraum eisfrei wurde.

Zu der Zeit, als der moderne Mensch von Afrika loszog, gab es auch noch andere Menschenarten. Es fällt schwer, sich das vorzustellen, die Menschheit hat sich immer als einzigartig gesehen. Unser ganzes Weltverständnis baut darauf auf, dass es nur eine Art von Mensch gibt. Wenn es manchen schwerfällt, auch nur Variationen der Hautfarbe zu tolerieren, wie haben da verschiedene Menschenarten miteinander auskommen können?

In Europa lebte der Neandertaler, der seinen Ursprung spätestens vor 200 000 Jahren, aber vielleicht auch schon vor 500 000 Jahren im Heidelbergmenschen hatte. Die Neandertaler waren stämmiger als der moderne Mensch, hellhäutig und zumindest zum Teil rothaarig. Sie ernährten sich durch die Großwildjagd.

Auf Java lebten die letzten Vertreter der *Homo erectus*-Art. Verglichen mit den anderen Menschenarten jener Zeit, war der *Homo erectus* wirklich alt. Die ersten Vertreter dieser Art lebten erwiesenermaßen vor ungefähr 1,9 Millionen Jahren. Auf den Inseln Indonesiens lebten ihrerseits die nur ein Meter großen Flores-Menschen.

Der Denisova-Mensch, der sich vom Neandertaler abgespalten hatte, lebte zumindest im Altai-Gebirgsgebiet im südlichen Sibirien. Anhand von DNA-Untersuchungen hat man herausgefunden, dass auch er sich mit dem modernen Menschen gekreuzt hat. Es ist möglich, dass man auch noch weitere Menschenarten findet.

Der Mensch, der seinen schlafenden Hund betrachtete, fühlte vielleicht die gleiche Zuneigung zu seinem Begleiter wie ich, aber sonst war die Welt also noch sehr anders. Der Hund entstand gegen Ende des Pleistozän-Zeitalters, in einer Wirklichkeit, in der die Mammuts, Höhlenlöwen und Neandertaler lebten und in der eine kilometerdicke Kontinentaleisschicht noch für 20 000 Jahre mein nördliches Heimatland bedeckte. Heute geht man davon aus, dass der Hund im Wirkungskreis des Menschen entstand. Es gab also keine ursprünglichen Hunde, die weit weg vom Menschen und ohne menschlichen Einfluss aus Wölfen hervorgegangen wären.

Vereinfacht gesagt gibt es zwei Hypothesen zur Entstehung des Hundes. Nach der ersten nahm der Mensch Wolfsjunge bei sich auf, die ihr Leben dann als zahme Wölfe verbrachten. Als sie sich in der Obhut des Menschen weiter vermehrten, ging daraus allmählich der Hund hervor.

Bei der zweiten Hypothese kommt dem Wolf selbst eine größere Rolle zu. Weil die Menschen und die Wölfe nebeneinander lebten, sich den Lebensraum und manchmal auch die Beute teilten, profitierten die Wölfe von dem Aas und den Lebensmittelabfällen des Menschen. Vielleicht begriffen auch die Menschen, dass sie von den Wölfen profitierten: Sie warnten vor Gefahr und hielten die anderen Raubtiere fern. In diesem Szenarium wäre ein Teil der Wölfe nach und nach zutraulich geworden. So entstand eine Population aus zutraulichen, sich dem Menschen gegenüber ruhig verhaltenden Wölfen. Die Evolution begünstigte daraufhin solche Wölfe, die es wagten, in der Nähe des Menschen zu fressen, und die der Mensch nicht fortjagte.

Als die an die Anwesenheit des Menschen gewöhnten Wölfe mehr wurden, entstand allmählich der Urhund. In der Evolution des Hundes wurde der Selektionsdruck durch die Anwesenheit des Menschen hervorgerufen.

Auch die Jagd könnte ein Faktor gewesen sein, der den Menschen mit dem Wolf zusammenführte. Die Art, wie Menschen und Wölfe ihre Beute jagen, weist viele Ähnlichkeiten miteinander auf. Erstens jagen beide Arten in Gruppen – zu jener Zeit sogar wahrscheinlich im Familienverband – und das Jagdgeschehen lässt sich in die gleichen Phasen einteilen, von dem Aufspüren der Beute zur Treibjagd und Umzingelung bis hin zur Tötung.

Andererseits sind sowohl der Wolf als auch der Mensch beide Langstreckenläufer. Das ist eine ziemlich seltene Eigenschaft im Tierreich. Es gibt sehr viel mehr schnelle Sprinter. Sie übertreffen den Menschen und den Wolf an Schnelligkeit, müssen dann aber pausieren, damit ihr Körper nicht überhitzt. Auch die frühesten Jagdmethoden der Menschen basierten nach heutigen Erkenntnissen gerade auf dem Laufen. Die Beute wurde durch Laufen ermüdet. Der Mensch und der Wolf können lange laufen und das ist letztlich verhängnisvoll für die Beutetiere. Der Mensch kühlt seinen Körper, indem er schwitzt, und diese Methode ist derart effektiv, dass der Mensch schließlich sogar ein noch ausdauernderer Läufer wurde als der Wolf.

Der nach Europa eingewanderte moderne Mensch ist dem Wolf vielleicht gerade auf seinen Jagdausflügen begegnet. Vielleicht haben diese beiden eigentlich um dieselbe Beute rivalisierenden Arten begriffen, dass sie voneinander profitieren können. Das Wolfsrudel konnte die Beute schneller orten, aber der Mensch konnte mit seinen neuen Jagdgeräten effektiver töten. Zu essen gab es für beide Arten genug, denn der Mensch konnte nicht alle Teile der erlegten Tiere nutzen.

Ich habe eigentlich noch nie an das erste der beiden von mir wiedergegebenen Szenarien geglaubt. Dass der Mensch Wolfsjunge bei sich aufgenommen haben soll, sie großgezogen und sich vermehren lassen hätte und dieses Vorgehen auch noch langfristig über mehrere Wolfsgenerationen hinweg praktiziert haben soll, war für mich unglaubwürdig. Vor dem Hund gab es keine Haustiere – wie hätte der Mensch überhaupt auf den Gedanken kommen sollen, dass man die Wolfsjungen pflegen und aufziehen könnte?

Jetzt bin ich mir nicht mehr sicher. Nachdem ich Pat Shipmans Mensch-Tier-Verbindungs-Hypothese kennengelernt habe, verstehe ich, dass ich unterschätzt habe, wie alt das Interesse des Menschen an anderen Tieren ist. Der Hund ist, wie wir wissen, die erste Art, die sich entwickelte, um mit dem Menschen zusammenzuleben, die also domestiziert wurde, aber er war natürlich nicht das erste Tier, mit dem der Mensch zu tun hatte und an dem er interessiert war.

Und wenn es vor dem Hund schon viele andere Haustiere gegeben hat – wenn die Menschengruppen da und dort Rehkitze, zahme Krähen oder Bärenjunge gehegt haben? So ein Vorgehen hinterlässt kaum archäologische Zeugnisse. Bei den Spuren der Menschen findet man auch Knochen von wilden Tieren, aber sie wurden immer als Beute betrachtet. Dennoch kommt so ein Handeln bei den heute existierenden Jäger- und Sammlervölkern häufig vor. Da werden beispielsweise Bären, Echsen, Habichte oder kleine Äffchen als Haustiere gehalten.

Wie auch immer der Hund entstand – es ist möglich, dass die Urhunde hier und da entstanden wie die Pilze bei Regen. Nur ein Teil dieser alten Hunderassen hinterließ Spuren in den Genen des modernen Hundes.

Die ältesten bekannten Anzeichen von Hunden sind in Europa und im westlichen Asien gefunden worden. Zu diesen zählen beispielsweise die im Altai-Gebirge gefundenen Überreste eines Hundes, die 33 000 Jahre alt sind, der in den belgischen Grotten von Goyet bereits 1860 gefundene Hundeschädel, der 31 700 Jahre alt ist, die bei den Eliseevichi-Grabungen in Südwest-Russland entdeckten Hunde, die 13 000 bis 17 000 Jahre alt sind, die in Italien gefundenen 14 000 bis 20 000 Jahre alten Überreste von Hunden sowie die in Bonn-Oberkassel in Deutschland vor über 100 Jahren gefundenen 14 000 Jahre alten Überreste, die man lange Zeit für das weltweit älteste Anzeichen von Hunden gehalten hat.

Die ältesten Hundefunde werden allgemein für unsicher gehalten. Viele ihrer Merkmale ähneln eher dem Wolf als dem modernen Hund und die bei ihnen entnommenen DNA-Proben konnten sie nicht mit Sicherheit von Wölfen abgrenzen. Bei den Hundefunden in Deutschland und Italien handelt es sich hingegen bereits sicher um Hunde.

Vor 30 000 Jahren lebten die Menschen in Europa in der Aurignacien-Kultur. Dieser folgten die Kulturstufen Gravettien, Solutréen und Madelénien. Wie ich schon vorher erzählt habe, war etwas im Gange, was ich kognitive Revolution oder die Entstehung des modernen Verhaltens genannt habe. Die Sachkultur und die Kunst vervielfältigten sich schneller als jemals zuvor in der Vergangenheit des Menschen. Es wurden Höhlenmalereien, Skulpturen, Felsenkunst sowie Instrumente wie Trommeln und Knochenflöten angefertigt. Die Jagdwaffen und -techniken entwickelten sich weiter. Zum Erlegen der Beute wurden unter anderem Pfeil und Bogen und verschiedene Wurfwaffen verwendet.

Im Madelénien, das in Europa vor ungefähr 20 000 bis 10 000 Jahren vorherrschte, war der Hund bereits allgemein verbreitet. Die von mir zuvor erwähnten in Deutschland und Italien gefundenen Hundefossilien waren Hunde der Madelénien-Kultur und die genetische Ähnlichkeit dieser beiden Funde spricht dafür, dass der Hund vor 14 000 Jahren bereits weit in Europa verbreitet war.

Hunde wurden vielleicht zum Treiben von Wild verwendet. Womöglich wurde mit ihrer Hilfe beispielsweise eine Herde von Pferden bei einem Steilhang eingekesselt. Auf dem Gebiet des heutigen Tschechien gibt es etwas jüngere archäologische Belege dafür, dass Hunde gerade in Gemeinschaften lebten, die Pferde jagten.

Die Hunde der europäischen Jagdkulturen sind nach den Fossilien zu urteilen groß gewachsen – vielleicht so ähnlich wie der Alaskan Malamute, der Samojede oder der Norwegische Elchhund.

Fantasieanregende Beweise für Hunde sind auch die Hundepfotenabdrücke, die man in den Höhlen von Chauvet gefunden hat, neben denen die Fußabdrücke eines ungefähr achtjährigen Kindes verlaufen. Das Alter der Spuren ist aufgrund der daneben gefundenen Fackelstücke auf 16 000 Jahre geschätzt worden.

Der Anblick eines neben einem Hund gehenden Kindes hat sich vielfach in mein Gedächtnis eingeprägt. Meine Kinder mit meinen Hunden, meine tapsigen Kleinkinder neben der großen Schäferhündin.

Vor vielen, vielen Jahren war ich mit meinen Kindern und Rauni im nahe gelegenen Wald. Ich suchte mit meinem vierjährigen Ältesten Heidelbeeren und in fast demselben Augenblick war mein jüngerer Sohn, kaum zwei Jahre alt, verschwunden. Und auch Rauni. Ich wagte nicht, die Hündin zu rufen, ich wollte, dass sie beim Kind bleibt. Besorgt und meinen Erstgeborenen im Huckepack tragend, durchkämmte ich die nähere Umgebung und rannte dann zurück nach Hause, um Hilfe zu holen.

Dort war das Kind. Es war unbemerkt wieder in den Garten geschlüpft, saß jetzt im Sandkasten und Rauni saß neben ihm und schaute aufmerksam und konzentriert zu, was das Kind tat. Den Anblick werde ich nie vergessen. Dieses Ereignis ist vielleicht ein Grund dafür, warum ich Rauni so geliebt habe und warum ihr Verlust so niederschmetternd traurig war. Rauni war ein Teil meiner Mutterschaft: Wir begleiteten zusammen meine Kinder beim Heranwachsen vom Baby bis zum Teenager. Wir haben sie zusammen beschützt. Wir haben beide einiges mit ihnen durchgemacht.

Vielleicht erwartete die Eltern vor 26 000 Jahren ein ähnlicher Anblick, nachdem ihr Kind beschlossen hatte, alleine mit dem großen Hund in den Höhlen spazieren zu gehen. Die Schatten wirkten dunkler als sonst und die Steine zerkratzten die Arme, als die besorgte Mutter oder der Vater nach ihrem Nachwuchs suchte. Was für eine Erleichterung, als das Kind endlich gefunden wurde, und der Hund neben ihm.

Ich will an solche Szenen in der Vergangenheit glauben.

In die Höhlen von Chauvet kommt man heute nur mit einer Sondererlaubnis. Die Feuchtigkeit in der Atemluft zerstört die uralten Farbpigmente. Pat Shipman hat zum Glück in ihrem Buch *Animal Connection* ihren Besuch in den Höhlen beschrieben: Die gewaltigen Tierherden an den Wänden überrollen den Besucher geradezu. Die frühen Künstler haben sie so zu malen vermocht, dass die Formen der Felsen den dreidimensionalen Eindruck verstärken und man das Gefühl hat, dass die Tiere in Bewegung sind. Das flackernde Licht der Fackel offenbart immer neue, auf einen zutrampelnde Tierherden.

Es ist möglich, dass sogar die Akustik in den Höhlen von den Künstlern bei ihrer Gestaltung berücksichtigt wurde. Shipman beschreibt, wie die Geräusche an den Steinwänden und in den Winkeln widerhallen und sich verstärken. Vielleicht war Chauvet ein Kino der Urzeit, wo sich die Menschen versammelten, um etwas über die Tiere zu erfahren und sich von ihnen beeindrucken zu lassen.

In den Höhlen von Chauvet verdichten sich die für die Vergangenheit des Menschen wichtigen Dinge, die diagnostischen Merkmale von Shipman. Erstens natürlich der Beginn der Kunst, also der symbolischen Kultur. Die Werkzeuge, mit denen die Tierbilder angefertigt wurden. Und dann die Mensch-Tier-Verbindung, die von den Felsenwänden geradezu auf einen zustürzt.

Und dann noch der Hund, unser erster domestizierter Begleiter.

Es ist interessant, sich darüber Gedanken zu machen, wie diese Dinge, abgesehen vom gemeinsamen Ort, noch zusammenhängen. Die Entstehung des Hundes trifft doch mit der Vervielfältigung der

Kultur zusammen. Je nach Experten verortet man die kognitive Revolution auf 80 000–30 000 Jahre vor unserer Zeit. Man hat diese Zeit auf die zunehmende Vielfalt in der Kunst und Sachkultur hin durchleuchtet, und wie sie sich im archäologischen Material zeigt.

In ihrem Buch *Stepping Stones: A Journey Through the Ice Age Caves of the Dordogne* beschreibt auch die Anthropologin Christine Desdemaines-Hugon, die in Mittelfrankreich in der Dordogne frühe Kunst untersucht hat, wie beeindruckend die Malereien mit den Tiermotiven sind. Sie lenkt die Aufmerksamkeit auf ihre Detailliertheit und ihr feines Variantenspiel, aber auch auf versteckte Bedeutungen, die wir unmöglich ermessen können.

»Die Tiere sind so lebendig dargestellt, dass das Feiern des Lebens an sich der Zweck der Kunst gewesen sein könnte«, schreibt Desdemaines-Hugon. »Mit feinfühliger Hand porträtiert, jedes individuell in seiner beseelten Eigenart und seinem Ausdruck, sind die Tiere nicht nur mit Talent, sondern auch mit Respekt, Bewunderung und vielleicht auch Ehrfurcht abgebildet. Gleichzeitig sind sie nicht naturalistisch dargestellt, da viele dieser Tierarten normalerweise nicht nebeneinander anzutreffen wären. Es hat mehr mit ihnen auf sich, als man mit bloßem Auge erkennen kann. Zweifelsohne liegt ihnen eine Grundidee unbekannten und symbolischen Ausmaßes zugrunde.«

Über die Gründe für die kognitive Revolution tappen wir noch immer im Dunkeln. Für viele Forscher stellt das eines der größten Rätsel der Menschheit dar. Was auch immer die Gründe für die Veränderung gewesen sein mögen, die tiefe Verbundenheit zwischen Mensch und Tier schimmert klar inmitten von allem anderen durch.

9. KAPITEL
MEINE NÄHE VERÄNDERT EUCH

Das Vertrauen der Hunde in den Menschen ist entzückend und tragisch zugleich. Ein Hundewelpe ist sofort bereit, sich in die Hände eines Menschen zu geben. Wenn ihre Augen sich öffnen und die Welpen sich in Bewegung setzen, sind sie über alle Maßen begeistert von Menschen. Es gibt Untersuchungen, nach denen die Hundewelpen sogar mehr Interesse an Menschen zeigen als an ihrer Mutter.

Was für ein Vertrauen! Das müsste man nur zum Guten nutzen.

Der große Unterschied zwischen Igor und Rauni ist der gewesen, dass Igor ein Schoßhund ist. Ich hatte keinerlei Erfahrung mit Pudeln, bis ich mir eher durch Zufall einen anschaffte. Erst danach verstand ich, dass manche Hunde sich wirklich im Schoß wohlfühlen. Diese Schoßhundeigenschaft ist sehr konkret. Rauni ließ sich meine Zärtlichkeiten gefallen und war immer gerne dort, wo ich auch war, aber sie suchte nicht nach Nähe, wie Igor es tut.

Während der schlimmsten Zeit meiner Angstzustände war diese Eigenschaft von Igor ein großes Geschenk. Die Nähe eines Hundes ist aufrichtig. Er fordert nichts. Igor schmiegt sich nachts an mich, hüpft im Wartezimmer des Tierarztes auf meinen Schoß, will auch dann in meinen Schoß, wenn ich fort war und nach Hause zurückkomme. Ich bedeute Sicherheit für ihn.

Er bedeutet für mich auch Sicherheit. Sicherheit und Seelenfrieden.

Um die Beziehung zwischen Mensch und Hund verstehen zu können, muss man das Verhältnis des Menschen zum Wolf verstehen, und damit wir verstehen können, wie der Hund ist, muss man schauen, aus welchen Bestandteilen er entstanden ist.

Das Verhältnis zwischen Wolf und Mensch ist während der gesamten historischen Zeit – der Zeit, seit der wir schreiben können – angespannt gewesen. In der Bibel gibt es viele Wolfsgleichnisse. Der Schafhirte hat allen Grund, sich vor echten Wölfen in Acht zu nehmen, die Menschenhirten haben allen Grund, sich vor sinnbildlichen Wölfen in Acht zu nehmen. Oft wird auch vor den Wölfen »im Schafspelz« gewarnt. Der Wolf wurde also als listiges, betrügerisches Wesen gesehen. Schon vor der Bibel warnte Äsop, der 600 Jahre vor unserer Zeitrechnung lebte, in seinen Märchen vor den Wölfen. Spätere europäische Volksmärchen sind ebenfalls voll von Warnungen vor der Gerissenheit der Wölfe.

Wie kam es zu dem angespannten und vielschichtigen Verhältnis zwischen Wolf und Mensch? Ist es rein das Ergebnis der neolithischen Lebensweise: Als der Mensch sesshaft wurde und Weideflächen für das Nutzvieh errichtete, wurde der Wolf zur Bedrohung für die Lebensgrundlage?

Doch nicht alle haben Angst vor dem Wolf oder hassen ihn. Wölfe werden oft ebenso leidenschaftlich beschützt, wie sie gefürchtet und gehasst werden. Andererseits sind auch diejenigen, die meinen, man solle alle Wölfe ohne Mitleid abknallen, oft voller Bewunderung für die Jagdkunst und die Intelligenz dieses Tieres. Sportmannschaften werden nach dem Wolf benannt und seine Gestalt ziert Wappen und Logos.

Ich selbst sehe bei Wölfen und Menschen so viele Ähnlichkeiten, dass ich nicht verstehe, wie man gegenüber dem Wolf Hass empfinden kann. Sein Verhalten ist durchweg sympathisch. Wölfe leben in kleinen Familienrudeln, bleiben oft ihr Leben lang mit ihrem Partner zusammen, kümmern sich hingebungsvoll um ihren Nachwuchs – oft auch unterstützt von den älteren Geschwistern der Welpen. Die Art zu jagen ist bei Wolf und Mensch sehr ähnlich. Der Wolf ist ein soziales Tier, das gelernt hat, mit anderen zusammenzuarbeiten und sich freundlich und rücksichtsvoll gegenüber den anderen Gruppenmitgliedern zu verhalten.

So ist der Mensch doch auch.

Für den Wolf, wie auch für den Menschen, ist es wichtig, ständig die anderen Mitglieder des Rudels zu beobachten, ihre Absichten und Gebärden richtig zu deuten. Sonst würde aus dem gemeinsamen Handeln nichts und sonst könnte beispielsweise das friedliche Teilen der Nahrung nicht gelingen.

Der Wolf und der Mensch sind verspielte Tiere, deren Zusammenleben innerhalb einer Gruppe von der angeborenen Auffassung darüber angeleitet wird, wie man sich gegenüber anderen verhalten soll und wie nicht. Bei Ungerechtigkeiten mischt man sich ein und sie werden beseitigt. Wenn ein Wolf beim Spielen zu schmerzhaft nach einem anderen schnappt, knurrt der Verletzte auf und der Wolf, der den Fehler begangen hat, umschmeichelt eine Zeit lang seinen Spielkameraden, wie um sich zu entschuldigen. Wölfe haben eine strenge Etikette darüber, welches Verhalten im Rudel gutgeheißen wird. Ein ähnliches Moralverhalten sieht man, wenn Hunde miteinander spielen.

Ist es vielleicht so, dass am Wolf gerade seine Menschenähnlichkeit Angst macht? Man könnte denken, der Wolf sei ein bisschen wie die dunkle Seite des Menschen: ein kluges Rudeltier, das gleichzeitig ein blutrünstiger Killer und der gerissenste aller gerissenen Jäger ist. Ist die Angst vor dem Wolf eigentlich die Angst vor der eigenen im Menschen schlummernden Grausamkeit? Projizieren wir unsere Angst vor Verrat oder Grausamkeit unserer eigenen Artgenossen auf den Wolf? Dabei ist es falsch, den Wolf als Verräter zu sehen. Der Wolf verrät sein Rudel nicht.

9. KAPITEL

Die sozialen Eigenschaften des Wolfs machten ihn zum ausgezeichneten Ausgangsmaterial für das erste Domestizierungsexperiment der Welt. Im Wolf ist eine gute Basis für die Fähigkeiten angelegt, in denen der Hund unübertroffen ist. Der Hund hat die großartige Begabung dafür, die Gebärden seines Menschengefährten zu lesen und mit ihm zusammenzuarbeiten.

Ich betone noch einmal. Die Domestizierung ist nicht ein bloßes »Zahmwerden«, eine Befriedung eines Wildtieres. Sie ist ein Prozess, der die Biologie einer Art dauerhaft verändert. Die Art verändert sowohl ihr Aussehen, ihre Physiologie als auch ihr Verhalten.

Das Faszinierende an der Domestizierung ist ihre Regelhaftigkeit. Darauf wurde seinerzeit bereits Charles Darwin aufmerksam. In seinem 1868 erschienenen Werk *The Variation of Animals and Plants Under Domestication* zählte Darwin Merkmale auf, die den domestizierten Arten gemeinsam waren und sie von ihren Ursprungsarten unterschieden. Solche Merkmale sind unter anderem die verminderte Aggressivität, die vermehrte Geselligkeit, eine kürzere Schnauze, kleinere Zähne und Hörner, kleinere Hirnmasse, ein Stummelschwanz, Schlappohren sowie kürzere Vermehrungszyklen. Später fand man noch weitere, wie die veränderte Funktionsweise der Nebenniere und der Neurotransmitter sowie eine längere Lernphase in der Jugend.

Wenn man die domestizierten Tiere mit ihren Urformen vergleicht, springt einem eine Veränderung geradezu ins Auge. Vergleicht man Bilder von Wölfen und Hunden, von Rindern und den ausgestorbenen Auerochsen, von Pferden und Wildpferden, von Ratten und zahmen Ratten, ist der Unterschied nicht zu übersehen: Die Färbung hat sich bei den domestizierten Tieren verändert.

Die domestizierten Formen haben weiße Flecken bekommen. Die Wildformen sind dagegen in aller Regel bräunlich, wildfarben. Es ist verblüffend, wie ähnlich die Veränderungen bei den domestizierten Tieren sind, obwohl es um äußerst unterschiedliche Tiere geht. Der Wolf ist ein fleischfressendes Raubtier. Das Rind ein wiederkäuender Paarhufer und Pflanzenfresser. Die Ratte ist ein Nagetier. Nach den Regeln der Domestizierung haben diese Kategorien keine Bedeutung. Dieselben Veränderungen zeigen sich sogar bei domestizierten Vogelarten. Ganz so, als gäbe es im Tierreich ein fertiges Programm, das nur darauf wartet, gestartet zu werden. Sobald der Knopf gedrückt wird, wird die Schnauze des Tieres kürzer, der Schädel runder, die Hörner und Zähne schrumpfen, das Fell bekommt weiße Flecken und der Schwanz ringelt sich ein. Die Tiere werden friedlich und verspielt und sie reagieren ruhig auf den Menschen oder sind sogar überbordend freundlich zu ihm. Die domestizierten Tiere lernen leicht neue Sachen und sie lernen auch, bei lauten Stimmen und Lärm in der Umgebung nicht schreckhaft zu sein. Welcher Knopf ist das?

Die berühmteste Untersuchung der Welt auf dem Gebiet der Domestizierung ist zugleich eine selten zeitaufwendige Versuchsaufstellung. Im Jahr 1959 begann auf einer sibirischen Forschungsstation unter der Leitung von Dmitri Beljajew und Ludmila Trut ein Zuchtexperiment, bei dem Silberfüchse, also für die Pelztierzucht verwendete Füchse, zum Einsatz kamen.

Ursprünglich hatte man die Absicht, einen Fuchsstamm heranzuzüchten, der leicht umgänglich und friedfertig wäre. Der Versuch geriet sozusagen außer Kontrolle und hat inzwischen überwältigend viel wissenschaftliche Daten unter anderem zur Entstehung des Hundes geliefert.

Die Versuchsmethode war einfach. Die Forscher begannen die Füchse so zu züchten, dass sie die jeweils friedlichsten Tiere jeder Generation für die Vermehrung auswählten. Die Friedfertigkeit bedeutete Ausgeglichenheit und möglichst wenig aggressives Verhalten in der Nähe des Menschen. Die Eigenschaft wurde einfach getestet, indem man die Hand in den Käfig des Fuchses streckte, ihn streichelte und ihn von Hand fütterte.

Die Auswahl war streng: Zur Vermehrung wurde etwa ein Zehntel von jeder Generation zugelassen. Die Füchse aus der Vergleichsgruppe wurden hingegen vollkommen zufällig gezüchtet.

Was für Veränderungen stellte man bei den Füchsen fest? Zunächst einmal natürlich die erwarteten. Die stärkste Aggression und Furcht waren bereits bis zur dritten Generation verschwunden. Bald traten bei den Tieren jedoch Eigenschaften auf, die die Forscher nicht erwartet hatten: Beispielsweise gab es in der vierten Generation vereinzelt Tiere, die in der Nähe eines Menschen mit dem Schwanz wedelten.

Diese Einzelheit hat meine schriftstellerische Fantasie bereits seit über zehn Jahren angeregt – seitdem ich darüber in einem Artikel der Forscher gelesen habe. In der vierten Generation fingen die Füchse an, mit dem Schwanz zu wedeln! Dieser Satz könnte eine ganze Romanreihe in Gang bringen.

Von den Welpen der sechsten Generation suchte ein Teil mit Nachdruck die Nähe des Menschen. Zum Schwanzwedeln kam hinzu, dass die Füchse das Gesicht der Forscher abschlecken wollten und ihnen nachwinselten. In dieser Generation waren es nur unter zwei Prozent solcher Füchse, aber in der 20. Generation war es bereits ein Drittel und in der 40. die Hälfte.

Zum Jahreswechsel 2005 und 2006 waren fast alle Füchse friedfertig, hundeähnlich und suchten die Nähe des Menschen.

Und was war denn bloß mit dem Aussehen der Füchse passiert? Ihre Ohren waren nicht mehr spitz, sondern hängend wie bei meinem Pudel. Die Schwänze bogen sich. Die Schnauze war kürzer geworden und die Zähne kleiner. Früher waren die Fuchsweibchen einmal im Jahr läufig, nun zweimal.

Zudem hatte das Fell der Füchse weiße Flecken bekommen.

Um die Evolution zu verstehen, ist es unumgänglich, die Bedeutung des Selektionsdrucks zu verstehen. Wenn eine Population von Lebewesen in einer bestimmten Umgebung lebt, kommen nicht alle gleich gut damit zurecht. Zwischen den Lebewesen gibt es immer angeborene Unterschiede. An den Umweltbedingungen gibt es auch etwas, was bestimmte Eigenschaften begünstigt. Das nennt man Selektionsdruck: Die Umgebung wählt gewissermaßen einen Teil der Individuen aus, der sich daraufhin mehr vermehrt als die anderen. Der Selektionsdruck richtet sich auf irgendeine Eigenschaft der Individuen, und diejenigen Individuen, die diese Eigenschaft besitzen, bekommen mehr Nachwuchs als die anderen – und so wird diese Eigenschaft in der Population häufiger und stärker ausgeprägt.

Die Veränderung bei den sibirischen Versuchsfüchsen wurde auch von einer gewissen Art von Evolution gelenkt, wenn auch unter der Führung der russischen Forscher. Der Selektionsdruck richtete sich auf die Friedfertigkeit. Mit Friedfertigkeit kam man weiter und folglich verstärkte sich diese Eigenschaft in der Population. Jede Fuchsgeneration war eine Spur friedlicher als die vorherige.

Alle anderen bei den Füchsen auftretenden Veränderungen sind eine Art Nebenprodukt: Die Forscher wählten die Füchse nicht nach Farbe oder Form der Ohren aus, sondern allein nach ihrer Friedfertigkeit.

Spätestens das Fuchsexperiment offenbarte, dass es irgendeinen gemeinsamen Faktor gibt, der das Tier nicht nur friedfertig, sondern auch welpenhaft werden lässt. Die bei den domestizierten Tieren auftretenden Merkmale wie Schlappohren und Zutraulichkeit sind nämlich typisch für die Welpenzeit und die jüngeren Generationen der Füchse bei dem Experiment kann man als *neotenisch* bezeichnen. Neotenie ist ein Phänomen, bei dem die Merkmale der Kindheit auch nach der Geschlechtsreife erhalten bleiben.

Noch einen Terminus werfe ich hier ein: Die Evolution bei den domestizierten Arten ist *konvergent* gewesen. Auch wenn die Arten von ihrer Lebensweise und Biologie her voneinander abweichen, hat der gleiche Selektionsdruck – die Bevorzugung der Friedfertigkeit – bei ihnen gemeinsame Eigenschaften hervorgerufen. Konvergente Evolution bedeutet, dass Lebewesen unter den gleichen Bedingungen einander trotz unterschiedlicher Ausgangspunkte allmählich ähnlich werden. Die gemeinsame Lebensweise hat Haie und Delfine vom Aussehen und den Bewegungen her so ähnlich werden lassen, dass Menschen nicht immer daran denken, wie weit der Knorpelfisch und das Säugetier eigentlich im Stammbaum der Evolution voneinander entfernt sind.

Heute werden Kühe vielleicht nach der Form der Euter gezüchtet, aber ursprünglich begünstigte der Mensch in seiner Nähe Rinder, die zutraulich und folgsam – also friedfertig – waren. In der Nähe der groß gewachsenen Tiere war die Friedfertigkeit oft auch hinsichtlich der eigenen Sicherheit des Menschen wichtig. Bei allen domestizierten Tieren war die Friedfertigkeit ein Faktor, der ihre Evolution gelenkt hat. Der vorhin von mir gesuchte Knopf, der die mit der Domestizierung zusammenhängenden Veränderungen auslöst, ist schlicht und einfach der Mensch.

Es dauerte lange, bis die Forscher herausfanden, welche genetischen Veränderungen bei der Domestizierung eigentlich vor sich gehen und warum diese sich auf so viele Eigenschaften von der Fellfarbe bis zur Form der Schnauze auswirken. Sie suchten bei den Schilddrüsenhormonen und dann wieder beim Adrenalin. Im Jahr 2014 wurde das Rätsel zumindest teilweise gelöst.

Wenn die Evolution die Friedfertigkeit begünstigt, wirkt sich das auf die Zellen der *Neuralleiste* aus. Die Neuralleiste ist eine vorläufige Struktur bei der embryonalen Entwicklung der Wirbeltiere, eine Zellansammlung, deren undifferenzierte Zellen während der embryonalen Entwicklung an ihre endgültigen Bestimmungsorte wandern. Bei den fertig entwickelten Individuen sind die Zellen der Neuralleiste unter anderem zu Pigmentzellen, Zellen des Nervensystems sowie zu Knochen- und Knorpelzellen des Gesichts geworden.

Im Zuge der Evolution nimmt die Anzahl der Zellen der Neuralleiste ab, was beispielsweise zur Verkleinerung mancher Knochen- und Knorpeltexturen führt. Deswegen haben die domestizierten Tiere kleinere Zähne und hängende Ohren. Das Fehlen von Pigmentzellen führt zu weißen Flecken, die Veränderungen im Gehirn wiederum zur Beibehaltung der jugendlichen Verhaltensweisen.

Beljajews und Truts Füchse zeigen fast idealtypisch die Domestizierung von Haustieren im Allgemeinen und des Hundes im Besonderen. Jedoch nur als rudimentäres Modell: Sie verändern sich in einem schnellen und zielstrebig gelenkten Prozess. Die Domestizierung der ursprünglichen Haustiere ist langsamer und ungeplanter vor sich gegangen. Heute werden Haustiere selbstverständlich mit sehr effizienten und schnelle Veränderungen hervorrufenden Mitteln weitergezüchtet.

Die Evolution des Hundes hat der Mensch wahrscheinlich gar nicht bewusst gesteuert. Wie ich vorher erzählte, könnte der Wolf sich selbst domestiziert haben, indem er die Lebensmittelreste der Menschen nutzte und sich auch sonst in dessen Nähe herumtrieb. Die Wölfe, die sich zu fressen trauten, obwohl Menschen in der Nähe waren, sind vielleicht damals diejenigen gewesen, die von der Evolution begünstigt wurden. So war die Friedfertigkeit, eine Art »Aushalten des Menschen«, auch für die Evolution des Hundes entscheidend.

Die domestizierten Tiere sind wegen des Menschen so, wie sie sind. Nicht immer wegen bewusster Handlungen des Menschen, sondern vielmehr wegen seiner Anwesenheit.

Ich weiß nicht, was man davon halten sollte. Unsere Art verändert die Natur, trampelt für sich gewaltsam seine eigene neue ökologische Nische zurecht. Sie verändert die Arten um sich herum, rottet sie aus.

Dennoch hat die Entstehung von domestizierten Tieren etwas Schönes und sogar Tröstliches an sich. Sobald der Mensch auf den Plan tritt, bringt die Evolution Friedfertigkeit hervor.

10. KAPITEL
AUSGEBRANNT VOM MENSCHLICHEN MITEINANDER

Der Mensch schafft Friedfertigkeit. Einen freundlichen Umgang mit den anderen, weniger Aggression, kindliche Neugier. Der Mensch kommt hervorragend mit seinem Hund oder Kaninchen aus. Der Mensch hat sich daran gewöhnt, in Gemeinschaft und enger Kooperation mit seinen Artgenossen zu leben. Warum ist das Zusammensein mit anderen Menschen trotzdem manchmal so schwierig?

Eines Maiabends sitze ich in der Küche und versuche fieberhaft, eine Kolumne fertigzustellen, die spätestens am nächsten Morgen bereit zum Abschicken sein muss. Gleichzeitig habe ich das im Ofen schmorende Essen für den kommenden Tag im Blick. Familienleben bedeutet oft Multitasking, so ist das zumindest bei mir.

Mein Kopf ist müde und die Wohnküche ist bereits voll verschiedener Geräusche: Der Umluftofen brummt, aus dem Haushaltsraum ertönt das Geräusch des Trockners und auf dem Sofa sitzt mein Mann und schaut irgendein Video auf seinem Computer an. Wäre es möglich, dass du Kopfhörer benützt?, würde ich ihn gerne fragen, aber ich bringe es nicht über meine Lippen. Ich will nicht herumnörgeln. Igor sitzt am Sofa und schaut aus dem Fenster. Wenn ein fremder Hund am Haus vorbeigehen würde, würde Igor bellen. Das wäre dann noch eine Lärmquelle mehr. Aus dem Zimmer des einen Teenagers hört man lautes Sprechen, weil er mit seinen Freunden online spielt. Alle Lampen in der Wohnküche sind an, obwohl es draußen noch hell ist. Es ist zu hell für meinen Geschmack. Abends will ich es dämmrig haben: Genau so ein über viele Sinne auf mich einströmendes allgemeines Tohuwabohu ist sehr schwer zu ertragen. Abends schaffe ich es mittlerweile fast gar nicht mehr, mich auf die Arbeit zu konzentrieren – genauer gesagt auf nichts, was Denken erfordert. Ich halte Geräusche und Licht nicht aus.

Nach der großen Erschöpfung ist mein Gehirn nicht mehr so wie vorher. Ich habe in vielerlei Hinsicht das Schlimmste überstanden, aber irgendeine Art von Flexibilität ist bei mir verlorengegangen.

Während der schlimmsten Zeit zeigte sich meine Erschöpfung neben den Angstzuständen darin, dass ich bei Depressionsumfragen meistens die Punktezahl für eine mittelschwere Depression erreichte. Jetzt liegt auch diese Zeit hinter mir: Zuletzt, als ich einen Fragebogen ausfüllte, lag meine Erkrankung zwei Jahre zurück und die Punktezahl lieferte keinen Hinweis mehr auf eine Depression.

Ich fühle mich jedoch, als würde ich auf einem Drahtseil balancieren. Ich reagiere empfindlich auf alles Stressige, und sobald die Belastung auch nur ein bisschen zu groß wird, falle ich hinunter. Ich passe auf meinen Schlafrhythmus auf und mag mich gleich nach acht Uhr abends alleine zurückziehen.

Nach den WHO-Statistiken erkranken Frauen mit sogar zweimal so großer Wahrscheinlichkeit an Depression wie Männer. Hier in Finnland verringerten sich die Krankschreibungen in den Jahren 2006 bis 2016, aber seitdem ist ein deutlicher Anstieg zu verzeichnen – besonders bei Frauen und ganz besonders bei Frauen um die 30.

Warum leiden Frauen öfter an Depressionen als Männer? Oder gehen sie nur eher zum Arzt und bekommen deswegen öfter eine

Diagnose? Den Unterschied hat man auf viele verschiedene Arten kleinzureden versucht, aber es scheint ihn tatsächlich zu geben. Gründe gibt es wahrscheinlich ein ganzes Bündel und sie werden den Forschern zweifellos allmählich klar werden. Ich selbst bin der Meinung, dass Frauen oft deswegen depressiv werden, weil sie die Sorgen anderer mit sich herumschleppen. Sie unterstützen die Menschen um sich herum: Sie kümmern sich sowohl um die Kinder als auch um die erkrankten älteren Menschen in der Familie. Sie haben den sogenannten *Mental Load* in ihren Familien übernommen, sie wenden viel Zeit dafür auf, an die Schulveranstaltungen der Kinder und Geburtstage der Verwandten zu denken, Kleidung für die Familie und Waschpulver zu kaufen oder den Speiseplan für die ganze Woche zu erstellen. Nicht alle Frauen bekommen den Mental Load übertragen, aber meiner Lebenserfahrung nach der größte Teil der Frauen mit Familie sehr wohl.

Frauen wenden auch viel Zeit für das Aufdröseln der Gefühle anderer auf. Sie klären Konflikte in ihrer Familie oder Verwandtschaft, vermitteln zwischen Kindern oder fungieren als Blitzableiter für ihre Partner. Das alles braucht Unmengen an Energie und ist sehr belastend. Die Gefühlsarbeit wird aber nicht etwa wertgeschätzt oder bemerkt, man unterstellt den Frauen vielmehr zu große Emotionalität. Man macht sich über die Betonung menschlicher Beziehungen in den Frauenzeitschriften und TV-Serien lustig. Doch man muss über das Thema sprechen können, man muss es mithilfe von Büchern und Filmen verarbeiten. Frauen reden viel über Beziehungen miteinander – auch das wird gering geschätzt.

In der Gesellschaft werden »Frauenangelegenheiten« im Allgemeinen als weniger nützlich und wertvoll als »Männerangelegenheiten« angesehen. Das sieht man beispielsweise an der Wertschätzung der Berufe – also am Lohn: Für die Pflege eines alten Menschen bekommt man weniger Lohn als für die Instandhaltung einer Maschine. Dennoch schafft gerade der Arbeitseinsatz der

Frauen das stärkste Sicherheitsnetz in der Gesellschaft: die Arbeit in der Pflege und Betreuung anderer Menschen.

Gefühlsarbeit ist Schwerstarbeit. Insbesondere in Pflegeberufen kann man an Mitgefühlserschöpfung erkranken. Wenn man den ganzen Tag lang mit schweren menschlichen Schicksalen, Trauer und Krankheiten konfrontiert ist, wird die Belastung gerade für zutiefst empathische Menschen groß. Doch jeder von uns leistet auch in den eigenen menschlichen Beziehungen Gefühlsarbeit. Je enger die Beziehung, desto mehr Arbeit erfordert sie.

Eine Freundin stellte bei einem Gespräch etwas Selbstverständliches fest, das mich laut ausgesprochen jedoch irritiert innehalten ließ: Ein Großteil des Lebens vergeht mit dem Aufdröseln der durch Paarbeziehungen hervorgerufenen Gefühlsverwirrungen. Diese Feststellung fühlte sich gleichermaßen unangenehm und richtunggebend an. Wie viel Zeit hatte auch ich in meiner Paarbeziehung darauf verwendet, mich mit Gefühlen auseinanderzusetzen – gerade auch mit den Gefühlen des anderen, zum Beispiel der Eifersucht?

Eine traurige Tatsache: Nichts hat mich in meinem Leben so belastet wie die Widersprüche in meinen Paarbeziehungen. Ich bin ein Mensch, der Streit nur schwer aushält. Die Konflikte nagen weiter an mir, geben mir keine Ruhe, bis sie geklärt sind. Auch danach bleiben sie in meinen Gedanken, kommen in den finsteren Momenten in der Nacht zum Vorschein, und ich kaue sie immer wieder durch. »Wenn die Paarbeziehung so viel Kummer bereitet, warum wollen die Menschen immer eine haben?«, fragte dieselbe – sich gerade in einer Trennungsphase befindende – Freundin.

In diesem Buch wollte ich ursprünglich nicht über Geschlechter reden. Meiner Meinung nach hat das Geschlecht ziemlich wenig damit zu tun, wie der Mensch sein Leben leben sollte. Doch je tiefer ich in meine Überlegungen zur Mensch-Tier-Verbindung eintauche, desto wesentlicher sind auch Fragen hinsichtlich der Geschlechter geworden.

Andererseits sind die mit den Geschlechtern zusammenhängenden Erwartungen und Strukturen als Thema inmitten meiner sich verflüchtigenden Erschöpfung aufgekommen. Vielleicht sind sie auch schon die ganze Zeit über da gewesen, in meinen Gedanken, und haben die Belastung noch weiter ansteigen lassen. Wenn ich über die Unterschiede zwischen Männern und Frauen spreche, ist es wichtig zu verstehen, dass ich über statistische Unterschiede spreche, über Wahrscheinlichkeiten, die ein Individuum manchmal wirklich unzutreffend beschreiben. Nicht alle Frauen leisten – wollen oder müssen es nicht – die Gefühlsarbeit in ihren Beziehungen und nicht alle Menschen lassen sich in die schwarzweißen Mann-Frau-Schablonen einordnen. In Beziehungen werden auch immer wieder Stereotype über den Haufen geworfen: Auch Frauen können gefühlskalt sein, auch Männer können die Hauptverantwortung für ihre Kinder tragen.

Ich denke, dass starke Stereotype und die Erwartungen, die sie erzeugen, eine Belastung für Paarbeziehungen sind, für jede Art von Paarbeziehungen, aber besonders für Heteropaare. Deswegen würde ich nicht gerne weiter die Gegenüberstellung zwischen Männern und Frauen betreiben und schon gar nicht mehr Erwartungen hinsichtlich dessen schüren, wie die Menschen ihr Leben leben sollten oder wie sie miteinander umgehen sollten.

Ich bin davon überzeugt, dass zum Beispiel der stereotype Umgang der Medien mit Frauen und Männern sich tatsächlich auf den Umgang der Menschen miteinander auswirkt. In Comics sind die Frauen herumnörgelnde Hausdrachen und die Männer bierbäuchige Weicheier. Die Stereotype kommen besonders dann an die Oberfläche, wenn die Paarbeziehung bereits Risse aufweist. Der andere wird nicht als er selbst gesehen, sondern als Vertreter der kollektiven »Gegenseite«. Man sieht an ihm Eigenschaften, die er in Wirklichkeit gar nicht besitzt, aber die ihm die Medienlandschaft zuschreibt, welche die Welt der Männer und Frauen in Schwarz und Weiß einteilt.

Ich gebe dafür ein Beispiel: Irgendwann vor langer Zeit ging ich mit meinem damaligen Lebensgefährten ins Restaurant. Die Stimmung war ganz gut, es lagen keinerlei Spannungen in der Luft. Es sollte ein gemütlicher Abend werden. Nachdem er die Speisekarte bekommen hatte, fing er plötzlich an, mich zu beschimpfen. Es hätte keinen Sinn, ihn wegen ungesundem Essen anzumeckern, er würde auf so etwas gar nicht hören.

Ich hatte nichts zu Vorlieben beim Essen gesagt, das ist ohnehin nicht meine Art. Es war, als würde mit uns am Tisch die uralte Behauptung sitzen, dass Männer immer etwas Ungesundes essen wollen und die Frauen deswegen andauernd an ihnen herumnörgeln.

Überhaupt kann ich das Wort »nörgeln« nicht ausstehen. Ich finde, mit dieser Wortwahl werden Frauen herabgewürdigt und ihnen wird das Recht abgesprochen, ihre Meinung zu äußern. Gleichzeitig kann man mich durchaus der Doppelmoral bezichtigen, denn ich habe immer alles getan, damit man mich nicht des »Nörgelns« beschuldigen kann.

Oftmals merke ich, dass ich meine in gleichgeschlechtlichen Beziehungen lebenden Freunde beneide: An sie richten sich nicht so viele Erwartungen, für sie gibt es beutend weniger Vorgaben darüber, wie man sich in einer Beziehung zu verhalten hat und welche Rolle beide beispielsweise bei den Hausarbeiten einzunehmen haben. Jede Beziehung ist einzigartig. Wobei dieser Gedanke natürlich naiv ist. Der Druck, der auf Homobeziehungen lastet, ist anders und oftmals von einem ganz anderen Kaliber. In einem Teil der Welt müssen Menschen noch immer wegen ihrer sexuellen Orientierung um ihr Leben fürchten.

Auf jeden Fall sind Streitigkeiten in einer Beziehung am schwersten zu verkraften. Ich erinnere mich, wie die Konflikte bereits in meiner ersten längeren Paarbeziehung furchtbar schwer für mich zu ertragen waren. Ich konnte nicht damit umgehen, dass man einfach so sauer auf mich war. Zum Beispiel ist so ein Wutausbruch am Restauranttisch, wie ich ihn vorhin beschrieben habe, für einen Menschen wie mich wie der Notruf eines ganzen sterbenden Planeten für Deanna Troi.

Jemand anderer – ein anderer Mensch – hätte zu Recht zurückgeblafft, ein solches unnötiges Strohfeuer gleich im Keim erstickt. Aber nicht ich. Zuerst bin ich betreten, weil der Wutausbruch für mich völlig unerwartet kommt. Dann fange ich an zu beschwichtigen, ich erkläre die Dinge, mache mich ganz klein, schiebe das Gefühl der Ungerechtigkeit beiseite, verlange nichts.

Und wenn in diesem sich selbst Kleinmachen der Grund für die Depression bei Frauen liegt? Für diesen Gedanken finde ich überraschend Rückhalt von vor dreißig Jahren. Die Psychologin und Professorin Dana Crowley Jack veröffentlichte im Jahr 1991 das Buch *Silencing the Self: Woman and Depression*. Darin begründet sie die Depression bei Frauen gerade mit dem Sich-selbst-zum-Schweigen-Bringen und sich-den-Bedürfnissen-anderer-Unterordnen. Um sich den Bedürfnissen des anderen anzupassen, lernen die Frauen, sich zu kontrollieren, ihre Erfahrungen gering zu schätzen, ihre Wut zu unterdrücken und den Mund zu halten, schreibt Jack. Die stark verinnerlichten sozialen Erwartungen, wonach die Frauen in ihren Beziehungen gut und fürsorglich sein sollen, stürzen die Frauen in die Depression.

Ich bin auch dessen überdrüssig, dass man über Erschöpfung immer als Arbeitserschöpfung spricht. Und das sonstige Leben? Warum sollte nur die Arbeit den Menschen auslaugen – kann der Mensch nicht von allem anderen erschöpft sein oder vielleicht sogar vor allem von allem anderen? Hinter der Erschöpfung kann doch auch beispielsweise das schwierige Babyalter des Kindes oder eine besonders belastende Paarbeziehung stecken. Dana Crowley Jack wollte offensichtlich auf diesen Umstand hinweisen, aber in den Jahren nach der Veröffentlichung ihres Buchs nahm das Gerede über Arbeitserschöpfung erst so richtig an Fahrt auf.

Es mutet seltsam an, dass die Beziehungen zu anderen Menschen so belastend sein können – der Mensch hat sich doch im Laufe der Evolution zu einer Art entwickelt, für die die sozialen Beziehungen von herausragender Bedeutung sind.

Im Jahr 1973 betitelte der berühmte Evolutionsbiologe Theodosius Dobzhansky seinen Essay wie folgt: *Nothing in Biology Makes Sense Except in the Light of Evolution* – also »in der Biologie hat alles nur im Licht der Evolution einen Sinn«. Was wollte er damit sagen? In der Evolution hat alles seinen Zweck. Für die Vielfältigkeit der Menschen gibt es einen Grund, und auch dafür, dass ein Teil von uns dazu neigt, so gründlich Verantwortung für die Gefühle anderer zu übernehmen, dass er dafür Erschöpfung und Depression erntet.

Was hat eine solche Neigung hervorgebracht?

11. KAPITEL
DAS DOMESTIZIERTE TIER IM SPIEGEL

Ende Mai schlüpfen die Jungen von Alma und Ossi. Drei Küken erblicken im Abstand von jeweils genau zwei Tagen das Tageslicht. Verglichen mit ihren Eltern, sind sie erstaunlich klein. Es vergehen ein paar Tage, bis sie überhaupt ihren unverhältnismäßig großen Kopf halten können.

Die erfahrene Alma findet sich gut ins Füttern ein. Sie reißt von den Fischen, die Ossi ihr bringt, winzig kleine Stücke ab und reicht sie vorsichtig den Jungen. Der Schnabel muss in einem bestimmten Winkel sein, damit das Vogeljunge das Fischstückchen nehmen kann. Man muss lange in der Stellung ausharren, weil die Jungen sich unbeholfen bewegen.

Das zuerst geschlüpfte Jungtier hat einen klaren Vorsprung gegenüber den anderen. Alma füttert dennoch unbeirrt alle drei. Oft wird behauptet, dass das zuletzt geschlüpfte Junge leicht verhungern kann, oder sogar, dass die Vogelmutter es nicht füttert, weil sie den Schwächsten auslesen will. Auf solche Behauptungen stoße ich auch im Chat zum Livestream. Die Vögel werden oft als gefühllose Maschinen angesehen, die instinktgesteuert in einem ständigen »Überlebenskampf« dahindarben.

Alma ist keine gefühlskalte Kampfmaschine. Sie ist sehr geduldig beim Füttern, und wenn das größte Küken sich den Bauch vollgeschlagen hat und eingeschlafen ist, widmet Alma der Fütterung der anderen Jungen noch viel Zeit. Nach dem Füttern entfernt sie sorgfältig alle hinuntergefallenen Fischstückchen aus dem Nest. Selbst scheint sie mir nur ab und zu ein Häppchen zu essen.

Die Vogeljungen schlafen unter der Mutter im Schutz der Saumfedern. Alma bleibt aufopferungsvoll, wo sie ist, bei Starkregen ebenso wie bei brütender, ermüdender Hitze. Wenn es heiß ist, stellen sich ihre Federn auf wie bei einem Kiefernzapfen und sie hechelt mit geöffnetem Schnabel, die Zunge ist zu sehen.

Bei Regen hat Alma den Kopf eingezogen, die Augen geschlossen und der Regen rinnt einfach an ihrem glatten Federkleid hinab.

Ich habe inzwischen gelernt, die Vögel mühelos voneinander zu unterscheiden. Alma ist größer und dunkler als Ossi und der Rand um Almas Augen ist wie mit einem Kajalstift gezogen. Von den Bewohnern des anderen Nests ist Nuppu wiederum ein selten dunkler Fischadler, auch der helle Bereich um ihren Hals ist voller dunklerer Federn und der dunkle »Brustpanzer« ist viel größer als bei ihrem Partner Ahti.

Ich bin vernarrt in die Vögel, obwohl ich mir selbst versprochen hatte, es nicht zu sein. Chatter, die in ihren Kommentaren die Vögel kritisieren, bringen mich zur Weißglut. Wie dumm – von ihnen genauso wie von mir. Als könnte der Mensch jemals Ratschläge darüber erteilen, wie der Fischadler sein Fischadlerleben leben soll. Und warum kümmere ich mich überhaupt um die Blödheiten anderer Menschen?

Nuppu, das zum ersten Mal nistende Weibchen, scheint die Gemüter besonders zu erhitzen. Zu Beginn der Brutzeit erschraken Nuppu und Ahti vor einem Habichtskauz, der eines Nachts zum Nest geflogen kam, und waren einige Stunden fort. Im Chat wurde daraufhin gemunkelt, die Eier seien ausgekühlt. Nuppu wird angewiesen, sich wieder auf die Eier zu setzen, und ein Teil der Chatter sagt voraus, dass die Küken gar nicht schlüpfen werden. »Oje, die Nuppu hat es noch nicht drauf.«

Andererseits ist die Diskussion auch lustig. Da verbringen wir Menschen unsere Zeit damit, mittels Technologie das Leben einer anderen Tierart zu beobachten, und versuchen zu erraten, was in den Vögeln vorgeht. Die menschliche Kultur bringt immer neue Seltsamkeiten hervor.

Wo hatte das seinen Anfang? Ich kehre in der Zeit zurück zu jenen rätselhaften Momenten, über die ich schon oft geschrieben habe.

Vor ungefähr 80 000–30 000 Jahren begann sich die Kultur des *Homo sapiens* in einem verglichen mit vorher rasanten Tempo weiterzuentwickeln. Ich stelle wiederholt die Frage: Wenn es den *Homo sapiens* als Art bereits seit 300 000 Jahren gegeben hat, warum dauerte es über 200 000 Jahre, bevor die Kultur in immer rasanterem Tempo Neues hervorzubringen begann?

Antwortvorschläge gibt es viele. Einer der am meisten in der Öffentlichkeit vertretenen ist die Hypothese, dass sich damals in den Genen des Menschen, die die kognitiven Fähigkeiten kodieren, irgendeine Veränderung vollzogen hat. Diese Hypothese konnte bisher noch nicht wissenschaftlich belegt werden. Die frühzeitliche DNA ist natürlich schwierig zu untersuchen. Während der letzten 100 000 Jahre sind zahlreiche Veränderungen im Genom des Menschen entstanden, und die Suche bedeutsamer Mutationen in dieser Fülle ist wie die Suche nach der Nadel im Heuhaufen.

Vor Kurzem wurde eine Studie veröffentlicht, bei der 267 Gene identifiziert wurden, die unter anderem mit Kreativität und Sozialverhalten zusammenhängen und die sich beim modernen Menschen von jenen des Neandertalers und des Schimpansen unterscheiden. Aber dieses Ergebnis sagt noch nichts darüber aus, an welchem Punkt in der Evolution dieser drei Arten diese fraglichen Gene sich voneinander zu unterscheiden begannen.

Es ist jedoch bemerkenswert, dass der Mensch schon lange vor der kognitiven Revolution zu feinmotorischem kognitivem Handeln in der Lage war. Die ersten Steinwerkzeuge der Olduvai-Sachkultur sind 2,8 Millionen Jahre alt. Seitdem ist die Entwicklung natürlich die ganze Zeit weiter vorangeschritten, das Tempo war nur sehr viel langsamer als während der letzten Zehntausenden von Jahren.

Auch die Neandertaler zeigten Anzeichen von symbolischem Verhalten. Sie stellten etwa Kunst her und bestatteten ihre Toten zumindest gelegentlich. Somit sind die Eigenschaften, die symbolisches Handeln ermöglichen, in der Entwicklungslinie des Menschen wahrscheinlich schon entstanden, bevor die zu den Neandertalern führende Linie sich von der Linie trennte, die schließlich zum *Homo sapiens* führte. Das geschah vor 800 000 bis 315 000 Jahren.

Vielleicht ist es wirklich so, dass der moderne Mensch alle Voraussetzungen dafür hatte, schon vor der kognitiven Revolution reichhaltige Kultur herzustellen. Diese Möglichkeit wurde einfach aus irgendeinem Grund nicht genutzt. Kulturelle Erfindungen wurden zwar gemacht, aber sie blieben nicht erhalten, verbreiteten sich nicht und machten keinen Wandel durch. Es gab Kultur, aber sie war nicht in der Weise kumulativ, wie sie heute für die Menschheit typisch ist. Vielleicht lag das Problem also nicht in der Qualität, sondern vielmehr in der Quantität und der Geschwindigkeit der Transformation.

Ein Teil der Forscher ist deswegen auch der Meinung, dass man über die Entstehung einer *Vielfalt des Verhaltens* sprechen müsste, anstatt über die Entstehung der Modernität des Verhaltens. Die Quantität und die Wandlungsfähigkeit waren neu, nicht die Qualität. Alles in allem wirkt es so, als hätte etwas die Vielfalt und rasante Entwicklung der Kultur bis zur kognitiven Revolution gebremst. Was könnte das gewesen sein?

Brian Hare ist ein amerikanischer Professor der evolutionären Anthropologie. 2014 stellte sein Forschungsteam eine faszinierende Hypothese zur kognitiven Revolution vor. Laut Hare und seinen Kollegen war für die Entstehung des modernen Verhaltens die Anzahl der Menschen entscheidend.

Den Menschen in der heutigen Zeit ist oft gar nicht bewusst, wie relevant es für unsere Kultur ist, dass wir viele sind. Wir sind an Großstädte und große Menschenmengen gewöhnt. Wenn wir über das Bevölkerungswachstum auf diesem Planeten nachdenken, dann sehen wir es als etwas Negatives. Und tatsächlich ist die Überbevölkerung ein ökologisches Problem, Natur wird vernichtet und die Ressourcen unter den Menschengruppen sind ungerecht verteilt. Wir denken, dass wir in die Überbevölkerung hineingeschlittert sind und dass eine große Menschenanzahl noch nie sinnvoll oder wichtig war.

Wenn es aber für das moderne Verhalten des Menschen wesentlich ist, dass wir viele sind und eng zusammenleben? Das ist die Kernaussage von Hares Hypothese. Sie besagt, dass es erst vor 50 000 Jahren genug Menschen gab, damit die kulturellen Eigenheiten sichtbar werden konnten.

Der Kern menschlicher Kultur ist, dass wir voneinander lernen, das Vorhandene weiterentwickeln, die Erfindungen anderer anpassen und das Gelernte aufzeichnen. Für all das braucht man andere Menschen. Wenn es nur wenige Menschen gibt und sie weit voneinander entfernt leben, gibt es niemanden, von dem man etwas lernen oder dem man etwas beibringen kann. Niemand übernimmt etwas von anderen, niemand entwickelt etwas weiter. Je mehr Menschen es gibt, desto schneller verbreiten sich Ideen, entwickeln sie sich weiter und werden transformiert. In dieser Welt mit den bald neun Milliarden Menschen entwickelt sich unsere Kultur schneller als jemals zuvor.

Es waren also eine genügend große Anzahl an Menschen und genug Begegnungen zwischen ihnen nötig, damit die Kultur ihren Aufschwung beginnen konnte.

Laut Hare und seinem Forscherteam brauchte es jedoch auch etwas anderes: etwas, das es den Menschen ermöglichte, voneinander zu lernen und miteinander zu kooperieren: Frieden.

Große Bevölkerungsdichte hat auch seine Schattenseiten. Je mehr Menschen und Begegnungen, desto höher das Konfliktpotential. In Konflikten entwickelt sich die Kultur nicht, denn Menschen, die sich aggressiv zueinander verhalten, bringen niemandem etwas bei und lernen nichts voneinander. Konflikte erleichtern die Zusammenarbeit und die Verbreitung von Innovationen nicht. Gewalt ist wie ein Pfropfen, der die Kooperation zwischen den Menschen verhindert und damit auch die Entstehung kumulativer Kultur.

Der von Hare geleiteten Studie zufolge kam es zur kognitiven Revolution, als es genug Menschen gab und sie so friedfertig aufeinander zugingen, dass die Begegnungen hinsichtlich der kulturellen Entwicklung fruchtbar waren. Zuvor bargen Begegnungen immer die Gefahr von Konflikten.

Die kognitive Revolution setzte also voraus, dass der Mensch von seinem Temperament her weniger aggressiv wurde, als er es vorher gewesen war. Die soziale Toleranz – das Aushalten anderer Menschen – nahm zu. Der Mensch reagierte nicht aggressiv, obwohl sich um ihn herum viel mehr Artgenossen aufhielten als vorher.

Kurz gesagt: Vor ungefähr 50 000 Jahren wurde der *Homo sapiens* drastisch domestiziert. Die Art wurde friedfertiger als zuvor, in seinem Aussehen zeigten sich die für alle domestizierten Tierarten gemeinsamen Merkmale. Einige neotenische, also für die Jugend typische Eigenschaften wurden jetzt bis ins Erwachsenenalter beibehalten.

Daraus lässt sich natürlich schließen, dass der moderne Mensch eine domestizierte Art ist, und dieser Gedanke hat auch eine lange Tradition. Er wurde bereits seinerzeit von Darwin präsentiert. Das Zusammenleben mit Menschen hat bei zahlreichen anderen Tierarten die Friedfertigkeit begünstigt und bei ihnen eine Reihe von bestimmten Veränderungen hervorgerufen, und am längsten hat mit dem Menschen natürlich der Mensch selbst zusammengelebt. Der Mensch erzeugt um sich herum Friedfertigkeit und diese Regel gilt auch für andere Menschen.

Es ist allgemein bekannt, dass der *Homo sapiens* verglichen mit den früheren Menschenarten viele für domestizierte Arten typische Merkmale besitzt. Die Kiefer unserer Vorgänger sind kräftiger, die Zähne, insbesondere die Eckzähne, sind größer, der Augenbrauenbogen steiler, das Nasenbein weiter abstehend und der Schädel länger. Wenn man die Entwicklungslinie des Menschen Schritt für Schritt in Richtung des modernen Menschen geht, sind die Gesichtsknochen allmählich leichter geworden. Die erfolgte Veränderung sieht man besonders deutlich, wenn man die Knochenstruktur unseres Gesichts beispielsweise mit jener der Schimpansen vergleicht.

Die Studie von Hare besagt jedoch, dass diese intensive Domestizierung auch noch vor einigen zehntausend Jahren im Gange war. Laut dem Artikel, den das Forscherteam 2014 veröffentlichte, sieht man die Veränderung auch in den Fossilien aus dieser Zeit. Die Forscher verglichen ungefähr 100 000 Jahre alte Schädel des modernen Menschen mit Schädeln von heute und es waren Unterschiede zu sehen. Unsere Vorfahren aus jener Zeit hatten kräftigere Kiefer als die heute lebenden Menschen, das Nasenbein war abstehender und der Überaugenwulst ausgeprägter.

Wenn ich Hare und seinen Mitforschern Glauben schenke, lautet die Antwort auf die Frage, was sich im Kern der Menschheit veränderte und zu einer raschen Bereicherung der Kultur führte: Die kognitive Revolution wurde durch die Vermehrung und die damit einhergehende Friedfertigwerdung des *Homo sapiens* verursacht. Erst eine gewisse Menschenanzahl schuf eine Situation, in der die natürliche Selektion vermehrt die Friedfertigkeit bevorzugte. Da die Menschen öfter als vorher aufeinandertrafen, richtete sich der Selektionsdruck darauf, dass sie miteinander auskamen.

Brian Hare ist der Meinung, dass vor 50 000 Jahren bei den Menschen hormonelle Veränderungen stattfanden, die man im Knochenbau sehen konnte. Die Produktion von Testosteron verringerte sich oder die Empfindlichkeit des Gewebes für dieses Hormon nahm ab. Die Nebennieren, die Adrenalin produzieren, wurden kleiner. Der Mensch wurde weniger aggressiv und weniger empfänglich für die Reize der Umwelt. Das Angstzentrum, also der Mandelkern im Gehirn, schrumpfte. Auch diese Merkmale sind allen domestizierten Tieren gemeinsam.

In der 2014 veröffentlichten Studie konnte man noch nicht einen weiteren Fortschritt in der Erforschung der Domestizierung mitberücksichtigen, der im selben Jahr publiziert wurde, nämlich den Anteil der Neuralleiste auf die Herausbildung der für die domestizierten Tierarten typischen Merkmale. Brian Hare aktualisierte seine Ansichten später in dem 2020 erschienenen, mit seiner Frau Vanessa Woods, einer Forscherin und Sachbuchautorin, zusammen verfassten Buch *Survival of the Friendliest*. Laut Hare und Woods ist es offensichtlich, dass die Verringerung der Neuralleistenzellen in der Embryonalentwicklung auch hinter der Domestizierung des Menschen steckt. Das ist bei Genuntersuchungen bestätigt worden.

Der nette Mensch, der die anderen auch beachtet, ist also zumindest die letzten 50 000 Jahre lang der Liebling der Evolution gewesen. Je größer die Anzahl der Menschen wurde, desto friedfertiger und kooperativer wurden wir.

Der Anthropologe und Primatenforscher Richard Wrangham hat in seinen Werken viel über die Gründe nachgedacht, die zur Verringerung der Aggression beim modernen Menschen geführt hat. Er unterscheidet die proaktive und die reaktive Aggression. Insbesondere Letztere hat unter den modernen Menschen abgenommen. Die reaktive Aggression bedeutet, dass man auf die Taten eines anderen aggressiv reagiert. Wenn wir es genau nehmen, verringerte sich auch bei den sibirischen Füchsen genau diese reaktive Aggression.

Die proaktive Aggression hingegen ist geplant und sie spielt laut Wrangham eine wichtige Rolle bei der Domestizierung des heutigen Menschen: Er hält es für möglich, dass der *Homo sapiens* als Art deswegen friedfertiger wurde, weil die besonders gewalttätigen, reaktiv aggressiven Männer aus der Gemeinschaft entfernt – also getötet wurden. Eine solche Eliminierung ist für die Menschheit noch immer typisch. In einem Teil der Welt wendet man statt Töten Gefängnisstrafen an. Als die Gene der gewalttätigen Männer mit ihnen verschwanden, wurde die Bevölkerung allmählich immer friedfertiger. Die systematische Tötung wäre unter anderem durch die Entwicklung der Sprache erleichtert worden. Wenn man einen besonders gefährlichen Mann besiegen will, müssen die anderen in der Lage sein, sich darüber zu einigen.

Das weitere Vorhandensein der proaktiven Aggression erklärt auch die merkwürdige Zwiespältigkeit des Menschen. Als Individuen sind wir friedfertig und gewaltfrei, aber als Gesellschaft können wir Kriege führen oder ganze Völker in Konzentrationslager sperren. Über diese Zwiespältigkeit schrieb Richard Wrangham in seinem Buch *The Goodness Paradox* (2019).

Wranghams Gedanken haben mich über das permanente Interesse der Menschen an Gewalt und extrem gewalttätigen Einzelpersonen nachdenken lassen. Krimis und *True Crime*-Unterhaltungssendungen scheinen immer beliebter zu werden. Ein sanfter, friedliebender und äußerst liebenswürdiger Mensch kann dennoch den Wunsch haben, über Serienmörder und ihre brutalen Taten zu lesen.

Steht dieses Interesse in irgendeinem Zusammenhang mit der Domestizierung der Menschheit und der Verringerung der Aggression? In den menschlichen Gemeinschaften musste man diejenigen, die sich unvorhersehbar verhielten und für andere eine Gefahr darstellten, im Auge behalten. Laut Wranghams Spekulationen wurden sie auch mit Bedacht entfernt. Der reaktiv aggressive Mensch war die Ausnahme, die die anderen erkennen mussten. Interessieren wir uns deswegen so für die fiktiven und realen Killer?

In der öffentlichen Diskussion sind alle möglichen Missverständnisse über die Evolution in Umlauf. Eine der schädlichsten war das falsche Verständnis von Darwins *Survival of the Fittest*-Begriff. Darwin meinte das Überleben des Angepasstesten, also dass die Evolution das Individuum begünstigt, das sich mit seinen Eigenschaften am besten an die vorherrschenden Bedingungen anpasst. *»Fittest«* bezog sich nicht auf körperliche Stärke und Überlegenheit.

In der Geschichte des Lebens waren Stärke und zum Beispiel Schnelligkeit natürlich manchmal Trumpf. Unsere Spezies ist aber ein Modellbeispiel dafür, dass ab und zu ganz andere Merkmale ein Individuum erfolgreich machen können. In der Evolution hat alles seinen Zweck, und Eigenschaften, die wir selbst als hinderlich empfinden, können durchaus auch nützlich sein. Meine Neigung dazu, Verantwortung für die Gefühle anderer zu übernehmen, kann durchaus eine zweckmäßige Anpassung sein, das Ergebnis der Evolution unserer Spezies. Am besten passten sich diejenigen an vorherrschende Bedingungen an, die in der Lage waren, die anderen zu verstehen, und die die Entstehung von Konflikten in Gemeinschaften verhindern konnten.

Das Ende der Paläolithischen Epoche war der Durchbruch für die domestizierten Tierarten. Zuerst wurde der Mensch selbst domestiziert, dann der Hund mit ihm und schließlich die anderen Haustiere. Während ich das hier schreibe, liege ich zu Hause auf dem Sofa mit dem Laptop auf meinem Schoß und Igor schläft neben mir. Hier liegen wir zwei, wir domestizierten Tiere.

Wir, die wir durch die Nähe des Menschen friedfertig geworden sind.

JUNI

12. KAPITEL
MENSCHENKINDER, TIERKINDER

Der Sommer ist da, wenn der Wald zu duften beginnt.

Den Duft des Waldes im Sommer kann man niemandem erklären, der noch nicht in einem finnischen Wald gewesen ist. Es ist der Duft von sonnengewärmtem Moos, mit einer herben Prise Torfmoos, von Harz und bisweilen auch Sumpfporst-Blüten. Es ist ein lebendiger, warmer Geruch. In anderen Jahreszeiten riecht der Wald anders, ganz und gar nicht lebendig.

Igor und ich spazieren die vertraute Strecke entlang. Der Hund geht voraus und bleibt stehen, um auf mich zu warten, wenn ich trödle. Er weiß, in welche Richtung er bei welcher Pfadbiegung abbiegen muss. Auch ich könnte diese Strecke mit verbundenen Augen gehen. Ich gehe diesen Weg seit bald zwanzig Jahren. Den größten Teil davon mit Rauni, jetzt mit Igor. Manchmal denke ich, dass Rauni noch immer hinter mir geht und ich sie nur nicht sehen kann.

Wenn ich darüber nachdenke, was wir für kulturelle Bilder von Menschen und ihren Hunden haben, gibt es da fast ausschließlich Männer mit ihren Hunden. Da gibt es den einsamen Jäger und den Jagdhund, die mutigen Polarforscher mit ihren Hundeschlitten, die historisch bedeutenden Männer und ihre Hunde, die ebenfalls Teil der Geschichte geworden sind, wie Hitlers Schäferhund Blondi.

Da gibt es Hachiko, den japanischen Spitz, der jahrelang am Bahnhof auf sein verstorbenes Herrchen wartete. Es gibt männliche Gottheiten und mythische Figuren wie den hinduistischen Todesgott Yama, der zwei Hunde hat, oder Odysseus in den griechischen Sagen, dessen Hund Argos zwanzig Jahre auf die Rückkehr seines Herrchens wartete. Und dann gibt es noch Idefix, Rantanplan und Struppi, die berühmten Hunde von männlichen Comichelden.

Frauen und Hunde findet man kaum abgebildet. Die griechische Göttin der Jagd, Artemis, hatte Hunde bei sich, aber sonst fällt mir niemand ein. Oder doch, Cruella de Vil aus dem Disney-Film, die sich aus den Dalmatiner-Welpen einen Pelzmantel machen wollte.

Oft trifft man auch auf eine merkwürdige Differenzierung, bei der der Hund als maskuliner Begleiter des Mannes gesehen wird, während der Katze feminine, zu Frauen passende Eigenschaften zugesprochen werden. Mit diesem Gedanken kommt mir noch eine kulturelle Abbildung von Frau und Hund in den Sinn: die eitle Oberschichtdame und ihr in die Handtasche passender Pudel. Ich in meinem Jogginganzug und Igor mit seinem von mir gestutzten Fell passen wenigstens nicht in dieses Klischee.

Jeder Schriftsteller kennt das Phänomen: Wenn man lange an einem Projekt gearbeitet hat, wirkt die Welt voll von Details, die damit zusammenhängen. Plötzlich scheinen die Medien, zufällige Gespräche und nebenbei aufgeschnappte Radiosendungen sich alle mit demselben Thema zu beschäftigen, an dem man selbst lange gearbeitet hat. Ich öffne die Facebook-Seite und das Foto eines Buchcovers, das irgendein Freund gepostet hat, erregt meine Aufmerksamkeit. Umgehend bestelle ich das Buch in der Bücherei vor. Clarissa Pinkola Estés ist eine in Amerika lebende Psychoanalytikerin und Autorin. Ihr Werk *Die Wolfsfrau: Die Kraft der weiblichen Urinstinkte* ist eine seltsame Mischung aus Folklore und Estés eigenen Geschichten. Es ist schwer, die wissenschaftliche Fundiertheit dieses Buches zu beurteilen, aber bei dessen Hauptthese hat Estés recht: Die Folklore ist in verschiedenen Ländern voller Archetypen von eng mit der Natur zusammenarbeitenden wilden Frauen. In diesen Traditionen sind die Frauen oft Hexen, die die geheimen Kräfte der Natur kennen. Sie kommunizieren mit Vögeln oder Wölfen. Sie verwandeln sich in Wölfe wie die Hauptfigur in Aino Kallas Buch *Wolfsbraut*, das von estnischen Volksmärchen inspiriert wurde.

Estés Buch ist ein kleiner Seitenhieb an mich. Es war oberflächlich, die hündischen Begleiter nur bei Männern zu sehen. Man sollte hier nicht in die Falle tappen.

Clarissa Pinkola Estés scheint teilweise auf gleichen Pfaden gewandelt zu sein wie ich. In dem Vorwort zu ihrem Buch beschreibt sie Frauen, die folgende Symptome haben: »Sich ungewöhnlich trocken anfühlen, ausgelaugt, allzu verletzlich, deprimiert, verwirrt, lustlos, machtlos, ängstlich, verunsichert, unfähig, selbst etwas auf die Beine zu stellen oder sich zu zeigen, wie man ist. Zu schwach, uninspiriert, abgekämpft, feige, überflüssig, schamhaft, schmutzig, hässlich, schuldbewusst, geistig minderbemittelt, steif. Oder man hat ständig eine Wut im Bauch, könnte durchdrehen, ist dabei aber stecken geblieben, unkreativ und bedrückt.«

Für Estés sind das Anzeichen dafür, dass die Frau die Verbindung zur ungezähmten Psyche der »Wildfrau« verloren hat. Für mich sind es Symptome der Erschöpfung. Meine Herangehensweise und mein Bezugsrahmen unterscheiden sich sehr von Estés, aber es kann sein, dass wir letztlich über dieselbe Sache sprechen.

Amerikanische Anthropologen haben im Jahr 2020 einen Artikel veröffentlicht, für den sie ethnografische Daten zur Beziehung zwischen Mensch und Hund aus 144 verschiedenen Kulturen miteinander verglichen. Ihre Schlussfolgerung lautete, dass die Bindung einer Menschengemeinschaft zu ihren Hunden dann am stärksten ist, wenn die Hunde eine besondere Beziehung zu den Frauen in der Gemeinschaft haben. Eine vergleichbare Bedeutung hatte also beispielsweise die Beziehung zwischen Männern und Jagdhunden nicht. Für die starke Bindung zwischen der Gemeinschaft und den Hunden sprach es, dass man die Hunde für »Personen« hielt. Man gab ihnen einen Namen und man nahm an, dass sie einen Geist oder eine »Seele« hätten wie die Menschen auch. Die Beziehung zwischen den Frauen und Hunden erinnerte an die Beziehung von Frauen zu ihren Kindern.

Woher kommt die enge Beziehung zwischen Frauen und Hunden? Einer der Gründe kann ein ziemlich praktischer sein. In der Geschichte und vielleicht auch der vorgeschichtlichen Zeit waren die Frauen oft diejenigen, die das Essen hergestellt und zubereitet haben. Deswegen teilen sie auch Essen an die Hunde aus. Andererseits sind oft auch Kinder in der Nähe der Frauen, und wie die Forscher anmerken, sind Hunde und Kinder sehr voneinander fasziniert. Hunde sind da, wo auch die Kinder sind. Das kann ich nur aus eigener Erfahrung bestätigen.

In manchen Menschengemeinschaften ist das Verhältnis zwischen Frauen und Hunden so eng gewesen, dass die Frauen Hundewelpen gestillt haben. Amerikanische Anthropologen verglichen in ihrer 2011 erschienenen Studie das Verhältnis von 60 unterschiedlichen Menschengemeinschaften zu ihren Haustieren. Bei vier von diesen gab es die Anmerkung, dass die Frauen Hundewelpen stillten. Die betreffenden Gemeinschaften befanden sich an sehr unterschiedlichen Teilen der Welt, eine Erwähnung betraf zum Beispiel ein Inuitvolk und eine andere die Ureinwohner Australiens.

Ich bin immer mehr zu der Ansicht gelangt, dass es gerade die Frauen waren, die die Mensch-Tier-Verbindung aufrechterhalten haben. Hierfür muss man jedoch außerhalb der alltäglichen Praxis Belege finden. Man muss sich beispielsweise auf die Neurologie oder die gute alte Evolution stützen. Zentral ist dabei die Frage, was für Reaktionen der Anblick anderer Arten in unserem Gehirn hervorruft.

Ein Facebook-Freund von mir bekam mitten in der Coronapandemie ein Kind. Mit der Entspanntheit eines erfahrenen Vaters in mittleren Jahren teilte er Bilder von seinem Baby, wie es die Welt entdeckte. Ich bin bestimmt der größte Fan dieser Fotos, ich like jedes von ihnen.

Babyfotos gefallen mir, obwohl ich selbst auf keinen Fall mehr Kinder haben will. Ich genieße es, dass meine eigenen Kinder jetzt im Teenageralter sind. Mit ihnen kann man auf Augenhöhe etwas unternehmen und sie tragen bereits viel Verantwortung für ihr Leben selbst. Ich kann mit ihnen über Gott und die Welt sprechen und ihnen meine Lieblingsfilme zeigen – solche wie *Aliens* und *Termintor II* – oder ich kann mit ihnen den neuen *Dune* im Kino angucken gehen. Sie sind an vielen Dingen interessiert, die mich auch interessieren. Wir lachen über dieselben Dinge. Sie sind sehr tierlieb, was mich sehr freut. Sie waren nie Kinder, die aus Spaß Fliegen getötet oder Igel und Vögel geärgert hätten.

Doch sosehr ich das Teenageralter meiner Kinder genieße, mag ich Babys und freue mich jedes Mal, wenn es auf Facebook wieder ein neues Foto von dem Baby meines Freundes gibt, auf dem es nachdenklich und verkniffen dreinschaut. Das Gesicht eines Babys macht sofort gute Laune. Als Kind und als Teenager verstand ich nicht, was an Babys so wunderbar ist, aber jetzt als Mutter im mittleren Alter hat sich meine Einstellung geändert.

Studien belegen auch, dass die Gesichtszüge von Babys bei Menschen positive Empfindungen hervorrufen. Negative Gefühle wie Aggression werden durch sie wiederum verringert. Das Phänomen wird *Kindchenschema* genannt. Das Kindchenschema ist ein von dem Verhaltensforscher Konrad Lorenz geprägter Begriff und er beinhaltet eine Fülle von Merkmalen, die für Babys typisch sind. Dazu gehören eine hohe Stirn, große, runde, nach vorne gerichtete Augen, ein kleiner Mund und eine kleine Nase, runde Bäckchen und ein molliger Körper mit kurzen Gliedmaßen. Die Wirkungsweise des Kindchenschemas auf den Menschen ist aus der Sicht der Evolution sehr zweckmäßig: Um Babys muss man sich kümmern, damit die Art weiterbesteht. Gegenüber Babys darf man sich nicht aggressiv verhalten.

Konrad Lorenz war der Meinung, dass die Gesichtszüge von Babys besonders auf Frauen wirken. Laut Untersuchungen könnte das Phänomen tatsächlich bei Frauen stärker vorhanden sein als bei Männern.

Der Kindchenschema-Effekt existiert nicht nur beim Menschen. Für alle Arten ist es von Vorteil, wenn ihre Jungen überleben. Und bei jenem Teil, der seinen Nachwuchs aktiv pflegt, setzen die für seine Jungen typischen Merkmale ebensolche beschützenden und pflegenden Verhaltensweisen in Gang, wie der Anblick von Menschenjungen es bei den Menschen tut.

Die Kindchenschema-Merkmale sind auch allen Arten gemeinsam. Ein Hundewelpe unterscheidet sich von einem erwachsenen Hund in sehr ähnlicher Weise wie das Menschenbaby von seinen Eltern. Die Schnauze (oder Nase) ist kurz, die Augen groß, der Körper rundlich und die Gliedmaßen kurz. Wenn Menschen sich Bilder von Hunden verschiedenen Alters ansehen, können sie meistens die Welpen von den anderen unterscheiden, auch wenn sie von einer für sie vorher unbekannten und fremdartig aussehenden Rasse sein sollten.

Das Kindchenschema funktioniert auch über Artgrenzen hinweg. Hundewelpen und kleine Kätzchen sind für die Menschen meistens niedlich. Wir wollen sie ansehen und berühren. Die großen Köpfe und Augen von Kuscheltieren und Comichelden rufen Empathie in uns hervor.

Genau dasselbe passiert mit einem Hund, der auf ein Katzenjunges oder ein Menschenbaby trifft: Meistens scheint der Hund zu verstehen, dass die Welpen egal welcher Art besonders schutzbedürftig sind und dass man vorsichtig mit ihnen umgehen muss.

Die Hunde finden auch alle möglichen Welpen, auch die des Menschen, wahnsinnig interessant, selbst wenn er vor erwachsenen Menschen oder Tieren eigentlich Angst hat. Meine Freundin hat eine Katze und einen Hund, die einander so sehr vertrauen, dass sie gegenseitig ihre Jungen säugen. Andere Katzen oder Hunde dulden sie in der Nähe der Kleinen nicht.

Das Kindchenschema kann sich jedoch auch darauf auswirken, was für Gefühle erwachsene Tiere in uns auslösen. Bei domestizierten Tieren sind die Merkmale des Jugendalters ausgeprägt. Beim Hund ist das ganz besonders der Fall. Es gibt nur wenige Hunderassen, deren Schnauze zum Beispiel so lang und schmal ist wie die eines Wolfs. Sogar bei den wolfsähnlichen Huskys und Schäferhunden ist die Schnauze in Wirklichkeit kürzer und breiter als beim Wolf. Ganz am anderen Ende der Skala sind die sogenannten brachycephalen Hunderassen wie der Mops oder der Bostonterrier. Deren Schnauze ist fast nicht vorhanden, der Schädel rund, die Augen groß und rund – und wie beim Menschen nach vorne gerichtet. Der Körper ist untersetzt, die Beine kurz. Alles babyhafte Züge.

Bereits bei den Urhunden war die Schnauze kürzer als bei den Wölfen – dieses Merkmal ist am fossilen Material zu sehen. Die eigentliche Brachycephalie kam jedoch erst später auf. Es ist möglich, dass die groß gewachsenen Hunde der frühen Landwirte, die vielleicht beim Bewachen des Viehs eingesetzt wurden, bereits ein bisschen brachycephal waren.

Warum kam es beim Hund zu so einer gewaltigen Veränderung? Die bis an die Spitze getriebene, die Atmung des Hundes stark behindernde Brachycephalie ist erst die Hinterlassenschaft der letzten Jahrzehnte, aber auch die schwächere Form verändert viel innerhalb des Hundeschädels. In einem brachycephalen Kopf lassen die Zunge und das Gaumengewebe wenig Platz für den Luftstrom zu den Atemwegen, die Zähne haben nicht immer Platz im Kiefer und sogar das Gehirn ist in der verkürzten Schädeldecke ein bisschen anders positioniert als bei anders geformten Hunden.

Der Mensch hat vermutlich schon frühzeitig unbewusst Hunde bevorzugt, die einen menschenähnlichen, nach vorne gerichteten Blick und runde Augen haben. Ein solches Gesicht antwortet gefühlsmäßig besser auf den Blickkontakt. Außerdem kommt das Kindchenschema zum Tragen. Ein Hund mit großen Augen, kurzer Schnauze und kleinkindhaft unbeholfener Erscheinung erweckt in uns den evolutionsbedingten Beschützer- und Pflegeinstinkt.

Man hat auch untersucht, welche Reaktionen Bilder von Tierjungen bei Kindern hervorrufen. Wie man sich denken kann, mögen die Kinder die Bilder und sie rufen bei ihnen die gleichen positiven Gefühle hervor wie bei den Erwachsenen. Bei einer Untersuchung liegt jedoch ein deutlicher Schwerpunkt bei Mädchen zwischen dem sechsten und achten Lebensjahr. Das ist interessant: In diesem Alter war ich selbst bereits äußerst tierlieb.

Erklärt das Kindchenschema die Tierliebe? Liebe auch ich deswegen Hunde? Auch diese Theorie scheint nicht zu reichen. Wenn die Tierliebe nur ein Nebenprodukt der Liebe zu Babies wäre, hätte ich da nicht als Kind Babypuppen ebenso wie Kuscheltierhunde bemuttert? Und warum war ich an Tieren, sogar an kakerlakenartigen Insekten, interessiert, die wirklich nicht ins Kindchenschema passen?

Das Geschlecht kann also eine Auswirkung darauf haben, wie Babys und Tierjunge auf das menschliche Gehirn wirken. Gibt es andere Faktoren, die Unterschiede zwischen Menschen zeitigen könnten?

In einer im Jahr 2013 veröffentlichten Studie wurde unter anderem die Verbindung zwischen Empathie und der Reaktion, die das Kindchenschema auslöst, untersucht. Die Unterschiede hinsichtlich Empathie und Persönlichkeitsmerkmalen wurden mit einem Fragebogen erfasst und die Reaktionen im Gehirn wurden mithilfe der funktionellen Magnetresonanztomographie sichtbar gemacht.

Die Forscher fanden Folgendes heraus: Erstens wirkten die Bilder von Tierjungen stärker als Bilder von erwachsenen Tieren. Die Tiere auf den Fotos waren Katze, Hund, Pferd, Huhn, Löwe, Elefant und Kaninchen. Der für das Kindchenschema typische Effekt wird im Gehirn also leichter in Gang gesetzt, wenn die Testperson das Bild eines Elefantenjungen ansieht, als wenn sie das eines ausgewachsenen Elefanten sieht. Das ist nicht überraschend.

Frauen reagieren stärker als Männer neben Babys auch auf Tierjunge. In diesem Punkt bestätigte die Studie also die vorherigen Annahmen.

Zusätzliche Informationen erhielt man, als man die Auswirkung der Empathie einer Person auf die Stärke des Kindchenschema-Effektes betrachtete. Das Ergebnis war: Je empathischer der Mensch ist, desto stärkere positive Reaktionen rufen bei ihm die Bilder von Babys und Tierjungen hervor.

Zu äußerst interessanten Ergebnissen kam man, als die Forscher einige andere Persönlichkeitsmerkmale mitberücksichtigten. Menschen, die nicht gerne die Gesellschaft anderer Menschen aufsuchen und sich in deren Gesellschaft unwohl fühlen, waren weniger anfällig für den durch Menschenbabys ausgelösten Effekt als andere. In ihren Gehirnen lösten die Babys nicht so starke Reaktionen aus wie bei den anderen. An dieser Stelle unterscheiden sich die Wirkungen von Babys und Tierjungen jedoch voneinander. Die fraglichen Persönlichkeitsmerkmale wirkten sich nämlich nicht auf die Reaktion auf Tierjunge aus. Diese blieb erhalten.

Ein Mensch kann sich also in Gesellschaft von erwachsenen und auch neugeborenen Artgenossen unwohl fühlen, aber zum Beispiel gegenüber Hundewelpen Zärtlichkeit verspüren. So mancher mag denken, dass so eine Konstellation nicht natürlich ist. Ein Mensch sollte nicht Hunde lieber mögen als Babys! Aber wenn die Evolution eine solche Möglichkeit hervorgebracht hat, dann ist sie selbstverständlich nicht »unnatürlich«, sondern vollkommen natürlich und sie verfolgt irgendeinen Zweck.

Bei der Studie fand man noch weitere Einzelheiten heraus. Die Neigung zur Herstellung tiefer menschlicher Beziehungen korreliert mit der Reaktion auf Babys, aber nicht auf Tierjunge. Der Wunsch, zu einer Gruppe dazuzugehören, korreliert wiederum mit beiden.

Aus den Ergebnissen lassen sich viele Rückschlüsse ziehen. Die Unterschiede bei der Reaktion auf die Bilder von Babys und Tierjungen deuten darauf hin, dass die durch die Tierbilder hervorgerufenen Reaktionen nicht bloß direkte Verlängerungsstücke für die durch das Kindchenschema hervorgerufene Wirkung sind, die zum Schutz unserer Nachkommen von der Evolution in uns angelegt worden ist. Vielmehr geht es um ein Bündel von Mechanismen, die in unterschiedlichen Situationen sich in leicht abweichender Zusammenstellung aktivieren. Der Mensch kann empfänglich für einen starken Kindchenschema-Effekt sein, wenn er Menschenbabys sieht, aber bei Tierjungen nicht diese Wirkung verspüren. Ebenso können Tierjunge die Kindchenschema-Wirkung aktivieren, aber Menschenbabys eben nicht.

Die Auswirkungen des Kindchenschemas auf den erwachsenen Menschen werden über das autonome Nervensystem in Gang gesetzt. Mit der Reaktion hängen Aktivitäten von Hirnregionen zusammen, die für das Erkennen von Gesichtern, für die Regulierung der Aufmerksamkeit, für Empathie, Belohnung, Regulierung von Gefühlen und motorische Kontrolle verantwortlich sind. Die Wirkung des Kindchenschemas sieht man sogar an der Bewegung: Die Bewegungen werden exakter und vorsichtiger und die Menschen schneiden bei Aufgaben, die Genauigkeit erfordern, besser ab. Dabei hängt diese Reaktion nicht von dem kulturellen Hintergrund oder von Pflegeerfahrungen ab, sondern ist angeboren.

Wenn man den als Testpersonen fungierenden Frauen Bilder von ihren Kindern und Hunden zeigte, wurden im Großen und Ganzen dieselben Hirnregionen aktiviert. Es gab jedoch Unterschiede: Die Kinderfotos aktivierten einige solcher Hirnregionen, von denen man weiß, dass sie mit Belohnung zusammenhängen, und von denen man bereits wusste, dass sie in hinsichtlich der Evolution wichtigen Beziehungen wie in Paarbeziehungen und der Beziehung zwischen Mutter und Kind aktiv werden.

Die Bilder der Hunde erzeugten hingegen eine stärkere Aktivierung der Hirnregionen, die mit der Verarbeitung von Gesichtern und sozialer Kognition zusammenhängen. Das kann man sich vielleicht dadurch erklären, dass man mit Hunden viel mit dem Gesicht und dem Blick kommuniziert, während man sich mit den Menschen auch auf die verbale Kommunikation stützen kann. Oder vielleicht ist die Kommunikation mit einem Hund insoweit schwieriger, als das Gehirn dafür viele Ressourcen zur Verfügung stellt.

Eine Art Zusammenfassung aus der Studie könnte folgendermaßen lauten: Tierjunge oder Tiere, die wie junge Tiere aussehen, wirken besonders stark auf sehr empathische Frauen, die sich in der Gesellschaft anderer Menschen unwohl fühlen, die Schwierigkeiten haben, enge Beziehungen zu anderen Menschen aufzubauen, aber die sich dennoch zu einer Gruppe zugehörig fühlen wollen.

Genauso gut könnte ich in den Spiegel schauen.

13. KAPITEL
WARUM ES RICHTIG IST,
ZU VERMENSCHLICHEN

Als der Juni eine Woche alt ist, schlüpft das erste Küken von Nuppu und Ahti. Novizin Nuppu hat ihre Sache beim Brüten also gut gemacht, obwohl viele ihre Zweifel daran hatten. Die Follower erleben eine Überraschung, als später am selben Tag bereits das zweite Vogelkind schlüpft. Offenbar haben die Brutpausen die Entwicklung des ersten Eis so weit verzögert, dass die Schlupfzeit sich angeglichen hat. Das ist von der Natur zweckmäßig eingerichtet, damit die Jungen sich ungefähr gleich entwickeln. Das dritte Küken schlüpft zwei Tage später.

Nuppu erledigt die Aufgaben einer Fischadlermutter hingebungsvoll und Ahti bringt unaufhörlich Fisch heran. Ich stelle fest, dass sich hier dasselbe Phänomen wiederholt wie vorher bei der Diskussion um das Nest: Nuppu wird besonders viel kritisiert. Laut manchen Followern füttert sie ihre Jungen nicht ausdauernd genug oder sie frisst selbst zu viel. Viele messen sie an Alma, die in ihren Augen offenbar die perfekte Fischadlermutter verkörpert.

Ich ärgere mich für Nuppu und mir kommt der Gedanke, dass junge Mütter seit Anbeginn der Zeit dafür angegangen werden, wie schlecht sie ihre Mutterrolle ausfüllen. Die Fischadlermännchen hingegen werden nicht kritisiert.

Einen Tag nach dem Schlüpfen des dritten Kükens erleben Nuppu und Ahti ein schweres Unglück. Ein Sommersturm trifft das Nest. Die Temperatur fällt rasch um fast zehn Grad, der Wind ist stark, es regnet und hagelt. Nuppu bleibt unbeirrt im Nest sitzen, die Augen geschlossen, mit den Küken im Schutz ihres Bauches. Stundenlang harrt sie so aus.

Später kommt Ahti zum Nest. Die klatschnasse Nuppu erhebt sich, und die Follower sehen zum ersten Mal seit Langem die Jungen.

Zwei von ihnen liegen reglos da. Auch ich starre ungläubig auf die Szene. Sekunden vergehen. Die Vogelkinder bewegen sich nicht. Das dritte Küken versucht, sich zwischen sie zu drängen, um etwas Wärme abzubekommen. Auch Nuppu starrt auf ihre Jungen. Dann breitet sie die Flügel aus und fliegt los, als würde sie vor der Situation flüchten. Es regnet weiter.

Schwer zu sagen, woran die Jungvögel gestorben sind. Vielleicht reichte die Körpertemperatur der Mutter nicht aus, um sie zu wärmen, vielleicht sind trotz Nuppus zähem Ausharren kaltes Wasser und Hagel ins Nest gedrungen.

Das mittlere Junge hat das Unglück überlebt. Nuppu und Ahti legen die toten Küken an den Rand des Horstes, das Leben geht direkt neben dem Tod weiter. Irgendwann bringt einer der Altvögel ein totes Junges weg. Der andere Kadaver wird von Nuppu gefressen. Das löst bei einigen Followern tiefe Erschütterung und moralische Missbilligung aus. »Diese Schändung geht nun wirklich zu weit«, schreibt jemand. »Jetzt ist mir die Lust an diesem Livestream vergangen.«

Nur wenige scheinen zu begreifen, dass Nuppu durch das Auffressen des Kadavers einen Teil der wertvollen Ressourcen zurückbekommt, die sie eingesetzt hat. Das Eiablage belastet den Organismus des weiblichen Vogels und verbraucht viel Energie. Menschen schaffen es nicht immer, ein Tier zu betrachten, ohne es nach den Regeln menschlicher Moralvorstellungen zu verurteilen – und gleichzeitig sind viele der Meinung, dass Nuppu und Ahti nicht in der Lage sind, Trauer zu empfinden oder wenigstens eine Beziehung zu ihren Jungen aufzubauen. Wir gestehen ihnen keine Gefühle zu, aber wir erwarten von ihnen, dass sie sich an menschliche Regeln halten.

Von der Begegnung mit Tieren, dem Zusammenleben mit ihnen und von der Liebe zu Tieren kann man nicht sprechen ohne den Begriff des *Anthropomorphismus*.

Damit ist das Phänomen gemeint, dass Menschen in anderen Tieren und sogar in unbelebten Gegenständen menschliche Züge erkennen. Öffentliche Debatten machen Anthropomorphismus häufig an einfachen Beispielen fest, etwa wenn Hunde Kleidung angezogen bekommen. Gleichzeitig wird der Anthropomorphismus ausschließlich als etwas Negatives dargestellt: Er gilt als fehlgeleitete Auffassung, als Zeichen für infantiles Denken.

Zweifellos hat der Anthropomorphismus viele Nachteile. Dass Menschen ein positiveres Bild von Säugetieren haben als von bestimmten Pilzen oder Insekten, hat eine gewisse Schieflage beim Naturschutz zur Folge. Es fällt leichter, sich für den Schutz der Saimaa-Ringelrobbe einzusetzen als für den Erhalt des Grünen Koboldmooses, denn es ist einfacher, einer Robbe Mitgefühl entgegenzubringen. Sie ist dem Menschen schließlich ähnlicher als das Moos.

Insgesamt schützt eine Gesellschaft die Rechte von Säugetieren besser als die Rechte von Arten, die dem Menschen evolutiv nicht so nahestehen. Die Stimmen, die eine bessere Haltung für Schweine fordern, sind lauter als jene für Hühner oder Lachse.

Wobei die Sache natürlich nicht ganz so einfach ist. Die nächsten Verwandten des Menschen, die großen Menschenaffen, sind bedroht, obwohl sie dem Menschen ähnlich sehen. So leiden Orang-Utans unter den Rodungen des Regenwaldes in ihrem Lebensraum und Gorillas werden von Wilderern gejagt und getötet.

Schädlich ist es natürlich auch, wenn das Verhalten des Menschen Tieren gegenüber auf Fehleinschätzungen beruht. Würde man beispielsweise die Gesichtsausdrücke von Hunden danach deuten, welche menschlichen Ausdrücke sie ähneln, wäre man komplett auf dem Holzweg. Ebenso haben Hunde in vielerlei Hinsicht andere Bedürfnisse als der Mensch.

Die Konzentration auf die schädlichen Seiten des Anthropomorphismus verhindert allerdings eine tiefere Auseinandersetzung mit dem Thema. Denn es geht um ein komplexes Phänomen, das tief in unserer menschlichen Natur angelegt ist.

Wenn ich von Anthropomorphismus spreche, dann meine ich vor allem den sogenannten *interpretativen Anthropomorphismus*, der annimmt, dass auch andere Tiere ähnliche Gefühle haben wie der Mensch. Eine andere Ausprägung des Anthropomorphismus ist der sogenannte *imaginäre Anthropomorphismus*, bei dem man etwa Wetterphänomenen als gezielte, bewusste Handlungen sieht. Es ist zu vermuten, dass der imaginäre Anthropomorphismus die Grundlage für Naturreligionen und viele naturbezogene Elemente des Volksglaubens bildet.

Das menschliche Gehirn ist besonders gut darin, soziales Wissen zu verarbeiten. Es interessiert uns, was andere Individuen vorhaben und wollen. Der Anthropomorphismus ergibt sich denn auch aus der bereits erwähnten Theory of Mind. Es ist hilfreich, anzunehmen, dass andere Individuen ebenfalls Bedürfnisse und Gefühle haben. Die soziale Interaktion von Menschen beruht auf der Theory of Mind – und man könnte sagen, dass Menschen sogar ihre Artgenossen durch die Brille des Anthropomorphismus sehen. Da jedem Individuum nur seine eigene Erfahrung der Welt zur Verfügung steht, müssen wir vermuten, dass auch die anderen auf der Grundlage derselben Prinzipien handeln und die Welt genauso oder wenigstens ähnlich erfahren wie wir selbst. Das hat am Ende mehr Vorteile als Nachteile: Das Verständnis für die Bedürfnisse und Gefühle anderer Individuen macht Beziehungen flexibel und vorhersehbar.

Im Alltag ist unser eigenes Bewusstsein das einzige Werkzeug, um die Gefühle anderer Menschen einzuschätzen. Auf dieselbe Art und Weise können wir versuchen, die Gemütsbewegungen von Individuen anderer Spezies zu ermessen. Der Schritt dahin ist nicht mehr besonders groß. Die Einschätzung kann fehlgehen, aber es ist besser, es zu versuchen, als es ganz zu lassen. Vom evolutiven Standpunkt aus gesehen ist es für Menschen schon immer sinnvoll, auch bei Tieren anderer Arten zielgerichtetes Verhalten zu sehen. Es ist eigentlich sogar besser, zu viel als zu wenig davon anzunehmen: Der Mensch sollte immer lieber zu wachsam sein als nicht wachsam genug.

Natürlich ist der Mensch in dieser Hinsicht nicht einzigartig. Das Überleben in der Natur verlangt von allen Tieren, potenzielle Gefahren oder Beutetiere schnell zu erkennen. Auch der Anthropomorphismus fußt auf solchen uralten kognitiven Prozessen.

Aber wann begann der Mensch, Tiere als ihm ähnlich wahrzunehmen? Gab es in unserer Evolution einen bestimmten Moment, in dem der Anthropomorphismus entstand? Möglicherweise verlief die Entwicklung auch andersherum. Vielleicht fühlten sich bereits frühe Menschenarten in andere Spezies ein und die Idee von der Andersartigkeit des Menschen kam erst später auf.

Ich selbst neige auf jeden Fall zu dem Gedanken, dass die Tendenz zum Anthropomorphismus eine allmähliche Entwicklung war und auf menschlichen Eigenschaften beruht, die in der Evolution schon früher besonders hervorstachen. Viele Forschende sind dennoch der Meinung, dass die Entstehung des Anthropomorphismus auf die Zeit vor 80 000 bis 40 000 Jahren, also das Zeitalter der kognitiven Revolution, datiert werden kann.

Vielleicht sind auch Kunstwerke, die überwiegend Tiere darstellen, eine Auswirkung des Anthropomorphismus. So könnten die Mensch-Tier-Verbindung und der Anthropomorphismus Hand in Hand gehen: Die Kunst mit Tiermotiven entstand, als der Mensch begann, sich für das Leben von Tieren anderer Spezies zu interessieren. Gleichzeitig gelang auch die Domestizierung anderer Arten, weil der *Homo sapiens* immer besser in der Lage war, ihre Gemütsbewegungen zu interpretieren. Als der Mensch begann, andere Tiere als fühlende, dem Menschen ähnliche Wesen zu sehen, die zielgerichtet handelten, wurde ein Zusammenleben mit ihnen möglich. Andererseits begünstigte die Kenntnis von anderen Tieren auch die effizientere Jagd auf sie.

Es ist mir sehr wichtig zu betonen, dass der Anthropomorphismus eine normale Funktion des menschlichen Gehirns ist. Er ist keine Fehlinterpretation und kein Nebenprodukt. Man kann ihn für Gutes oder Schlechtes einsetzen, für sich genommen ist er erst einmal weder das eine noch das andere.

Es gibt Hinweise darauf, dass unsere Tendenz zum Anthropomorphismus in Stresssituationen ansteigt, vor allem bei hoher kognitiver Belastung, also wenn viele Informationen zu verarbeiten sind. In solchen Situationen ist es besonders nützlich, die Gemütsbewegungen anderer zu erfassen, und zwar so effizient wie möglich. Anthropomorphismus findet automatisch statt und diese selbsttätige soziale Kognition lässt dem Arbeitsspeicher des Gehirns Raum für andere Dinge.

Am liebsten würde ich von hier aus einen Pfeil zeichnen, der auf meinen Erschöpfungszustand weist. Könnte einer der Gründe für meine damals gesteigerten sozialen Ängste der sein, dass die Stresssituation meine Tendenz verstärkt hat, unaufhörlich die Gemütsbewegungen anderer Menschen zu lesen? Ausgerechnet die Eigenschaft, die meine Belastung vergrößerte, wurde durch die Ängste verstärkt – und steigerte dadurch die Ängste weiter.

Und könnte daher auch die Tatsache rühren, dass durch meine Ängste meine Tierliebe größer geworden ist? In meiner Erschöpfung habe ich stärker als zuvor Tiere als fühlende und bewusste Lebewesen wahrgenommen. Ich habe durch sie mehr Trost erfahren und mich ihnen ähnlicher gefühlt.

Auch Einsamkeit verstärkt die Tendenz zum Anthropomorphismus. Für ein Tier wie den Menschen ist Einsamkeit ein hoher Stressfaktor. In so einer Situation ist das Gehirn gewissermaßen darauf programmiert, alle nur möglichen Hinweise auf andere Individuen zu finden.

Wenn die Vermenschlichung von Tieren als dumm angesehen wird, was ist dann das andere Extrem?

Das Phänomen nennt sich Dehumanisierung, also Entmenschlichung. Wo man andere Arten durch Empathie vermenschlicht, werden durch Dehumanisierung selbst andere Menschen aus dem Kreis der Empathie ausgeschlossen.

Dehumanisierung ist das, was die Nazis im Dritten Reich betrieben. Sie zeigt sich in einer Trennung zwischen »uns« und »denen«. Sie zeigt sich im Abstempeln von Menschen als »Schädlinge« oder »Schmarotzer«. Dehumanisierung spricht dem Menschen die Würde ab und sieht ihn lediglich als Gegenstand, als Geld- oder als Arbeitsmaschine. Die Entmenschlichung geschieht dadurch, dass jemandem ein eigenes Gefühlsleben abgesprochen und ihm die Empathie verweigert wird.

In so einer Welt riecht es nach dem Rauch von Konzentrationslagern und dennoch bedienen sich auch heute noch Politiker dieser Wortwahl.

Wenn es um Vermenschlichung geht, kann man diese beiden Extreme niemals gleichermaßen problematisch nebeneinanderstellen. Am einen Ende steht das absolut Böse. Das andere Extrem ist bereit, allem Leben mit Respekt zu begegnen.

Ich entscheide mich lieber für einen übersteigerten Anthropomorphismus und über diese Entscheidung muss ich keine Minute nachdenken.

14. KAPITEL
SOBALD DU MIT JEMANDEM FÜHLST,
WIRD ER EIN TEIL VON DIR

Ich spaziere mit Igor auf einem Kiesweg an Pferdeweiden entlang. Es ist früher Morgen und außer mir sind keine Menschen unterwegs. Die Pferde betrachten uns interessiert, aber sie begnügen sich damit, uns von ihrem Platz aus zu beäugen. Mit ihren langen Schweifen wedeln sie die Fliegen fort. Igor ist ihnen gegenüber nicht mehr so vorsichtig wie nach unserem Umzug in die Gegend, aber er möchte ihnen auch nicht zu nahe kommen.

Was geschieht in meinem Gehirn, wenn ich Hunden oder anderen Menschen begegne? Ich tauche für einen Moment in die Neurobiologie ein und versuche, eine Vorstellung davon zu bekommen.

Ein bestimmter Bereich des Gehirns ist bei Begegnungen besonders wichtig: eine waagerechte Furche im Schläfenlappen, der *Sulcus temporalis superior*, der auf soziale Informationen spezialisiert ist. Er beschäftigt sich besonders mit den Wahrnehmungen, die mit den Bewegungen von Körper, Händen und Mund sowie Gesichtsausdrücken bei anderen Individuen zusammenhängen. Dieses Zentrum wird nicht nur bei der Wahrnehmung von anderen Menschen aktiv, auch die Aktivitäten von anderen Tieren oder auch menschen- oder tierähnlichen Robotern stimulieren es.

Mit der Einschätzung der Gefühle anderer hängen auch die sogenannten *Spiegelneuronen* zusammen. Das sind Nervenzellen im Gehirn, die einerseits durch bestimmte Bewegungen aktiviert werden, aber andererseits auch, wenn ein Individuum ein anderes beim Ausführen dieser Bewegungen beobachtet. Spiegelneuronen gelten als wichtig beim Nachahmen von Handlungen und beim Lernen, genauso wie bei Aktivitäten innerhalb einer Gruppe, bei denen die Mitglieder präzise zusammenarbeiten, ihre Bewegungen koordinieren und emotional gleich schwingen sollen.

Die Spiegelneuronen werden auch dann aktiviert, wenn das Anschauungsobjekt einer anderen Spezies angehört. Die Aktivierung erfolgt also durch die Bewegung und nicht durch das Wesen, das sie ausführt. Wenn das ausführende Wesen sich anatomisch sehr stark vom Menschen unterscheidet, können die Spiegelneuronen natürlich nicht immer auf die richtige Art und Weise aktiv werden. Sie »deuten« die Aktivität nur auf der Grundlage dessen, wie die Bewegung aussieht, und nicht danach, welche Körperteile zu ihrer Ausführung wirklich gebraucht werden.

Spiegelneuronen sind nicht nur beim Menschen, sondern auch bei anderen Tieren aktiv. So hat man beispielsweise in einer neueren Studie der Stanford University Aktivität von Spiegelneuronen – und damit praktisch Empathie – bei Mäusen veranschaulichen können. Die Forschenden induzierten bei einigen Mäusen mithilfe eines chemischen Stoffes einen scheinbar entzündungsbedingten Schmerz im Bein. Daraufhin verhielt sich eine Artgenossin im selben Gehege auch so, als habe sie Schmerzen. Als der Schmerz wiederum mit einem Schmerzmittel unterdrückt wurde, zeigte auch die andere Maus Anzeichen von nachlassendem Schmerz. In einem Hirnscan war zu sehen, dass im Gehirn der Maus mit dem empathischen Verhalten genau das Areal aktiviert wurde, das für soziale Kognition zuständig ist. Störte man dessen Aktivität, entstand kein empathisches Verhalten.

Ich fühle manchmal derart mit der Welt um mich herum, dass ich geradezu darunter leide. Empathie kann man mit verschiedenen Fragebögen erheben und Frauen sind dabei konsequent empathischer als Männer. Der Unterschied kann zum Teil biologisch sein, etwa durch Hormone, zum Teil erlernt, durch kulturelle Faktoren.

Empathie kann man in verschiedene Unterkategorien einteilen. *Kognitive Empathie* ist intellektuell und analytisch: Dabei kann man die Gefühle von anderen beobachten, ohne dass sie sich auf die eigenen Emotionen auswirken.

Meine Form der Empathie ist vor allem *affektiv*. Die Emotionen des anderen Wesens übertragen sich auf mich und ich nähere mich tatsächlich körperlich diesem fremden Gefühlszustand an.

Die auf Tierethik spezialisierte Philosophin Elisa Aaltola benutzt dafür den Vergleich, dass man bei der kognitiven Empathie gewissermaßen in das andere Individuum eintritt, während bei der affektiven Empathie das andere Wesen in uns eintritt. Das Leid von Tieren ist für mich besonders schwer auszuhalten, weil mein Körper in dieser Situation in einen Alarmzustand gerät. Ich fühle mich dann sehr schlecht – manchmal ist es so schlimm, dass mich das Bild von einem gepeinigten Tier, das ich morgens in den sozialen Medien gesehen habe, noch den ganzen Tag verfolgt.

Was geschieht im menschlichen Gehirn, wenn man ein anderes Wesen leiden sieht? In einer Studie bekamen Versuchspersonen Bilder von leidenden Menschen und leidenden Hunden gezeigt und dabei wurde die Reaktion im Gehirn mithilfe von funktioneller Magnetresonanztomographie untersucht.

Im Großen und Ganzen reagierte das Gehirn gleich, dennoch gab es gewisse Unterschiede: Wenn wir einen anderen Menschen leiden sehen, zeigt unser Gehirn mehr Aktivität unter anderem in den zentralen Arealen des Präfrontalen Cortex, die mit kognitiver Empathie und der Theory of Mind in Verbindung gebracht werden. Stattdessen wurde beim Betrachten eines leidenden Hundes unter anderem die untere Stirnwindung aktiviert, was darauf schließen lässt, dass dabei ein stärkeres Gefühl ausgelöst wird als beim Betrachten eines leidenden Menschen. Die Reaktion auf den leidenden Hund war bei Frauen insgesamt stärker als bei Männern. Den Schmerz eines Artgenossen kann der Mensch offenbar intellektuell verarbeiten. Bei Tieren wiederum überwältigt ihn das Leid emotional – vor allem, wenn der Mensch eine Frau ist. Wieder begegne ich in den wissenschaftlichen Erkenntnissen mir selbst. Die Ergebnisse klingen allerdings auch in einem größeren Zusammenhang plausibel, denn Menschen reagieren auf das Leid von Tieren tatsächlich emotionaler als auf das Leid von anderen Menschen.

Der finnische Künstler Teemu Mäki veröffentlichte 1988 eine Videoarbeit mit dem Titel *Sex and Death*, in der er mit einem Beil eine Katze tötet und anschließend auf das tote Tier ejakuliert. Dieses Werk rief damals ungeheuer viel Wut und Hass hervor – und tut es nach über 30 Jahren immer noch. Mäki selbst hält die Reaktionen für bigott. Im Video ist die Tötung der Katze für etwa sechs Sekunden zu sehen, während Nachrichtenausschnitte von leidenden Menschen – etwa Bilder von Krieg oder Hungersnöten – darin viel mehr Raum einnehmen.

Vielleicht ist die ungleiche Reaktion tief in unserem Gehirn verankert und damit vollkommen real. Aber auch sonst unterscheidet sich in Mäkis Video die Darstellung von Leiden und Tod: Die Katze ist ein Individuum und ihr Tod wird gewissermaßen in Echtzeit gezeigt. Andererseits sind wir daran gewöhnt, in den Nachrichten Menschenmassen in einer Form leiden zu sehen, die die Not auf Distanz hält und gesichtslos erscheinen lässt. Die Nachrichtenausschnitte in Mäkis Video sind etwas, was wir schon oft gesehen haben.

Tatsächlich wird uns das Leid von Tieren ständig in einer Form gezeigt, in der wir das Leiden von Menschen niemals präsentiert bekämen. Auf den Internetseiten von Zeitungen bin ich beispielsweise auf Videos eines brennenden Schwans gestoßen, ebenso wie auf Bilder von einem Elch, der nach dem Zusammenstoß mit einem Lkw auf einen Strommast geschleudert wurde, oder von einem dreibeinigen Wolf, der durch Wilderer verkrüppelt wurde. Vergleichbare Videos von Menschen würde man niemals veröffentlichen.

Diese Art von Videos und Bildern lösen bei mir große Ängste und Beklemmungen aus. Ich sehe sie mir nicht gezielt an – doch manchmal reicht schon eine Überschrift aus, um mich aus der Bahn zu werfen. In den sozialen Medien musste ich bereits die Posts von einigen Bekannten sperren, weil ihre geteilten Links zu gequälten und vernachlässigten Tieren zu viel für mich sind.

Ich mag diese Eigenschaft an mir keineswegs. Sie ist ziemlich unpraktisch und zu nichts nütze. Sie erscheint kindisch und lächerlich. Sie passt nicht zu der rationalen Wissenschaftsverfechterin, als die ich mich sehe.

Sie ist anderen auch schwer zu erklären. Vor allem weil ich keinen Widerwillen toten Tieren (oder auch toten Menschen) gegenüber empfinde. Zum Biologiestudium gehörte auch das Aufschneiden von Tierkadavern im Rahmen von Anatomiekursen und das fiel mir überhaupt nicht schwer. Ich glaube sogar, dass ich eine gute Pathologin abgeben würde. Blut, Wunden, innere Organe oder verweste Körper schrecken mich nicht ab.

Ein totes Tier, ein toter Mensch leidet nicht mehr. Was mich so quält, sind die Momente vor dem Tod.

Manchmal scheint der Tod von Tieren die ganze Welt zu beherrschen und dann kommt es mir vor, als würden alle Tiere, die jemals leiden mussten, ihre Schnauzen aus der Erde erheben und laut schreien. Dieses Bild existiert tatsächlich irgendwo in den Tiefen meines Bewusstseins.

Deanna Troi stürzt bewusstlos auf den Boden der Kommandobrücke.

15. KAPITEL
VERSUCHE, MICH SELBST ZU VERSTEHEN

Meine Mutter gibt mir manchmal alte Kinderzeichnungen, Zeitungsausschnitte und andere Schätze aus der Vergangenheit, die sie extra aufbewahrt oder manchmal auch beim Aufräumen in irgendeinem Bücherregal gefunden hat.

Diesmal bekam ich ein Notizbuch. Der weiße Umschlag ist voller großer roter Herzen. »Mein Buch« steht vorne drauf. Ich erkenne die Handschrift sofort. Ich habe eindeutig meine Mutter gebeten, die Wörter hinzuschreiben. Als ich klein war, bat ich sie oft um Hilfe, wenn ich für irgendetwas eine besonders schöne Beschriftung haben wollte. Als Architektin konnte meine Mutter gut zeichnen und hatte eine schöne Handschrift. Manchmal bat ich sie auch darum, Tiere für mich zu zeichnen.

Im Innern des Buches entdecke ich meine eigene Schrift, etwas ungelenke Druckbuchstaben. »Mein Buch« ist ein Entwicklungsbuch für meinen Plüschhund, so wie die Bücher für junge Eltern, in die sie Erinnerungen an die ersten Jahre ihres Kindes eintragen können.

Pepi, einen weißen Plüschhund, bekam ich 1985 zu Weihnachten, als ich sechs Jahre alt war. Im Buch kann ich nachlesen, dass Pepi ein »japanischer Zwerg-Pudel« ist, dass er zum ersten Mal »Ende Dezember am 28« draußen war und dass er von Beruf »Frauchens Liebling« ist. Im Buch findet sich sogar ein Eintrag des

Tierarztes. »Du bist ein richtiger Schlingel, kleiner Pepi«, hat der Fantasietierarzt Olavi Reere damals notiert.

Solange ich denken kann, bin ich unglaublich tierlieb gewesen. Nichts wünschte ich mir sehnlicher als einen eigenen Hund. In der Kunst-AG sollten wir in einem Gipsabdruck einen Zettel versenken, auf den wir unser größtes Geheimnis notiert hatten. »Ich wünsche mir einen Hund und ein Pferd«, schrieb ich darauf, allerdings war das für niemanden, der mich kannte, wirklich ein Geheimnis.

Ich bekam allerdings keinen Hund und auch kein Pferd und ich respektiere diese Entscheidung meiner Eltern. In ihren Elternhäusern hatte es keine Hunde gegeben. Und einer Sechsjährigen sollte man nur dann einen Hund kaufen, wenn es der Wunsch der ganzen Familie ist.

Dennoch hätte mir das Zusammenleben mit einem Hund sicherlich gutgetan oder es hätte meinem Naturell wenigstens mehr entsprochen als ein Leben ohne Hund. So hatte ich als Kind und Jugendliche zum Beispiel große Angst vor der Dunkelheit, die Nacht war mir unheimlich und manchmal bekam ich sogar Panikattacken, wenn ich tagsüber allein war. Ich glaube, dass die Anwesenheit eines Hundes mich beruhigt hätte. Ich habe aus der Gegenwart von Tieren schon immer viel Sicherheit bezogen. Als ich in der Grundschule Max Moritz von Gerbil bekam, wurde er mir in vielerlei Hinsicht unverzichtbar. Wenn ich nachts auf die Toilette musste, riss ich den armen Nager aus seinem Nest und ging die knarrende Treppe in den dunklen Flur hinunter, während ich die Rennmaus wie eine Taschenlampe oder eine Pistole nach vorn gestreckt hielt. Die Rennmaus, der Lichtbringer. Wobei es sicherlich verwunderlich ist, dass ich Horrorromane und Krimis schreibe, mich aber trotzdem vor der Dunkelheit und dort lauernden Weltraummonstern oder auch Clowns fürchte.

Im Teenageralter nahmen die ersten unbeholfenen Liebesgeschichten mit ihren Enttäuschungen ihren Anfang. Einer meiner ersten festen Freunde machte mit mir Schluss, weil seine Ex-Freundin wieder in den Ort gezogen war. Ich lieh mir den Nachbarshund aus, meine geliebte Labradorhündin Lilli, rannte mit ihr in den dunklen Wald, saß am Waldrand auf einem Felsbrocken und versuchte, mithilfe von Hund und Wald mein gebrochenes Herz zu verarzten.

Woher kommt meine Tierliebe? Unter meinen Verwandten hatte kaum jemand Haustiere. Ich habe also keine Hunde- oder Katzenhaltekultur kennengelernt. Haustiere waren kein Teil des Lebensmodells, das sich mir bot. Eigentlich hat sich erst meine Generation, außer mir noch einige Cousins und Cousinen, Hunde oder andere Tiere angeschafft.

Irgendwann kam mir der Gedanke, dass ich von Geburt an etwas an mir habe, was mich dazu bringt, die Nähe von Tieren zu suchen. Ist das möglich? Könnte beispielsweise die Liebe zu Hunden genetisch bedingt sein? Vielleicht habe ich trotz allem das Glück, eine Genkombination ergattert zu haben, durch die ich eine Verbindung zu Tieren als erstrebenswert erlebe.

In einer 2019 veröffentlichten schwedischen Studie wurde das Genom von über 85 000 Zwillingspaaren im Hinblick darauf analysiert, wer einen Hund hatte. Es stellte sich heraus, dass es bei Männern in 51 Prozent der Fälle und bei Frauen in 57 Prozent der Fälle erblich war, ob sie einen Hund besaßen. Das bedeutet, dass es zu über 50 Prozent genetisch bedingt ist, ob man sich im Erwachsenenalter einen Hund anschafft. Der Rest wird von der Umgebung oder dem Zufall bestimmt – etwa Erfahrungen aus der Kindheit, den Vorlieben des Partners oder der Partnerin oder ob vielleicht der Hund der plötzlich verstorbenen Tante ein neues Zuhause braucht.

Heutzutage begründet man viele Eigenschaften gern mit den Genen. Paradoxerweise werden solche Erklärungen oft von Laien herangezogen, während Fachleute aus Biologie und Genetik es vermeiden, diese direkte Verbindung zu ziehen. Im Allgemeinen weisen Gene nur auf eine Disposition hin oder liefern den fruchtbaren Boden für eine Eigenschaft und dann braucht es die passenden Umweltbedingungen, Übung und Zufall, damit sich die Eigenschaft so weit entwickelt, wie es die Gene zulassen. So ist es sicher auch mit den Hundebesitzern. Dafür ist zweifellos mehr als ein Gen nötig. Es gibt keine Genvariante, die ihren Träger zum Hundebesitzer macht, aber es könnte eine Kombination von genetisch bedingten Eigenschaften geben, die die Möglichkeit eröffnen, dass man sich mit Tieren wohlfühlt.

Ich habe im Text bereits viele Bewusstseinsphänomene genannt, die sich darauf auswirken, wie wir Tieren begegnen. Empathie, das Kindchenschema, die Spiegelneuronen, die Theory of Mind und die Pareidolie sind alle neurobiologisch bedingt und werden ebenfalls von Genen gesteuert. Daher können genetische Unterschiede durchaus beeinflussen, wer besonders tierlieb ist und wer nicht.

In der schwedischen Studie, in der die Erblichkeit des Hundebesitzes untersucht wurde, fragten sich die Forschenden ebenfalls, ob die Evolution des Menschen Genvarianten begünstigt hat, die die Bindung zu Tieren verstärken – eine Frage, die ich mir schon seit dem Anfang dieses Buches stelle. Hat die natürliche Auslese Menschen bevorzugt, die besonders tierlieb waren, und damit im Laufe der Zeit sogar die Fähigkeit des Menschen verstärkt, sich mit Vertretern anderer Spezies wohlzufühlen?

Wieder fällt mir Pat Shipmans Hypothese der Mensch-Tier-Verbindung ein: Shipman glaubt, dass die Fähigkeit, eine Beziehung zu Tieren aufzubauen, für die Evolution unserer Spezies wichtig war. Finden sich in der modernen Genforschung Beweise für diese Hypothese?

Tatsächlich wird eine bestimmte Genvariante mit Empathie in Verbindung gebracht. In einer 2018 veröffentlichten Studie unter schottischen Studierenden fand sich eine Beziehung zwischen der Empathie Tieren gegenüber und dem Oxytocin-Stoffwechsel. Oxytocin ist ein Hormon, das das Wohlbefinden steigert, und es wird beispielsweise ausgeschüttet, wenn eine Mutter ihren Säugling betrachtet.

Die Empathie der Versuchspersonen gegenüber Tieren wurde mit einem Fragebogen erhoben. Dabei waren Frauen, wie schon in früheren Untersuchungen nachgewiesen, durchschnittlich empathischer als Männer. Eine starke Empathie gegenüber Tieren geht einher mit einer Nukleotid-Variante im OXTR-Gen, das den Oxytocin-Rezeptor kodiert. Es ist schon lange nachgewiesen, dass diese Variante mit einer erhöhten Empathie anderen Menschen gegenüber korreliert. Dagegen erhöhten vier andere Genvarianten, die ebenfalls mit einer erhöhten Empathie anderen Menschen gegenüber in Verbindung gebracht werden, in dieser Studie nicht die Empathie gegenüber Tieren.

In jedem Fall gibt die Untersuchung einen kleinen Hinweis darauf, dass Tierliebe mit dem Oxytocin zusammenhängt und dass Genvarianten, die die Tierliebe fördern, tatsächlich existieren könnten.

Die Forschenden konnten nicht überprüfen, ob die Evolution die genannten Genvarianten begünstigt hat. Es ist schwierig nachzuweisen, wie die Anteile von verschiedenen Genvarianten (auch Allele genannt) beim Menschen sich im Laufe der Jahrtausende verändert haben und ob eine Veränderung darauf hinweist, dass die Evolution sie bevorzugt hat.

Ich erziele bei Fragebögen zu Empathie stets hohe Punktzahlen, aber man kann unmöglich wissen, welcher Anteil der Empathie erblich und welcher erlernt ist. Allerdings weiß ich, dass ich mich schon immer gut einfühlen konnte. Ich lernte bereits mit drei Jahren lesen und las meine ganze Kindheit und Jugend hindurch Unmengen von Büchern. Ich liebte es, tief in die fantastischen Welten und in die Figuren einzutauchen. Bei Filmen geht es mir genauso, und die Gefühle, die dadurch hervorgerufen werden, haben eine tiefe Wirkung auf mich.

Ich bin schnell gerührt. Und genauso schnell ist mein Organismus in Alarmbereitschaft. Horrorfilme sind für mich sehr körperliche Erfahrungen. Eigentlich mag ich das Gefühl der Spannung nicht, es ist zu allumfassend. Doch paradoxerweise gefallen mir Horrorromane und -filme. Möglicherweise beschäftigen sie sich einfach mit Themen, die ich interessant finde.

Vielleicht hat auch mein Beruf dazu beigetragen, Tendenzen zu verstärken, die mit meiner Tierliebe zusammenhängen. Ich denke mir von Berufs wegen Figuren aus, ich schlüpfe in ihre Haut und versetze mich in ihre Erfahrungen. Ich entwickele Geschichten, in denen die Figuren Angst haben, gespannt sind, sich begeistern, sich verlieben, enttäuscht werden oder sich ärgern. Ich baue Szenen, die auch für den Leser möglichst fesselnd sein sollen. »Schreibe auf deine Ängste hin«, riet mir einmal ein lieber Schriftstellerkollege, und das versuche ich zu tun. Eine der schwierigsten Romanszenen, die ich je geschrieben habe, handelte vom Tod eines Hundes. Sie zu formulieren fiel mir ungeheuer schwer, obwohl ich wusste, dass die Szene für die Handlung unabdingbar war.

Tatsächlich: Selbst die Schicksale von ausgedachten Tieren überfordern mich. Irgendwann in meiner Jugend habe ich beschlossen, mir keine Tierfilme von Disney mehr anzusehen, weil sie zu stark auf mich wirken. So habe ich *Bambi* oder *Cap und Capper* noch nie gesehen, aber ich habe das eine oder andere als Buch gelesen, und selbst da habe ich gemerkt, dass die Schicksale dieser animierten Tiere mich, wenn ich mir die Filme ansähe, in tiefe Angstzustände stürzen würden.

Der Roman eines sehr geschätzten, bereits verstorbenen finnischen Autors beginnt mit einer Szene, in dem die Hauptfigur hinter einem Pferdeanhänger herfährt. Irgendwann gibt der Boden des alten Anhängers nach, die Beine des Pferdes schleifen auf der

Straße entlang, und als die Hufe sich abgenutzt haben, bleiben auf dem Asphalt blutige Spuren zurück.

Die Szene ist so abstoßend, so furchtbar, dass sie in mir noch immer ein starkes Gefühl des Widerwillens hervorruft, obwohl es schon mindestens 15 Jahre her ist, seit ich das Buch gelesen habe. Wie bereits erwähnt, sehe ich mir gern Tiervideos an, aber manchmal ist selbst ein unschuldig erscheinendes Filmchen für mich unangenehm. Ein Boulevardblatt hatte ein Video unter dem Titel »Sieh zu, wie der Hund seinen Freund vor dem Ertrinken rettet« online gestellt, und obwohl der Titel ja verriet, dass die Sache gut ausgeht, war es für mich fast unmöglich, das wenige Minuten lange Video, in dem ein kleiner Hund in einen Swimmingpool gefallen ist, am Stück anzusehen. Der Hund schafft es nicht allein aus dem Becken und ein größerer Hund läuft aufgeregt um den Pool herum und versucht, den kleineren herauszuziehen, mal am Ohr, mal am Nacken. Ich musste das Video mehrmals anhalten, weil ich es nicht ertrug.

Wäre ich auch so sensibel und einfühlsam, wenn ich einen anderen Beruf hätte? Ich glaube, mein Beruf verstärkt nicht nur die Tendenz zu Pareidolie und Theory of Mind, sondern auch meine Empathiefähigkeit. Ich suche in unserer komplexen Welt nach vernünftigen Figuren, ich zwinge den Dingen Bedeutung auf, ich kombiniere und assoziiere, ich entwickele Symbolik und lasse dem Zufall keine Chance, sondern ich baue den Plot so, dass alles eine Bedeutung und eine Richtung hat. Ich sehe in jeder Figur Bedürfnisse und Gefühle, ich tauche in sie ein und bin zeitweise ganz davon erfüllt.

Ich liebe meine Arbeit, aber vielleicht wäre mein Leben ohne sie leichter.

16. KAPITEL
DAS UNGELÖSTE RÄTSEL
VON DER HERKUNFT DES HUNDES

Wir schreiben bereits den zweiten Sommer der Pandemie. Allmählich komme ich mit den Wochen und Monaten durcheinander, die Tage im Ausnahmezustand gleichen einander mehr als die Tage im Normalzustand. Es erscheint unglaublich, dass wir schon das zweite Pandemiejahr haben. Ich muss mir diese Tatsache immer wieder bewusst machen, mir selbst versichern, dass es wirklich so ist.

Wenigstens hat der Wechsel der Jahreszeiten mir zumindest zum Teil die psychische Gesundheit erhalten. In Finnland war es während der Pandemie nie verboten, in Freien unterwegs zu sein, und ich habe mich weiß Gott viel draußen aufgehalten: Ich habe Langlauf gemacht, bin übers Eis und über stahlharten Schnee spaziert, ich bin durch knöcheltiefen Schneematsch gewatet, habe mich am Wald mit seinen Bächen aus Schmelzwasser erfreut, habe die frischen Blattknospen an den Birken entdeckt und mich über den Duft von Traubenkirsche und Maiglöckchen gefreut und schließlich über den sommerlichen Duft des Waldes.

Dieses Jahr gab es im ausgehenden Winter viel Schnee und die Schneemassen – oder vielleicht auch die Langeweile der Pandemie – brachten mich dazu, in unserem Garten die Feldhasen zu füttern. Da sie ohnehin in der Dämmerung zum Vogelfutterplatz kamen, um Körner zu fressen, dachte ich, dass ich ihnen genauso gut artgerechteres Futter wie Heu oder Möhren vorsetzen könnte. Ich hoffte sehr, dass unserem Nachbarn der Heuhaufen unter dem Vogelfutterhaus nicht auffallen würde.

Das sieht mir ähnlich: Ich füttere im Garten Tiere, die aus der Sicht vieler Leute die schlimmsten Gartenschädlinge sind. Die Feldhasen fressen die Rinde von Obstbäumen an, sie machen sich über Gemüsebeete und im Frühjahr sogar über die ersten Krokusse her. Aber vielleicht müssen sie keine Krokusse fressen, wenn sie den Bauch schon voll mit Heu haben, machte ich mir weis.

Jetzt im Sommer wird mir klar, dass sie in unserem Garten tatsächlich nichts abgefressen haben.

Meine Neigung, mich mit Tieren zu umgeben, ist stark. Immer wieder muss ich dagegen ankämpfen. Wenn ich das nicht tun würde, hätten wir zu Hause mehrere Hunde, Nager, Vögel, ein Aquarium und vielleicht so etwas Exotisches wie einen Hausigel. Im Garten stünde vielleicht ein Hühnerstall. Und Ziegen hätte ich auch, unbedingt. Oder ich würde eine Pflegestelle für verletzte Wildtiere gründen.

Es ist unsinnig, sich viele Haustiere anzuschaffen. Je mehr Tiere, desto weniger Zeit und Geld hat man, um sich richtig um sie zu kümmern. Für einen Hund kann ein Artgenosse ein besseres Leben bedeuten, aber bei mehreren Hunden ist die Ruhe im Alltag dahin: Wenn ein Hund anfängt, zu bellen und herumzutoben, werden die anderen auch ganz wild, und ich kann wahrlich nicht behaupten, dass ich mir die Zeit mit drei Deutschen Schäferhunden zurückwünsche.

Vielleicht war es sinnvoller, im Winter die Feldhasen zu füttern, als sich ein Hauskaninchen anzuschaffen. Irgendein besonderes Bedürfnis erfüllte ich mir in dem Winter auf jeden Fall, als ich abends mit Heu und Möhren unter dem Arm durch den Garten zum Vogelfutterhaus ging. Das Bedürfnis wurde nicht dadurch befriedigt, dass ich bereits einen Hund hatte. Tatsächlich scheint dieses Bedürfnis gar nicht befriedigt werden zu können. Mein Interesse an Tieren und das Bedürfnis, ihnen nah zu sein, sind unstillbar.

Welches Bedürfnis haben wohl die ersten Hunde befriedigt? Meiner Vermutung nach könnte die Antwort auf diese Frage zu finden sein, indem man forscht, wo und bei welchen Menschen die ersten Hunde entstanden.

Dennoch ist es extrem schwierig, sich ein Bild vom genauen Ursprung des Hundes zu machen. Vielleicht ist die Wahrheit komplex, alles andere als eindeutig. Die Natur unterliegt der ständigen Veränderung, auch die Abgrenzung zwischen den Spezies ist vom Menschen festgelegt, Populationen entstehen, sie verbinden sich mit anderen, sie verschwinden und sterben. Und ebenso facettenreich und wenig klar abzugrenzen ist vermutlich auch der Ursprung des Hundes.

Es ist ja nicht so, dass man nicht versucht hätte, der Entstehung oder vielmehr der Herkunft des Hundes auf die Spur zu kommen. Seitdem die komplette Gensequenz des Hundes, sprich die DNA aus sämtlichen seiner Chromosomen, 2005 veröffentlicht wurde, ist der Hund vermutlich einer der meisterforschten Organismen überhaupt. Die Forschungsergebnisse bezüglich seiner Herkunft sind allerdings vollkommen widersprüchlich und nicht immer versuchen die Forschenden überhaupt, ihre Funde in ein Gesamtbild einzufügen.

Die Welt der Forschung ist leider manchmal recht starrköpfig: Man möchte die Bedeutung der eigenen Untersuchungsergebnisse hervorheben und vernachlässigt dabei oft die Perspektiven anderer Wissenschaften oder Forschungsdisziplinen. Wo und wann der Hund entstanden ist, kann man zum Beispiel herauszufinden versuchen, indem man einfach die Gene heutiger Individuen untersucht. Die plausibelsten wissenschaftlichen Erkenntnisse bekommt man allerdings erst, wenn man die Ergebnisse der Genforschung mit dem Wissen über die Ausbreitung des modernen Menschen oder paläontologischen Funden früher Hunde in Verbindung bringt. Was jedoch nicht immer der Fall ist.

In der Suche nach der Herkunft liegt allerdings auch etwas grundlegend Unbiologisches. Denn keine Art entsteht aus dem Nichts, sondern alle entstehen aus vorherigen Spezies, mit ihrer jeweiligen Evolutionsgeschichte, die Umsiedlungen in andere Gebiete, Wanderungen oder die regionale Auslöschung einer Art beinhaltet. Vor allem die Behauptungen über den Ursprung von Völkern fußen auf allerhand dubioser, nationalistischer Pseudowissenschaft.

Bezüglich der Herkunft des Hundes gibt es einige fundamentale Details, über die sich die Wissenschaft einig ist. Erstens ist der Urahn des Hundes der Wolf, *Canis lupus*. Daraus lässt sich auch folgern, dass der Hund in einer Gegend entstanden sein muss, in der in früheren Zeiten Wölfe vorkamen. Afrika und Australien lassen sich also ausschließen.

Außerdem ist sicher, dass alle heute lebenden Hunde sehr eng miteinander verwandt sind und sie alle praktisch einen gemeinsamen Ursprung haben.

Es gilt ebenso als ziemlich sicher, dass der Hund sich durch den Einfluss des Menschen entwickelt hat – er konnte also nicht dort entstehen, wo es keine Menschen gab. Und um noch genauer zu sein: Es wird angenommen, dass der Hund durch den Einfluss des modernen Menschen, des *Homo sapiens*, entstanden ist. Nicht durch den anderer Menschenarten, also des Neandertalers oder des *Homo erectus*, sondern durch den Einfluss des modernen Menschen.

Für das Gesamtbild sind natürlich auch fossile Funde entscheidend. Man kennt große Mengen an frühen Hundefossilien, die etwa 10 000 Jahre alt sind. Besonders viele Funde aus dieser Zeit sind aus dem Nahen Osten und Europa bekannt – und zwar aus ganz Europa. Dennoch ist dabei zu bedenken, dass Europa und vor allem der Nahe Osten paläontologisch außergewöhnlich gut erforscht sind.

In Afrika findet man erste Überreste von Hunden aus der Zeit vor etwa 9000 Jahren, ebenso im südlichen und nordöstlichen Asien wie Indien, Indonesien und Japan. In Nordamerika ist der Hund, ausgehend vom gesicherten Material, spätestens vor etwa 8500 Jahren angekommen, in Australien vor 4000 Jahren.

Die ältesten Fossilien, die als Hunde angesehen werden, sind jedoch – wie bereits in Kapitel 8 erwähnt – über 30 000 Jahre alt. Sie wurden in Westeuropa, im Altaigebirge im südlichen Sibirien sowie im Südteil des östlichen Sibirien in der Nähe des Baikalsees gefunden.

Der Ursprung des Hundes wird vor allem in Ostasien sowie im Nahen Osten und in Europa lokalisiert. Man könnte sagen, dass sich aufgrund dieser Hypothesen sogar zwei verschiedene Denkschulen ausgebildet haben. Die Forschungsgruppe um den schwedischen Wissenschaftler Peter Savolainen verortet die Herkunft des Hundes in einem 2002 veröffentlichten Artikel in Ostasien, an den Ufern des chinesischen Flusses Jangtsekiang. Grundlage dieser Annahme ist die große genetische Vielfalt der heute dort lebenden Hunde, die man mit anderen lokal vorkommenden Hunden aus anderen Teilen der Welt verglich.

Grundlage dieser Vorgehensweise ist, die Herkunft einer Art eben über die genetische Vielfalt, also die Varianten innerhalb der DNA-Sequenz, zurückzuverfolgen. So gibt es beim Menschen die größte genetische Vielfalt in Afrika, dem Ursprungskontinent des modernen Menschen. Als die frühen modernen Menschen anfingen, von dort auf andere Kontinente zu wandern, nahm jedes Individuum nur seine eigene DNA mit. Von allen Varianten des menschlichen Genoms zog also nur ein kleiner Teil in die Fremde.

Peter Savolainen versuchte, diese Herangehensweise auch auf den Hund zu übertragen.

In der Untersuchung gab es jedoch das grundsätzliche Problem, dass in bestimmten Gegenden – wie etwa in Südostasien – schon immer Dorfhunderudel existieren, die tatsächlich aus lokalen Hunden bestehen. Die Dorfhunde gehören »allen und niemandem«, sie wohnen in der Nähe menschlicher Behausungen und werden manchmal gefüttert, aber sie vermehren sich frei und sind auch sonst fast ausschließlich auf sich gestellt. Diese Dorfhunde könnten auf andere Hunde zurückgehen, die schon vor Tausenden von Jahren genauso als Dorfhunde gelebt haben. In ihnen haben sich genetische Varianten sowohl erhalten als auch gebildet, die man in hoch veredelten Rassehunden nicht antrifft. Doch genetisch vielfältige und alte Dorfhundepopulationen gibt es beispielsweise auch in Afrika, obwohl der Hund dort nicht entstanden sein kann.

In anderen Gegenden, wie etwa in Nordeuropa, gibt es wiederum keine solchen lokalen Hunderudel. In Finnland oder Deutschland treten solche »lokalen« Populationen nicht auf. Es gibt zwar Hunderassen, die »finnisch« (wie der Finnische Spitz) oder »deutsch« sind (wie der Deutsche Schäferhund), aber Hunde dieser Rassen sind heutzutage genauso auch in anderen Ländern anzutreffen. Welche Gegend repräsentiert ein in Italien lebender Altenglischer Schäferhund? Oder ein Neufundländer in Russland? Viele Rassen sind außerdem ziemlich neu und erst im 19. Jahrhundert entstanden. Mit ihnen verbinden sich viel Nationalstolz und Identifikation, obwohl ein Großteil der aktuellen westlichen Hunderassen ziemlich nah miteinander verwandt ist.

Im Gegensatz zu den Forschungen von Peter Savolainen ist der Ursprung des Hundes in vielen anderen Untersuchungen in Europa und im Nahen Osten verortet worden. In einer 2010 veröffentlichten Studie unter der Leitung von Robert K. Wayne, der viel zur Herkunft des Hundes geforscht hat, wurden die Gene von Hunden mit den Genen von Wölfen in bestimmten Gebieten verglichen und die Forschenden kamen zu dem Schluss, dass die Wölfe des Nahen Ostens am engsten mit den Hunden dort verwandt sind. Der Hund habe demnach seinen Ursprung dort. Das Problem dieser Untersuchung ist, dass die Wolfspopulationen sich seit der Entstehung des Hundes verändert haben oder weit umhergezogen sein könnten.

Ein Teil von ihnen könnte sogar ganz verschwunden sein.

2013 wurde Robert K. Wayne noch konkreter. Diesmal hatte seine Forschungsgruppe die mitochondriale DNA von heutigen und frühzeitlichen Hunden untersucht und kam zu dem Schluss, dass der Hund vor 32 100 bis 18 800 Jahren in Europa entstand. Ein Mitochondrium ist eine Zellorganelle, die Energie erzeugt und eine eigene DNA besitzt sowie ausschließlich über die Mutter vererbt wird. Mithilfe der Mitochondrien kann man also lange mütterliche Linien sowohl beim Menschen als auch beim Hund zurückverfolgen.

Was wäre aber – ich habe diesen Gedanken ebenfalls bereits in Kapitel 8 erwähnt –, wenn der Hund nicht an einem bestimmten Ort entstanden ist, sondern an mehreren? Gelegenheiten gab es genug, denn Mensch und Wolf konnten überall in der nördlichen Hemisphäre aufeinandertreffen, seit der Mensch aus Afrika in andere Gegenden gezogen war.

Nehmen wir an, die Domestizierung ist wie ein Computerprogramm, das in Gang gesetzt wird, sobald der Mensch die Bühne betritt. Wenn es so ist, warum sollte es dann nur einmal, an einem bestimmten Ort gestartet worden sein?

Gegen diese Hypothese spricht, dass die heute lebenden Hunde untereinander genetisch so ziemlich aus einem Holz geschnitzt sind. Doch die Hundepopulation von heute sagt nicht unbedingt etwas darüber aus, wie sie früher ausgesehen hat.

Ich glaube ja, der Hund ist an vielen verschiedenen Orten entstanden. Es kann sein, dass ich vor allem deswegen daran glaube, weil es ein fantasieanregendes Szenario ist und mir deshalb gut gefällt, doch diese Hypothese wird auch durch viele wissenschaftliche Erkenntnisse gestützt. Das würde auch erklären, warum es zeitliche Lücken bei den entdeckten Fossilien gibt, sprich, dass man einzelne Hundefossilien gefunden hat, die 33 000 Jahre alt sind, obwohl Hunde sich offenbar erst vor rund 12 000 Jahren fest etabliert haben.

In Nordsibirien, auf der Taimyrhalbinsel am Eismeer, wurde ein 35 000 Jahre altes Wolfsfossil gefunden, bei dem die DNA-Untersuchung ergab, dass dieses Individuum genetisch gewissermaßen zwischen heutigen Wölfen und Hunden angesiedelt ist. Aus dieser Erkenntnis schlossen die Forschenden, dass Hunde sich spätestens zu dieser Zeit von ihrer Stammart entfernt haben und dass ihre Herkunft auf viele verschiedene Wolfspopulationen zurückgehen muss.

In einer großen internationalen, 2016 veröffentlichten Studie wurde wiederum die DNA frühzeitlicher Hunde miteinander verglichen, wobei man zu dem Ergebnis kam, dass der Hund zwei Ursprünge hat: Europa und Ostasien. Spätestens vor 6400 Jahren breitete sich jedoch der ostasiatische Hundestamm nach Europa aus und ersetzte die ursprünglichen europäischen Hunde, von denen im Erbgut nur noch zarte Spuren übrig sind.

Eine endgültige Synthese vom Ursprung des Hundes scheint trotz aller Versuche nicht möglich zu sein. 2020 erschien eine weitere neue Sichtweise zur Herkunft des Hundes: Danach gingen alle Hunde auf eine einzige Wolfspopulation zurück, aber der Hund sei so früh entstanden, dass es vor 11 000 Jahren bereits fünf stark voneinander divergierende Hundelinien gab. Demnach müsste der Hund tatsächlich schon im Paläolithikum entstanden sein, als das Eis Europa noch beherrschte und die Jäger und Sammler von einem Ort zum anderen zogen, je nachdem, wo das Eis das Land freigab.

Was spielt das alles für eine Rolle? Der Hund ist da. Seine Vergangenheit ist komplex, unklar, vieldeutig und umstritten, ebenso wie die Vergangenheit des Menschen. Wenn ich keine Antwort auf die Frage nach der Herkunft des Hundes finde, kann ich mir keinen Begriff davon machen, welche Bedürfnisse die ersten Hunde befriedigten und was sie ihren frühzeitlichen menschlichen Gefährten bedeuteten.

Muss es denn immer Antworten geben? Rätsel sind reizvoll. Und ungelöste Rätsel umso mehr. Der Hund ist ein mystisches und mythisches Tier, und mit so einem Wesen darf ich mein tägliches Leben teilen.

17. KAPITEL
DIE SCHWARZEN SCHWINGEN DES TODES

Am Tag vor dem Mittsommerfest setze ich mich auf die Terrasse und schalte den Laptop ein. Es ist ein schöner sonniger Vormittag. Die Spatzen versorgen ihre tschilpenden Kinder im Nistkasten mit Futter. In einem Topf vor der Terrasse blühen Nelken, in der Luft liegt ein leichter Geruch von Rauch. Vielleicht heizt schon jemand die Sauna oder den Grill an. Wir wollen gegen Mittag zu unserem Sommerhaus aufbrechen.

Im Horst von Alma und Ossi stimmt etwas nicht. Offenbar hat sich eine Tragödie ereignet. Ich kann erkennen, dass eins der Jungen bewegungslos im Nest liegt. Das Chat-Fenster neben dem Webcambild ist voller entsetzter Ausrufe und Tränen-Emojis.

Alma ist tot. Schon zuvor waren in der Nähe des Fischadlerhorstes immer wieder einmal Raben zu sehen gewesen, aber nun hatte einer von ihnen es geschafft, Alma dermaßen zu reizen, dass sie losflog, um ihn zu verfolgen. Ein Fischadler ist größer und kann schneller fliegen als ein Rabe, aber der Rabe war in den dichten Wald geflogen, wo er durch seine Geschicklichkeit und seine kürzeren Flügel einen wesentlichen Vorteil hatte. In der Aufzeichnung war zu sehen, wie Alma zu Boden stürzte und nicht mehr hochkam.

Der Rabe kehrte mit Federn im Schnabel zum Adlerhorst zurück und machte sich als Nächstes über die Küken her. Die beiden größeren überlebten, das kleinste nicht. Als Ossi mit einem Fisch in den Klauen zum Horst zurückkam, verjagte er den Raben, doch das Familienidyll war bereits ein für alle Mal zerstört.

Sobald ich begreife, was geschehen ist, gerate ich in Panik. Es verschafft mir ein kleines bisschen Erleichterung, dass ich die Geschehnisse nicht live über die Webcam verfolgen musste. Jetzt erfahre ich es durch den Chat und kann so etwas Distanz gewinnen. Dennoch schaffe ich es nicht mehr, mir die Livebilder anzusehen: nicht den toten Jungvogel, nicht den ratlosen Ossi, nicht die beiden Küken, die an dem Fisch herumpicken, den ihr Vater ins Nest getragen hat, die aber noch nicht in der Lage sind, selbst Stücke davon abzureißen.

Ossi wird es allein nicht schaffen, sich um die Jungvögel zu kümmern, bis sie flügge sind. Dazu sind zwei Altvögel nötig, die Mitarbeit von beiden. Einer fischt, der andere schützt die Nestlinge. Ossi ist nicht in der Lage, die Küken zu füttern, dazu bräuchte es Alma. Jetzt werden die Jungvögel verhungern, falls sie nicht vorher einem Raubtier zum Opfer fallen.

Wir fahren zum Sommerhaus, ich bin völlig aufgewühlt. Ich habe mir selbst versprochen, dass ich zu den Fischadlern keine Beziehung aufbaue, aber ich habe es trotzdem getan, und nun leide ich deswegen. Mich packt ein merkwürdiges, furchtsames Gefühl: Am liebsten würde ich vor allen Menschen fliehen, in eine menschenlose Natur, in der es nur Vögel gibt. Ich halte dieses menschliche Leben nicht aus, in dem der Tod von Alma alles beherrscht.

Ich verplempere die Mittsommertage, indem ich mir auf dem Handy englische Krimis anschaue und versuche, die Realität zu vergessen, in der Fischadler sterben können.

Es fällt mir schwer, mit anderen über meine Erschütterung zu sprechen. Ich komme mir selbst lächerlich vor: Ich habe mir im Netz einfach nur Fischadler angesehen – das kann nicht so stark auf jemanden wirken. Dürfte es nicht. Die wenigen Leute, denen ich davon erzähle, begegnen meinen Gefühlen zwar mit Verständnis, aber sie versuchen mich zu trösten, indem sie mich daran erinnern, dass der Tod Teil der Natur und dass Almas Schicksal ziemlich natürlich ist.

Auch der Tod von Menschen ist natürlich und doch trauern wir. Warum ist die Erschütterung beim Tod eines Menschen akzeptabel, aber nicht beim Tod eines Wildtiers?

Auch der Internet-Algorithmus scheint mir nicht wohlgesonnen zu sein. Obwohl ich keine Nachrichten von YouTube abonniert habe, poppen die Fenster von selbst auf, und als ich mein Telefon öffne, habe ich plötzlich neue Aufnahmen von Almas und Ossis Nest vor Augen.

Im Adlerhorst sitzt ein Rabe mit einem Jungvogel im Schnabel. Diese Schwärze saugt alles andere in sich auf, sie ist gleichbedeutend mit dem Tod.

JULI

18. KAPITEL
DER FLUCH DES ÜBERLEBENS

Ich habe einen Albtraum. Darin bin ich gegen meinen Willen an der Tötung eines großen schwarzen Hundes beteiligt. Die Besitzerin, eine unbekannte Frau in meinem Alter, will das Leben des Hundes aus irgendeinem äußerst fragwürdigen Grund beenden. Sie ist wütend auf jemanden und in einer Situation, in der die Tötung des Hundes so etwas wie das letzte Wort darstellt. Ich weiß es nicht mehr genau, der Traum ist nur noch Nebel in meinem Kopf. Ich muss den riesigen Hund auf den Rücken drehen und ihn festhalten, während die Frau mit einem Messer auf seinen Brustkorb einsticht. »Es wird nicht lange dauern«, bete ich mir vor, als der Hund winselt und sich windet, als das Leben aus ihm entweicht.

Das ist ein extrem brutaler, grotesker und vor allem trauriger Traum. Ich träume so etwas oft. Das Schlimmste in meinen Albträumen ist oft die Trauer über einen drohenden, unwiderruflich herannahenden Tod. Normalerweise betrifft es meinen Hund oder mein Kind, manchmal mich selbst. Oft bin ich auf die eine oder andere Weise schuld an diesem Tod. Ich werde gezwungen, mich an der Tötung zu beteiligen, ich muss den Hund an einen Ort bringen, an dem er getötet wird, ich habe aus irgendeinem Grund, halb aus Versehen, zugesagt, dass mein Hund sterben soll. In vielen Albträumen habe ich auch zugesichert, selbst das Opfer zu sein, habe mich darauf festgelegt, an einem bestimmten Tag zu sterben.

In meinem Träumen kommen im Allgemeinen sehr viele Tiere vor. Ein immer wiederkehrendes Traummotiv nenne ich »das vergessene Riesenhaustier«. Im Traum wird mir klar, dass ich irgendein riesiges Haustier besitze, das ich aus irgendeinem Grund vergessen habe, über dessen Auftauchen ich mich aber unglaublich freue. Das ist ein häufiges Motiv in meinen Träumen, vielleicht geht es zurück auf einen versteckten Wunsch, der mir im Wachzustand gar nicht bewusst ist. Manchmal ist das Traumtier ein Elefant, manchmal ein extrem großer Hund und manchmal ist das Aussehen des Tieres traumtypisch sehr surreal. Ich habe schon von Tieren geträumt, die aussahen, als seien sie aus alten Decken zusammengenäht. In dieser Art von Traum bin ich ungeheuer glücklich.

Ein anderes häufiges, allerdings unangenehmeres Traumthema sind »Schuldgefühle wegen eines nicht gepflegten Aquariums«. Dieses Thema hat seine Wurzeln ganz bestimmt in der Realität. In diesen Träumen habe ich ein riesiges Aquarium voller Pflanzen, das ich in Ordnung bringen soll, aber ich traue mich nicht, die Hand hineinzustecken, weil ich nicht weiß, was dort alles lebt. Manchmal kommt im Traum anstelle des Aquariums auch ein Terrarium mit Nagern vor.

Am Morgen nach dem Hundealbtraum fragt mein Mann, ob er Igor mit zum Sommerhaus nehmen kann, wo er ein paar Tage in Ruhe schreiben möchte. Ich sage Nein. Ich will Igor nicht so weit weg von mir wissen. Ich war mitten in der dunkelsten Stunde der Nacht aus dem Albtraum aufgeschreckt und horchte nach Igor. Ich hörte ihn nicht; nicht seinen Atem, nicht sein typisches nächtliches Schmatzen, nicht das Scharren seiner Krallen auf dem Fußboden.

Ich fürchtete, der Albtraum könnte eine Warnung sein. Als hätte ich einen prophetischen Traum gehabt. Immer wieder kommt es mir vor, als würde ich nichts so sehr fürchten wie Igors Tod. Den Tod eines Tieres. Den Tod der Tiere. Den Tod irgendeines Tieres, aller Tiere auf der Welt.

Manchmal habe ich über lange Zeiträume gar keine Albträume, in den schlimmsten Nächten können es dagegen gleich mehrere sein. Die Albträume deuten auf Stress und Ängste hin und die letzten Jahre waren bei mir denn auch von Albträumen geprägt.

Jetzt habe ich seit einem halben Jahr etwas Ruhe. Albträume quälen mich nur noch dann und wann, nicht einmal jede Woche. Phasenweise hatte ich so wenig Albträume, dass ich sie schon fast vermisste. Ich habe schon immer Albträume gehabt und in gewisser Weise sind sie zu einem Teil meiner Identität geworden.

Rauni starb im März 2018. Sie wurde in der Tierklinik eingeschläfert, wo ich direkt nach unserem letzten gemeinsamen Spaziergang angerufen hatte, um sicherzugehen, dass wir nicht lange würden warten müssen.

Es war ein schöner sonniger Vormittag. Der Schnee hatte zu Raunis Glück eine harte Kruste, denn sich durch den hohen Schnee zu kämpfen, wäre für sie schwierig gewesen. Sie saß im Schnee und schien die Sonne zu genießen. Schon lange hatte man ihr das Alter angesehen; ihre Sitzposition war wegen ihrer Rückenprobleme seltsam, der Kopf eine Spur schief, das Fell etwas räudig, die Schnauze schon lange grau, ein Ohr hing aufgrund einer jahrealten Verletzung schlaff herab.

Schon seit zwei Jahren litt ich mit ihr. Rauni hatte irgendein Rückenproblem, das auch im Röntgenbild nicht lokalisiert werden konnte. Ihre Hinterläufe wollten nicht mehr, ihr Gang wurde unsicher und taumelnd, im letzten halben Jahr konnte sie überhaupt nicht mehr rennen. Zu Hause lagen überall Teppiche, damit sie nicht ausrutschte. Dennoch wirkte sie, als sei sie mit ihrem Leben zufrieden. Sie betrachtete die Ereignisse in der Welt und zu Hause mit locker aufgestellten Ohren. Sie freute sich, wenn wir Besuch bekamen, und wenn es ein Klempner war, der einen Heizkörper reparieren wollte. Sie hatte einen ausgezeichneten Appetit und schlief ruhig.

Wenn ein Hund alt ist, haben andere Menschen ständig das Bedürfnis, dich daran zu erinnern, dass man »einen Hund nicht leiden lassen soll«, dass »die Entscheidung zur rechten Zeit getroffen werden« muss. Es ist zu einer Selbstverständlichkeit geworden, dass Hunde nur noch durch Einschläfern sterben, auf keine andere Art. Das war für mich schon vor Raunis Tod ein verstörender Gedanke und er ist es immer noch. Ist es denn nicht möglich, dass ein Hund einfach das Zeitliche segnet, weil sein altes Herz oder seine Blutgefäße nicht mehr mitmachen, ganz ohne Plan und ohne Vorbereitung? Zudem war es für mich belastend, dass die Leute die ganze Zeit davon sprachen. Ich dachte ohnehin schon jeden Tag, mit dem Rauni älter und älter wurde, an ihren bevorstehenden Tod. Ich hatte Albträume davon! Auf die Kommentare von anderen Leuten zu dem Thema hätte ich gut verzichten können.

Am meisten gibt mir natürlich zu denken, dass wir ja nicht wirklich wissen, was das Tier selbst will. Wir wissen nicht, ob es bis zum Schluss leben oder ob es sein »Leid beenden« will, wie so viele Menschen denken. Wir treffen solche moralischen Entscheidungen immer aus unserem menschlichen Verständnis heraus, wir taxieren Leben und Leid des anderen Wesens. Entscheidungen werden rasch und im Vertrauen darauf getroffen, dass wir schon recht haben werden. Eine öffentliche Debatte in Finnland beschäftigte sich einmal mit der Frage, wie man mit zwei Bärinnen umgehen sollte, die in Fallen für Kleinwild getreten waren und immer noch mit den Fußeisen am Bein herumliefen. Die Behörden waren der Meinung, mal solle die Tiere so bald wie möglich abschießen, während viele Tierschutzorganisationen und Tierethiker fanden, dass man ihnen helfen sollte, indem man sie betäubte und die Fußeisen entfernte. Die Bärinnen hatten die Eisen schon lange am Körper, also konnte es durchaus sein, dass sie damit auch in Zukunft gut würden weiterleben können. Meistens gewinnt allerdings die

Sichtweise der Behörden. Wenn es um ein verletztes, krankes oder altes Tier geht, will man es in der Regel töten.

Warum haben wir es so eilig, das Leben eines leidenden Tieres zu beenden? Bei einem Menschen bezweifeln wir nie, dass er ein bisschen Leid aushalten kann und dass es richtig ist, ihm zu helfen, anstatt ihn zu töten. Bei Menschen finden wir, dass das Leben lebenswert ist, auch wenn es phasenweise mit Schmerz und Unannehmlichkeiten verbunden ist.

An einem Wintertag vor langer Zeit, als meine Kinder noch klein waren, beobachtete ich durch das Fenster die Vögel am Vogelfutterhaus. Es war etwas weiter entfernt, sodass ich nicht alles genau erkennen konnte. Irgendwann wunderte ich mich allerdings über eine Meise, die von einem der Meisenknödel einfach nicht abließ. Als ich später noch einmal hinsah, erkannte ich an dem Vogel etwas Rotes. Ich ging nach draußen und sah genauer hin: Die Meise hatte sich mit dem Bein im Netz des Meisenknödels verfangen und hatte sich das Bein selbst fast vollkommen abgepickt. Die letzte Sehne schnitt ich mit der Schere durch. Der Vogel flog davon, ich weiß nicht, wie es ihm ergangen ist.

Nach diesem schrecklichen Vorfall entferne ich nicht nur stets die Netze von den Meisenknödeln, sondern dadurch ist mir auch klar geworden, dass Tiere einen sehr starken Lebenswillen haben. Sie halten Schmerz oder Leid eine Zeit lang aus – damit sie danach weiterleben können.

Dennoch endete Raunis Leben durch meine Entscheidung. Es war kein besonderer Tag – Rauni ging es nicht plötzlich schlechter und es gab auch keine anderen Anzeichen, die mich dazu veranlassten. Nur ihre Rückenprobleme waren nach und nach immer schlimmer geworden. Ich hatte nicht geplant, sie an diesem Tag einschläfern zu lassen, oder wenigstens hatte ich es mir selbst nicht eingestanden. Ich sagte niemandem etwas von meinem Vorhaben. Die Kinder waren über Nacht bei ihrem Vater und hatten den gerade einjährigen Igor mitgenommen. Es gab nur mich und Rauni und ich dachte, jetzt muss es geschehen.

Ich weinte, als wir zur Tierklinik fuhren, ich weinte im Wartezimmer, ich weinte, während ich zusah, wie es passierte, ich weinte an Raunis Leichnam. Ich machte Fotos von ihr, weil ich alles dokumentieren wollte. Am liebsten hätte ich gewollt, dass alles blieb, wie es gewesen war. Ich habe mir diese Bilder noch nie angesehen.

Ich weinte, als ich die Klinik allein verließ, ich weinte im Auto, ich weinte zu Hause.

Ich weine, während ich dies schreibe. Raunis Tod ist über drei Jahre her und doch muss ich das Schreiben einen Moment unterbrechen.

Erst in den letzten Monaten habe ich darüber nachgedacht, ob Raunis Tod einer der Gründe für meinen Zusammenbruch gewesen sein könnte. Jemand Außenstehendes wäre vielleicht früher als ich darauf gekommen. Ich machte mir schon lange im Voraus viele Gedanken über Raunis bevorstehenden Tod und ständige Sorge und Unsicherheit tun der psychischen Gesundheit natürlich nicht gut. Rauni starb im Frühjahr 2018 und im Herbst war ich schon krank.

Insgesamt ist es für mich unfassbar schwierig, mit dem Tod meiner Tiere umzugehen. Schon der Tod von Max Moritz von Gerbil hat mich sehr erschüttert. Es ist, als sei der Mensch verflucht: Wir leben 90 Jahre und Hunde, wenn wir Glück haben, vielleicht 14. Rennmäuse drei Jahre.

Mit dem Tod wie vieler Hunde werde ich in meinem Leben noch konfrontiert werden? Rauni ist im selben Jahr geboren wie mein ältester Sohn, und als Rauni schon zu alt war, um weiterzuleben, war mein Sohn erst in der Pubertät. Wenn ein Hund dem Tod entgegengeht, wächst ein Mensch erst auf das Erwachsensein zu.

Der Verlust eines Haustiers hat in unserer Gesellschaft nicht denselben Stellenwert wie der Verlust eines nahen Angehörigen.

Natürlich sprechen die Leute auch nach dem Tod eines Hundes ihr Beileid aus, aber man darf nicht bei der Arbeit fehlen oder sich krankschreiben lassen, und vermutlich schüttelt so mancher hinter deinem Rücken den Kopf, wenn die Trauer über den Verlust eines Hundes zu viel Raum beansprucht.

Man ist oft sehr allein mit dem Tod eines Haustiers. Es fällt schwer, mit anderen darüber zu sprechen, aus Angst, dass der Schmerz kleingeredet werden könnte. Vielleicht muss man tatsächlich den Tod des Hundes aktiv beschließen, allein. Wenn ein Hund plötzlich sehr krank wird, kommt kein Krankenwagen zur Hilfe. Der Hund kann in deinen Armen sterben, ohne dass du irgendwo Hilfe oder Unterstützung bekommst. Um den Leichnam eines Hundes musst du dich allein kümmern, um einen menschlichen Leichnam nie.

Das Schwierigste an der Tierliebe ist der Tod. Ich bin Biologin und ich verstehe wirklich etwas vom Tod, aber vor allem bin ich ein Mensch, der Verluste nicht aushält.

19. KAPITEL
SELBST IM GRAB BIST DU NICHT ALLEIN

Die beiden überlebenden Küken von Alma und Ossi verhungerten nicht. Das Personal des Naturkundlichen Museums, das die Webcams installiert hatte, beschloss noch am selben Tag, die Jungvögel aus dem Nest zu holen und sie in einem anderen Fischadlerhorst bei Pflegeeltern unterzubringen. An deren Nest gab es keine Webcam, also würde man erst zur Zeit der Beringung, etwa in einem Monat, erfahren, wie es ihnen ergangen war.

Ab und zu sieht man Ossi in der Webcam. Er sitzt allein in seinem Horst und blickt um sich. Noch vor einer Woche war sein Leben hektisch. Er hatte eine Partnerin und drei Junge. Nun ist das Nest leer. Was denkt er wohl über das alles? Wie passt er sich an die plötzliche Veränderung an? Bei Alma und Ossi fing die Brut so vielversprechend an. Sie hatten sie schon oft gemeinsam durchlebt. Sie wussten, was sie taten.

Doch die Geschichte ist jäh abgebrochen und Ossi muss verwirrt sein. Ich nehme Igor auf den Schoß, als ich auf dem Laptop das Bild vom leeren Nest betrachte. Irgendwo im Hintergrund krächzen wieder die Raben.

In der Geschichte des Hundes gibt es bestimmte Einzelheiten, die mich immer wieder neu faszinieren – und zwar derart, dass ich Gänsehaut bekomme und die Autorin in mir anfängt zu schreiben.

Ein paar dieser Details habe ich bereits genannt, wie die Fußabdrücke von einem Kind und einem Hund in der Höhle von Chauvet sowie die Beobachtung der Fuchsforscher, dass die Füchse in der vierten Generation anfingen, mit dem Schwanz zu wedeln.

Hier kommt das dritte Detail: Einen beachtlichen Teil der Hundefossilien hat man in Gräbern gefunden. Das waren also offenbar Hunde, die der Mensch nach deren Tod bestatten wollte. Und weiter: Ein Teil dieser Gräber waren nicht nur für Hunde gedacht, sondern dort waren auch Menschen beerdigt. Gemeinsame Gräber von Menschen und Hunden finden sich auf allen bewohnten Kontinenten.

Der Hund ist das meistbeerdigte Tier der Welt und manche Menschen wollten nicht ohne ihren Hund bestattet werden. Vielleicht sollte ich die Asche aller meiner Hunde aufbewahren und sie mir später mit in den Sarg legen lassen.

Als der Hund entstanden war – ob hier oder da, ob als Einzelereignis oder an verschiedenen Orten gleichzeitig –, breitete er sich zusammen mit dem Menschen über die ganze Welt aus. Hunde überquerten die Beringstraße, gelangten nach Nordamerika und weiter nach Südamerika. Hunde saßen mit in Booten und erreichten so Australien, wo ein Teil von ihnen verwilderte und zu Dingos wurde. Wildhunde entwickelten sich auch woanders, beispielsweise in Neuguinea. Der Hund war, wie der Mensch, für alles offen.

Das vierte eindrückliche Detail stammt nicht aus der Prähistorie, sondern ereignete sich vor gar nicht allzu langer Zeit. Vor dem Menschen flog bereits ein Hund ins All. Das ist allerdings keine schöne Geschichte. Der ehemalige Straßenhund Laika starb im November 1957 fünf Stunden nach dem Start der Sputnik 2 an Stress und Überhitzung.

Vom Raumfahrtzeitalter gehe ich noch einmal zurück in die späte Weichsel-Eiszeit. Die Menschen lebten vom Jagen und Sammeln, und mit dem Rückzug des Eisschildes erschlossen sich neue

Lebensräume. Die steinzeitlichen Kulturen des Aurignacien, Gravettien und Magdalénien waren technisch sehr weit entwickelt.

Das bringt mich auf noch einen reizvollen Gedanken: Der Mensch ist der beste Werfer im Tierreich – und der Hund kann sehr ausdauernd apportieren. Hat sich daraus eine Synergie ergeben? Im Magdalénien gab es viele verschiedene Wurfwaffen wie etwa Speerschleudern und Bolas, bei denen mehrere schwere Kugeln an Schnüren befestigt waren. Die Bola wurde so geworfen, dass sie sich um die Beine des Beutetiers schlang und es zu Fall brachte. Hatten Hunde die Aufgabe, die Waffen zurückzuholen? Wenn man einen Menschen mit einem unbekannten Hund zusammenbringt, ergibt sich ein Wurfspiel ganz von selbst.

Mensch und Hund jagten gemeinsam in einer Welt voller Tierarten, die inzwischen ausgestorben sind. Die Hauptursachen des großen Artensterbens am Ende der Weichsel-Eiszeit waren der Klimawandel und die damit verbundene Veränderung des Lebensraumes. Es scheint eine Gesetzmäßigkeit zu sein, dass die großen Tierarten in der Vorzeit unseres Planeten stets stärker unter dem Klimawandel litten als die kleineren Arten. So betraf das große Artensterben am Ende der Eiszeit vor allem die Megafauna, darunter auch jene schreckenerregenden Raubtiere, die mit dem Wolf um Beute und Lebensraum konkurrierten.

Und dennoch hatte der Mensch, auch wenn seine Anzahl am Ende der Eiszeit, in den letzten Augenblicken des Pleistozäns, im Vergleich zu heute verschwindend gering war, beim Artensterben seine Finger im Spiel. Das Verschwinden der Megafauna geht Hand in Hand mit der Ausbreitung des Menschen. Vielleicht war ja der Hund eine der Jagdinnovationen, mit denen der Mensch den schrumpfenden Beutetierpopulationen auf den Pelz rückte.

Auf den nordamerikanischen Kontinent gelangte der Hund zusammen mit der sogenannten Clovis-Kultur. Es waren auch schon vorher Menschen auf den Kontinent gekommen, aber offenbar erst die vor rund 14 000 Jahren erfolgten Invasionen aus Sibirien über die Beringia-Landbrücke waren in großem Maßstab erfolgreich. Die Neuankömmlinge hatten viele Hunde dabei, denn die Hundefossilien aus verschiedenen Epochen verraten, dass die frühen nordamerikanischen Hunde eine große Genvielfalt mitbrachten.

Die Clovis-Kultur war eine effiziente Jägerkultur. Die Clovis-Menschen jagten Mammuts, Mastodonten, Bisons, Pferde und Tapire und breiteten sich über den ganzen Kontinent aus.

Am Ende der Eiszeit verschwand die Clovis-Kultur rasch. War der Grund dafür vielleicht das Aussterben der großen Beutetiere?

Vor allem zum Verschwinden des Mammuts in Nordamerika gibt es viele Hypothesen. Übermäßiges Bejagen ist einer der möglichen Gründe. Ein anderer ist der allgemeine Klimawandel: Als das Klima sich erwärmte, veränderte sich die Vegetation der für die Mammuts und anderen großen Pflanzenfresser so wichtigen Mammutsteppe. Doch die Veränderung hängt auch mit der sogenannten Jüngeren Dryaszeit zusammen, einem gut tausend Jahre währenden Temperaturrückgang mitten in der eigentlichen Erwärmung der Erde. Sie begann vor rund 12 800 Jahren und man nimmt an, dass sie durch das rasche Abschmelzen der kontinentalen Eisschilde ausgelöst wurde, deren Wasser sich daraufhin ins Meer ergoss. Die Folge waren veränderte Meeresströmungen, was Auswirkungen auf die Temperaturen auf mehreren Kontinenten hatte. Manche Forschende sehen als Ursache für die Jüngere Dryaszeit auch einen Meteoriteneinschlag, der eine Staub- oder Aschewolke zur Folge hatte und so die wärmende Kraft der Sonne über längere Zeit schwächte.

Und doch: Könnte es sein, dass die frühe Bevölkerung des Pleistozäns es geschafft hat, das Mammut und die anderen großen Pflanzenfresser so intensiv zu bejagen, dass sie dadurch ausstarben? Der Geologe Paul S. Martin schlug für die Ausrottung des Mammuts das sogenannte Blitzkriegmodell vor: Dabei wird angenommen, dass eine Jägerbevölkerung von 100 Köpfen um ein Prozent im Jahr wächst. Gleichzeitig würden so viele Mammuts gejagt, dass der Ertrag pro Kopf 3000 Kilogramm Fleisch entspricht. Das ist eine große Menge Fleisch, etwa acht Kilo pro Tag, aber ein Teil davon ist auf jeden Fall entweder nicht genießbar oder wird als verdorben weggeworfen. In dem Modell wäre die Jägergruppe in 532 Jahren auf 90 000 angewachsen und hätte 3,4 Millionen Mammuts getötet.

Außerdem war die damalige Menschheit durchaus nicht allein. Wenn man zu Martins Modell noch die Hunde hinzufügt, steigt der Fleischbedarf deutlich an.

Mensch und Hund – ein effizientes, zerstörerisches Gespann.

Die Bestattung von Hunden fand damals vor allem bei Jägerkulturen statt. In Nordamerika wurden ungeheuer viele beerdigte Hunde gefunden, und zwar so viele, dass das Fehlen von Hundegräbern in bestimmten Gegenden bedeutender ist als ihre Funde. Für die Hunde war zu ihren Lebzeiten gut gesorgt worden: Viele hatten verheilte Knochenbrüche oder zeigten Anzeichen von altersbedingter Arthrose. Hunde wurden rituell an bedeutenden Orten bestattet. Es finden sich Gräber, die 900 bis 9000 Jahre alt sind, also über einen langen Zeitraum verteilt. Danach endete diese Praxis auf dem amerikanischen Kontinent und heutzutage sehen viele der dort lebenden indigenen Völker die Bestattung von Hunden als ungebührlich an.

In Nordamerika wurden auch viele gemeinsame Gräber von Hunden und Menschen gefunden. In den Gräbern befinden sich sowohl Männer als auch Frauen. So wurde in Kentucky ein 5000 Jahre altes Grab mit einem kleinen Mädchen und zwei Hunden entdeckt.

Solche gemeinsamen Gräber gibt es auch anderswo. Im schwedischen Skateholm hat man Hundegräber gefunden, die rund

7000 Jahre alt sind. In einem von ihnen wurde ein Mann bestattet, mit dem Leichnam des Hundes auf seinen Beinen.

Auch die berühmten 14 000 Jahre alten Hundefossilien von Bonn-Oberkassel wurden in einem Grab gefunden, in dem außer dem Hund ein Mann und eine Frau liegen. Der vor über hundert Jahren gemachte Fund wurde in den letzten Jahren noch einmal neu untersucht und hat dabei allerhand Interessantes zutage gefördert. Erstens ist der Hund relativ jung gestorben, im Alter von etwa sieben Monaten, und in seinen Knochen wurden Anzeichen einer schweren Staupe-Erkrankung gefunden, an der er offenbar bereits länger gelitten hatte. Die Menschen mussten für ihn gesorgt haben, sonst hätte er mit der Krankheit nicht einmal dieses junge Alter erreicht. Außerdem wurden im Grab diesmal auch Spuren eines zweiten Hundes gefunden.

Es bleibt ein Rätsel, unter welchen Umständen die Hunde bestattet wurden. Wurden sie getötet, als ihre Bezugsperson starb, damit sie gemeinsam mit ihr beerdigt werden konnten? Dafür finden sich bei den Überresten der Hunde keine ausreichenden Beweise. Wurden sie überhaupt mit ihren Bezugspersonen bestattet oder kam der tote Hund einfach zu einem Menschen ins Grab, der etwa zur selben Zeit gestorben war? Wahrscheinlich wurde das je nach Ort und Umständen unterschiedlich gehandhabt.

Einen Hund zu töten, um ihn mit seinem Menschen zu bestatten, ist grausam, auch wenn dahinter ein schöner Gedanke steht. Vielleicht dachte man, dass der Hund nicht ohne seinen Besitzer auskommt. Oder das Band zwischen Mensch und Hund wurde als so wertvoll angesehen, dass es nicht zerstört werden durfte. Vielleicht sollten verstorbene Kinder nicht ohne den Schutz durch einen Hund ins Jenseits gehen, und deshalb wurden die Hunde für die gemeinsame Bestattung getötet. Doch selbst wenn die Absicht gut war, waren die Taten grausam und roh. Darin ist der Mensch ein Meister.

Jägerkulturen waren nicht die einzigen, bei denen Hunde beerdigt wurden. In Ashkelon auf dem heutigen Gebiet Israels gibt es einen Friedhof, der auf die Zeit der persischen Herrschaft zurückgeht und auf dem vor rund 2500 Jahren über tausend Hunde bestattet wurden. Diese Tiere zeigen keine Anzeichen einer gewaltsamen Tötung, sondern es wird angenommen, dass sie einer Infektionskrankheit zum Opfer gefallen sind. Die alten Ägypter mumifizierten auch viele Hunde, obwohl die Bedeutung von Katzen im alten Ägypten immer als zentraler dargestellt wird. In Südamerika wurden Gräber von einzelnen Hunden sowie gemeinsame Gräber von Hunden und Menschen aus der Aztekenzeit gefunden.

Doch am liebsten lese ich vom frühen Jägervolk der Botai-Kultur. Sie lebten vor rund 5600 bis 4500 Jahren im nördlichen Kasachstan und jagten Pferde. Möglicherweise domestizierten sie sie auch und nutzten ihre Milch. Die klimatischen Bedingungen dort sind hart, die Temperatur kann im Winter nachts auf bis zu minus fünfzig Grad absinken, und die Hunde der Botai-Kultur waren groß und kräftig gebaut. Vielleicht erinnerten sie an die heutigen Alaskan Malamutes, jene Zughunde mit dichtem Fell, die größer als Huskys sind. Es kann sein, dass auch die Botai-Hunde als Zugtiere genutzt wurden und dass die Menschen nachts der Wärme wegen gerne neben ihnen schliefen.

Im Hinblick auf die Botai-Menschen hat mich besonders fasziniert, dass sie ihre Hunde üblicherweise unter ihren Behausungen bestatteten, und zwar unter der Hausmauer am westlichen Giebel oder in der Mauer selbst. Im Westen lag die Pforte zum Jenseits. Vielleicht bewachten die Hunde diese nach ihrem Tod oder möglicherweise warteten sie dort auf ihren Besitzer, um gemeinsam mit ihm durch die Pforte zu schreiten.

Das ist ein herzerweichend schöner Gedanke. Vielleicht hätte auch Raunis letzte Ruhestätte unter dem Westgiebel unseres Hauses sein sollen – oder mit mir im selben Grab.

20. KAPITEL
DER LETZTE WACHPOSTEN
VOR DEM GROSSEN UNBEKANNTEN

Als Rauni starb, dachte ich kurz darüber nach, sie so zu beerdigen, wie die Menschen aus der Steinzeit ihre Hunde bestatteten. Ich hätte eine Grube ausgehoben und Rauni hineingelegt, die Pfoten fein säuberlich nebeneinander, und dann hätte ich meine Hündin mit Rosen und Muschelschalen bestreut und ihr noch andere wichtige Gegenstände mit ins Grab gegeben.

Doch als Rauni starb, war die Erde gefroren und hoch mit Schnee bedeckt. Deshalb wurde sie eingeäschert.

Liebte das Pferdevolk der Botai seine Hunde so sehr, dass es die Beziehung zu ihnen nicht einmal nach deren Tod aufgeben wollte? Beerdigten sie die Hunde deshalb in ihrer unmittelbaren Nähe, damit sie an der Pforte zum Jenseits auf sie warteten? Vielleicht aber wurden in der Hausmauer nur diejenigen Hunde bestattet, deren Tod in eine Jahreszeit fiel, in der es zu kalt war, um Gräber auszuheben. Auch die ganz praktischen Fragen, die mit dem Tod eines Hundes verknüpft sind, können Menschen über Jahrtausende hinweg miteinander verbinden.

Aus irgendeinem Grund ist der Hund für den Menschen mental schon sehr lange mit dem Tod verbunden. In vielen Mythologien hat der Hund die Rolle eines *Psychopompos*, also eines Geleiters in die

Unterwelt. Dafür kann es viele Gründe geben. Einer mag der hervorragende Orientierungssinn des Hundes im Leben gewesen sein. Oder man dachte vielleicht, dass andere Tierarten einen ursprünglicheren Zugang zum Jenseits und zu alternativen Realitäten haben. In der Hochzeit des Aztekenreiches, vor der Ankunft der Europäer, opferten die Azteken Hunde und bestatteten sie gemeinsam mit Menschen. Auch sie glaubten daran, dass Hunde die Verstorbenen ins Jenseits geleiteten. Für sie war eine bestimmte Hunderasse besonders wichtig: der nackte und als erwachsenes Tier auch zahnlose Xoloitzcuintle. Der Name bedeutet frei übersetzt »Monsterhund« und die Rasse hatte eine starke symbolische Verbindung zur mythologischen Schöpfungsgeschichte der Azteken. Die Rasse verschwand, als die Europäer samt ihrer Hunde die indigenen Kulturen Mesoamerikas zerstörten.

Dass der Hund in Mythologie und Volksglauben so eng mit dem Tod verbunden ist, ist keineswegs eine selbstverständliche Assoziation. Der Hund gilt ja auch als Symbol für das Heim, für Sicherheit und Treue. Was hat er also mit dem Tod zu tun?

Schon die alte europäische Volksdichtung ist voller Hunde, die mit dem Tod verknüpft sind. Der *Höllenhund* ist ein Begriff, der allgemein bekannt ist – seine wirkliche Bedeutung allerdings nicht.

Höllenhunde erfüllen in den Volkssagen viele verschiedene Aufgaben. Sie können beispielsweise Seelen jagen, die aus dem Jenseits geflohen sind, oder sie sind die Begleiter der Totengötter und -göttinnen. Sie können aber auch gutherzig sein und die Seelen der Verstorbenen in die Unterwelt geleiten. Oder sie zeigen sich bestimmten Menschen, was deren bevorstehenden Tod ankündigen soll. Die Augen der Höllenhunde können Feuer sprühen, und natürlich haben sie ein schwarzes Fell. Es gibt also gute und böse, erwünschte und gefürchtete Höllenhunde.

Auf den britischen Inseln gibt es mehrere mittelalterliche Kirchen mit Kratzspuren an den Türen, die der Sage nach von den

Krallen des Höllenhundes stammen. Insgesamt kennt man dort diverse Höllenhunde. Auf der Isle of Man nennt man ihn Moddey Dhoo, in Wales Gwyllgi und Cŵn Annwn, in Yorkshire Barghest und in Nordengland Gytrash.

Der bekannteste unter den europäischen Höllenhunden ist eindeutig Kerberos, auf Deutsch auch Zerberus, laut der griechischen Mythologie der dreiköpfige Wächter des Totenreichs. In den skandinavischen Edda-Liedern bewacht der Höllenhund Garm das Reich der Totengöttin Hel.

Doch nicht nur in Europa finden sich Höllenhunde. In der indischen Rigveda, einer Sammlung früher religiöser Lieder, wird der Totengott Yama mit seinen beiden Hunden dargestellt. Auch der mit dem Tod verbundene Herrscher Yima in der altpersischen heiligen Schrift Avesta hat zwei Hunde.

Der altägyptische Anubis wurde mal als Hund im Gefolge der Isis dargestellt, mal als Schakal und mal als Mann mit dem Kopf eines Schakals. Anubis war der Gott des Jenseits, der Gräber, der Mumifizierung und des Totenreichs, der im hellenischen Zeitalter eine Wandlung zu Hermanubis durchmachte, in dem Hermes und Anubis miteinander verschmolzen. In der griechischen Mythologie war Hermes der Götterbote und unter anderem der Schutzgott der Natur und der Schriftsteller.

Das andere Element, das der Volksglauben mit dem Hund verbindet, ist die Metamorphose, insbesondere die Metamorphose vom Menschen zum Hund – und umgekehrt. Das indigene Volk der Tlicho in den kanadischen Nordwest-Territorien hat sich laut seiner Mythologie aus Formwandlern entwickelt, die auf einen Hund zurückgehen und ihre Gestalt zwischen Mensch und Hund wechseln konnten. Auf Englisch wird das Volk *dogrib* genannt, Hunderippe.

Auch in anderen Schöpfungsgeschichten spielt der Hund eine Rolle: Vor allem in Zentralasien erschuf Gott als Erstes Mensch und Hund.

Heutzutage ist in der Unterhaltungsindustrie der Werwolf ein beliebtes Motiv, doch die Hundemenschen oder Menschenhunde sind im Volksglauben weitaus stärker verbreitete und komplexere Wesen. Nicht immer wechseln die Menschenhunde ihre Gestalt zwischen Mensch und Hund, sondern sie können auch Hybride aus beiden Arten sein, wie etwa Menschen mit Hundekopf, sogenannte *Kynokephale*. In den westlichen Ländern sowie in Indien und China kennt man seit Jahrhunderten die Sage von einem hundsköpfigen Männervolk, das irgendwo in einem weit entfernten, abgelegenen Land lebt und sich mit einem edlen Amazonenvolk paart.

Ein französischer Missionar berichtete im 14. Jahrhundert davon, dass seine mongolischen Gastgeber daran glaubten, dass nördlich von ihnen ein solches hundeköpfiges Volk lebe. Zur gleichen Zeit soll es damaligen Augenzeugen zufolge mindestens noch in Armenien und China solche hundeköpfigen Völker gegeben haben. Die Aralesen, ein mythisches armenisches Volk, hatten Hundeköpfe und Menschenkörper. Im Kampf leckten sie die Wunden der verletzten Soldaten und heilten sie so.

Hundeköpfige Gestalten soll es dem Volksglauben nach auch in Finnisch-Lappland gegeben haben. Ihnen begegnet beispielsweise Kalevipoeg, der Held des estnischen Nationalepos.

Über Hundemenschenmythen hat der Indologe David Gordon White 1991 in seinem Buch *Myths of the Dog-Man* geschrieben. Er berichtet darin von den Erzählungen des chinesischen Reisenden Hu Chiao aus der Mandschurei im 11. Jahrhundert: »Weiter im Norden liegt das Reich des Hundes, wo die Bewohner einen menschlichen Körper mit einem Hundekopf haben. Sie tragen lange Haare, keine Kleidung, und mit ihren starken Armen sehen sie aus wie wilde Raubtiere, ihre Sprache besteht aus Bellen. Ihre Frauen haben eine menschliche Gestalt und sprechen Chinesisch; wenn sie einen Jungen gebären, hat er die Gestalt eines Hundes; gebären sie ein Mädchen, so ist dies von menschlicher Gestalt. Sie paaren sich durcheinander, sie leben in Höhlen und nehmen ihr Essen roh zu sich; ihre Frauen und Töchter aber sind Menschenfresserinnen.«

In den Legenden sind die Hundemenschen stets weit entfernt lebende Wilde – roh, maßlos, chaotisch und ohne Ordnung. In vielerlei Hinsicht das Gegenbild zu dem, wie die Europäer sich selbst seit Tausenden von Jahren sehen – oder wie die Menschen sich und ihre Gemeinschaft stets verstehen.

Wir halten uns für freundlich, fürsorglich, ordentlich, systematisch und klug. Unbekannte sind das Gegenteil von all dem: Sie drohen, unsere Grenzen mit unkontrollierbarem Chaos zu überschwemmen. Sie bringen Gewalt, Unvernunft und Unsicherheit mit sich.

Hundemenschen und Gestaltwandler sind eng verwandt mit den Geschichten über Werwölfe, die in der aktuellen Populärkultur häufig vorkommen. Werwölfe werden als Figuren entweder bewundert oder gefürchtet. Einige altgermanische Völker glaubten, dass besonders hochrangige Stammesmitglieder nach ihrem Tod zu Wölfen wurden. Auch bei den Wikingern und bestimmten slawischen Völkern gab es die Vorstellung, dass Häuptlinge und Kriegsherren sich in Wölfe verwandelten. Im Mittelalter begann man, Werwölfe mit Hexerei und Teufelsanbetung in Verbindung zu bringen. Die Transformation in einen Wolf konnte geschehen, wenn man sich mit einer bestimmten Salbe einrieb oder sich in die Haut eines Wolfes oder eines vogelfreien Menschen hüllte.

In der Gestalt des Werwolfs verdichtet sich das zwiespältige Verhältnis des Menschen zur Natur. Er mag sich vor der Rohheit des Werwolfs fürchten und ihn gleichzeitig um seine Kraft und Freiheit beneiden. Der Werwolf ist in seiner menschlichen Gestalt nie so ungebunden und frei von allem wie als Wolf.

Woher rühren die mythologischen Rollen des Hundes als Wächter des Totenreichs und als Figur, die sich mit dem Menschen vermischt oder ihn sogar hervorgebracht hat? Sie liegen tief in unserem symbolischen Denken begründet, die verschiedenen Versionen dieser beiden Mythen kommen in Kulturen auf der ganzen Welt vor. Der Hund ist denn auch das perfekte Beispiel für Pat Shipmans Überlegung zur zentralen Rolle von Tieren in unserer symbolischen Kultur. Um den Hund hat sich ein riesiges Netz verschiedener Vorstellungen und Bräuche gesponnen.

David Gordon White betont in seinem Buch zwei Aspekte, die die mythische Bedeutung des Hundes erklären könnten. Der erste ist leicht nachzuvollziehen: Der Hund ist ein Symbol für den Menschen, er wird mit uns verglichen, und so denkt der Mensch schon seit Langem. Daher ist das Volk der Tlicho aus einem Hund hervorgegangen und Mensch und Hund sind als Erste auf der frisch erschaffenen Welt erschienen.

Der andere Gedanke Whites ist komplexer, aber vielleicht sogar noch faszinierender. Er sieht den Hund in seinen mythischen Rollen als Wächter an verschiedenen Kreuzungs- und Transformationspunkten, was auf seine Rolle im echten Leben zurückgeht.

In der Mythologie bewacht der Hund die Grenze zwischen Diesseits und Jenseits, aber das Phänomen beschränkt sich nicht allein darauf. Sirius, der hellste Stern am Himmel und Teil des Sternbildes Großer Hund, wird universell dem Hund zugeordnet. Im alten Griechenland läutete das Erscheinen des Sirius am Nachthimmel die Hundstage ein, eine besonders heiße Spätsommerperiode, die unter anderem von Gewittern, Trockenheit, Fieber, Tollwut, Müdigkeit und Unglück geprägt war. Im indoeuropäischen Volksglauben ist der Hund mit dem Sonnenauf- und -untergang, der Tag-und-Nachtgleiche sowie dem Neumond und dem Vollmond verknüpft.

In der menschlichen Vorstellung wird der Hund also mit dem Thema Neubeginn und verschiedenen Veränderungsperioden assoziiert. White erklärt das mit den Aufgaben des Hundes: Seit seiner Entstehung bewachte der Hund die Grenze zwischen der menschlichen Behausung und der Außenwelt. Er erhielt Ordnung und Frieden im Haus aufrecht und zog eine Grenze zwischen dem Zuhause und dem wilden Chaos der Welt da draußen. Er hielt die Raubtiere von den Haustieren des Menschen fern. Er warnte vor Gefahren – darunter auch vor jenen unbekannten Anderen, die möglicherweise unkontrolliert an die Grenze des sicheren menschlichen Lebenskreises drängten.

Deshalb wacht der Hund auch in den Mythen am Tor der Welt: an der Grenze zwischen Leben und Tod, zwischen Dunkelheit und Licht.

Gleichzeitig verkörpert der Hund selbst diese Grenze. Er ist wie eine Mischung aus Mensch und wildem Raubtier. Er ist ein ambivalentes Wesen, das man nie ganz begreifen kann. Er ist freundlich, aber auch wild, er befindet sich in ständigem Kampf zwischen seinem im Umgang mit dem Menschen domestizierten Wesen und seinem wilden Raubtiernaturell.

Deshalb sind diese anderen, monsterhaften Völker in fernen Ländern mehr Hunde als Menschen. In ihnen ist das Raubtier dominant.

21. KAPITEL
TAPFERE KLEINE MYY

Ende Juli hört man endlich wieder etwas von Almas und Ossis Küken. Sie sollten im neuen Nest beringt werden, doch das zweite Vogeljunge wurde dort tot aufgefunden. Das andere lebt jedoch und ist gesund und munter.

Lang lebe Almas letztes Küken! In ihrem langen Zusammenleben haben Alma und Ossi viele Fischadlerkinder aufgezogen.

Ossi ist noch dann und wann auf den Webcambildern zu sehen. Dabei taucht er immer öfter in Begleitung von Fischadlerweibchen auf, vor allem eines Weibchens, das eindeutig an Alma erinnert. Ossi lebt sein Leben als Fischadler weiter, und das ist tröstlich.

Am anderen Adlerhorst ist eine Menge los. Nuppus und Ahtis Einzelkind hat schon einiges durchgemacht: jene Frostnacht – damals noch im Ei –, als seine Eltern das Nest wegen eines Habichtskauzes für Stunden verlassen hatten; den heftigen Sturm, bei dem seine Geschwister ums Leben kamen.

Auch hier kommt jemand zum Beringen vorbei. Die Kameras werden während der Prozedur abgeschaltet, doch das Geschehen wird für die Follower im Chat erläutert und später wird eine Videozusammenfassung davon gepostet. Das Küken ist weiblich und es bekommt neben dem üblichen Metallring einen farbigen Ring mit einem dreiteiligen Buchstabencode, den man auch mit dem Fernglas ablesen kann – oder am Computerbildschirm.

Das Küken wird Myy getauft. Und so steht auf seinem Ring: UPM, für »urhea pikku Myy« – »tapfere kleine Myy«. Wer wäre eine bessere Namensgeberin für sie als das kleine, temperamentvolle und mutige Mädchen Mü, wie es in der deutschen Übersetzung heißt, aus den Tove-Jansson-Büchern?

Myy übt sich schon lange im Fliegen: Sie breitet ihre inzwischen großen Flügel aus und peitscht mit ihnen durch die Luft. Manchmal bei starkem Wind breitet sie sie so weit aus, wie es geht, und sitzt einfach still da, vielleicht spürt sie, wie der Luftzug durch ihre Schwungfedern streicht. Für das menschliche Auge erscheint es sehr unvorsichtig, wie sie da am Nestrand herumturnt, aber sie fällt kein einziges Mal herunter.

Manchmal beobachtet Nuppu konzentriert diese allerersten Flugversuche ihres Sprösslings. Zweimal bekomme ich mit, wie sie dabei selbst die Flügel ausbreitet und Myy gewissermaßen zeigt, wie der Flügelschlag aussehen soll. Oft ist die Kleine so begeistert von ihren Flugübungen, dass sie am Ende laut aufkreischt.

Natürlich kann ich nicht wirklich wissen, was sie denkt. Wäre sie ein Mensch, dann wäre ich sicher, dass sie sich riesig freut.

Ein paar Tage bevor der Juli zu Ende geht, lernt Myy fliegen. Eines Nachmittags springt sie in die Luft, breitet die Flügel aus und ist aus dem Nest verschwunden. Ein paar Minuten ist sie nicht zu sehen, dann kommt sie mit einer kontrollierten Landung zurück zum Nest. Und fliegt wieder los. Und noch einmal. Viele Hundert Augenpaare verfolgen die Übertragung dieses Jungfernflugs live. Eine weitaus größere Menge sieht das junge Fischadlerweibchen später noch einmal in der Aufzeichnung fliegen. Ich bin nicht die Einzige, die sich für Vögel interessiert. Und ich bin sicher nicht die Einzige, die sie ins Herz schließt.

Ein paar Tage nachdem sie fliegen gelernt hat, gerät Myy wieder in Lebensgefahr.

Es ist Nacht, Myy schläft fest im Horst. Nuppu sitzt über dem Nest auf der Kamera, so verbringt sie ihre Nächte seit Langem. Ich sehe alles erst in der Aufzeichnung am nächsten Morgen. Ein riesiger Schatten legt sich über das Nest und stößt auf Myy herab. Im nächsten Moment sind der Schatten und auch Myy verschwunden. Wegen des spärlichen Lichts sind die Bilder geisterhaft, die Aufnahmen verzögert, Details unmöglich zu erkennen. Nuppus Warnruf ertönt, dann Flügelschläge, weitere Warnrufe. Niemand ist zu sehen. Das Moor ist dunkel und dunstig.

Ein paar Stunden später kommt der Angreifer wieder ins Bild: Im leeren Nest lässt sich ein Uhu nieder. Er sitzt kurz auf dem Rand, marschiert dann auf die andere Seite, betrachtet sein Reich. Ein riesiger Vogel. Die Federohren sind gut zu erkennen, obwohl das Bild immer noch verschwommen und die Bewegung verzögert zu sehen ist. Die große Eule ist wie ein Gespenst. Ein Dämon. Ein Geist, der das Moor beherrscht.

Am nächsten Morgen scheint die Sonne, aber die Zuschauer trauern. Wieder. So endete das Leben der tapferen kleinen Myy. Sie hat einiges ertragen, aber das hier war zu viel.

Ich schalte mein Handy aus und versuche, den Schmerz zurückzudrängen. Ich kann einfach um keinen Fischadler mehr weinen oder für ihn meinen Seelenfrieden opfern. Ich schaffe es einfach nicht. Das hier ist einfach zu viel.

Gegen acht schaue ich doch noch einmal kurz in den Chat, um mehr über die Geschehnisse zu erfahren oder mich wenigstens mit den anderen Trauernden auszutauschen.

In quasi derselben Sekunden landet Myy im Nest. Sie ist unversehrt und wirkt genauso selbstsicher wie vorher. Ich kann kaum glauben, was ich sehe, und muss nachprüfen, ob ich da wirklich den Livestream sehe oder irgendeine Aufzeichnung vom Vortag. Doch es ist live.

Myy lässt ihren Blick über das Moor schweifen und putzt sich das Federkleid. Der Morgen ist sonnig und Myys Daunen schimmern im Licht. Anscheinend hat der Uhu sie nur aus dem Nest geworfen.

So hat Myy nun den Frost, den Sturm und den Uhu überlebt und ich kann wieder kurz Luft holen.

AUGUST

22. KAPITEL
DAS GEHEIMNIS DES MENSCHLICHEN BLICKS

Der Sommer war heiß, sogar so heiß, dass ich nur am frühen Morgen mit Igor in den Wald ging. Ich befürchtete, die Wärme und das ständige Sonnenlicht würden den kleinen schwarzen Hund zu sehr strapazieren.

Nun, Anfang August, ist es schon deutlich kühler. Die Bäume haben erste gelbe Blätter, die Flechten auf den Felsen sind knochentrocken, auch die Torfmoosflecken in unserem Wald sind vollkommen ausgedörrt. Die gelblichen Farbtöne überall scheinen auf den nahenden Herbst hinzuweisen, aber in Wahrheit gehen die Farben auf die Trockenheit zurück.

Mit dem Herbst verbinde ich immer die starke Erwartung von etwas Neuem, aber wegen der Pandemie ist es diesmal schwierig, vorauszusehen, was man erwarten soll.

Wie für viele Menschen bedeutet die Corona-Pandemie auch für mich, dass die meisten Begegnungen online stattfinden. Bei mir sind das vor allem Konferenzen und Unterricht. Ich mag Online-Treffen nicht, aber natürlich gibt es zwischen ihnen auch Unterschiede. Konferenzen sind schon normal geworden, aber online zu unterrichten, hasse ich weiterhin. Ein starkes Wort, aber das ist nun mal mein hauptsächliches Gefühl. Natürlich hat sich dabei auch schon eine gewisse Routine eingestellt.

Ich war schon immer vor Auftritten sehr aufgeregt. Dabei geht es nicht um mangelnde Erfahrung: Ich bin bereits in meiner Kindheit viel aufgetreten. In der Schule war ich in einer Musikklasse und spielte in der Musikschule Flöte. Es gab Auftritte allein und im Ensemble. In der Uni habe ich in meiner Promotionsphase verschiedene Kurse gegeben und natürlich habe ich auch in Seminaren vor Studierenden und Wissenschaftlern gesprochen, aber in den letzten zehn Jahren werde ich in immer kürzeren Abständen angefragt, ob ich irgendwo zum Schreiben oder zur Kommunikation in sozialen Medien sprechen kann. Ich halte einzelne Vorträge oder leite Workshops, die über mehrere Monate gehen. Ich spreche auf großen Kongressen, halte Festreden, moderiere Podiumsdiskussionen oder sitze selbst auf dem Podium. Und selbst an Livesendungen im Radio oder Fernsehen nehme ich geradezu routiniert teil.

Es ist interessant, dass ich bei einer Livesendung im Fernsehen längst nicht so aufgeregt bin wie bei einem Workshop mit zehn Teilnehmenden. Die Aufregung hängt auch mit meiner allgemeinen Gemütsverfassung zusammen: Je bedrückter ich mich fühle, desto stärker ist die Aufregung.

Irgendwann habe ich angefangen, auch den Online-Unterricht, den ich so hasse, unter dem Aspekt der Begegnung, der Beziehung zwischen Individuen zu analysieren. Warum fühle ich mich in manchen Situationen wohl und stehe anderen wiederum mindestens unwillig gegenüber?

Ich bin ein Mensch, der viele Ressourcen darauf verwendet, zu erspüren, wie es anderen Individuen geht. In Lehrsituationen sind viele Menschen anwesend und das allein ist schon anstrengend. Ich trage Verantwortung für den Unterricht und viele praktische Dinge. Nebenbei beobachte ich ständig die Gemütslage der Teilnehmenden und übernehme Verantwortung für ihre Gefühle, und das verursacht Stress.

In Online-Seminaren ist das Lesen der anderen deutlich schwieriger. Ich kann das, was mein Kopf automatisch tun will, nicht richtig tun. Die Kanäle sind verschlossen. Kein Wunder, dass Online-Konferenzen auf diese Weise mehr Stress verursachen als echte Begegnungen mit Menschen.

Ein besonders wichtiger Aspekt beim Zusammentreffen mit anderen ist der Blick. Wenn man jemandem begegnet, ist es wichtig, seine Augen zu sehen. Durch die Mikromimik rund um die Augen und beispielsweise die Blickrichtung erfahren wir viel über Gefühle, Stimmung, Interesse oder Aufmerksamkeit des Gegenübers.

Bei Online-Treffen ist auch das schwer. Die Leute blicken auf ihren Bildschirm, anstatt einander in die Augen zu sehen. Alle starren auf ihren Monitor, kaum jemand blickt in die Kamera. Und wenn man es doch tut, sieht man die Gesichter der anderen auf dem Bildschirm nicht mehr.

Der Sehsinn ist für uns zentral. Zwar kann man auch ohne ihn ein gutes Leben führen, doch im Hinblick auf unsere gesamte Spezies ist das Sehen unser wichtigster Sinn. Nicht nur, um Gefahren abzuwehren oder Nahrung zu finden, sondern er ist ein wichtiges Element in unseren sozialen Beziehungen und gemeinsamen Aktivitäten.

Unser Sehsinn zeigt uns, was die Menschen um uns herum tun und vorhaben. Aufgrund unserer Seheindrücke schließen wir auf ihre Gefühle und Gedanken.

Aber wie sich in Video-Konferenzen zeigt, ist nicht allein das Sehen das Wichtige am menschlichen Auge. Die Augen sind auch zur Kommunikation gedacht.

Unsere Augen sind im Gesicht gut zu erkennen. Sie zeigen nach vorne, sodass jemand, der uns direkt ansieht, beide Augen sehen kann. Die Augenbrauen betonen die Bewegungen der Augenlider.

Aber da ist noch mehr. Wenn man im Internet Bilder von großen Menschenaffen, etwa Gorillas oder Orang-Utans, sucht und den Affen in die Augen schaut, kann man etwas feststellen: Menschliche Augen unterscheiden sich von denen der Menschenaffen. Der *Homo sapiens* ist der einzige große Menschenaffe, bei dem das Weiße im Auge sichtbar ist. Das Weiße ist die Lederhaut und bei anderen Menschenaffen ist sie dunkel. Daher sind bei ihnen Iris und Pupille nicht eindeutig vom Rest des Auges zu unterscheiden. Diese Eigenschaft führt dazu, dass unsere Augen besonders gut zu erkennen sind. Vielleicht ist das Phänomen so selten, weil es für viele Arten günstiger ist, wenn ihre Augen nicht gut zu sehen sind. Doch für den Menschen ist der Vorteil, der sich daraus ergibt, größer als die Nachteile. Für uns ist es wichtig zu sehen, wohin der Artgenosse den Blick richtet. Die Blicke des Gegenübers enthalten soziale Informationen, die in der obersten Furche des Temporallappens, dem *Sulcus temporalis superior*, verarbeitet werden, einem Gehirnareal, das auch für die Entstehung der Empathie zentral ist.

Bei der Farbe der Lederhaut gibt es in unserer Art kaum Varianten. Höchstens kleine Unterschiede in den Farbnuancen: Die Lederhaut eines Säuglings kann ein wenig bläulich erscheinen, bei älteren Menschen wird sie gelblich. Bei sehr dunkel pigmentierten Menschen kann man in der Lederhaut einen Hauch Farbe sehen, aber nicht so viel, dass die Erkennbarkeit des Auges dadurch eingeschränkt würde.

Die Evolution hat uns zu den Wesen mit der weißen Lederhaut gemacht.

Aber war das immer so? Kürzlich bin ich auf eine interessante Vermutung gestoßen, die die Entwicklung dieses Phänomens zu erklären versucht. Sie stammt von Brian Hare und Vanessa Woods und findet sich in ihrem Buch *Survival of the Friendliest*.

Wie ich bereits sagte, ist der *Homo sapiens* das Ergebnis von Domestizierung. Rein äußerlich sieht man das daran, dass wir keine Schnauze mehr haben und dass unser Schädel verkürzt und damit rund ist. Diese welpenartigen Züge sind typische Folgen von Domestizierung.

Doch etwas fehlt uns. Wir haben keine weißen Flecken auf der Haut oder im Fell so wie andere domestizierte Tiere.

Die Lederhaut des Auges ist jedoch eine Stelle, an der die weiße Farbe sich bei uns durchgesetzt hat. Hare und Woods bringen die Hypothese ein, dass das mit den gleichen Veränderungen in den Zellen der fetalen Neuralleiste korrespondiert wie die anderen äußerlichen Veränderungen durch die Domestizierung. Die Hypothese wird auch dadurch gestützt, dass die Lederhaut tatsächlich in einem frühen fetalen Stadium aus den Zellen der Neuralleiste entsteht.

Wann in unserer Vergangenheit ist die Lederhaut weiß geworden? Ist diese Eigenschaft nur dem *Homo sapiens* eigen oder gab es sie auch bei anderen menschlichen Spezies? Das ist schwer zu erforschen. Fossile geben darüber keinen Aufschluss und Genforscher beschäftigen sich damit bisher nicht. Hare und Woods sind der Meinung, dass diese Eigenschaft sich möglicherweise relativ spät entwickelt hat, etwa zur selben Zeit wie das moderne menschliche Verhalten und die anhand von Fossilien nachgewiesenen Schädelveränderungen durch die Domestizierung, also vor schätzungsweise 80 000 Jahren.

Das ist ein spannender Gedanke. Denn dann wäre der Blick eines Neandertalers ganz anders als unserer gewesen. Welches Verhältnis hätten wir zu Wesen gehabt, die ansonsten genauso waren wie wir, aber mit vollkommen dunklen Augen?

Die weiße Lederhaut – das Weiße in unserem Auge – ist für uns so durch und durch normal menschlich, dass sich die Macher von Horrorfilmen gern des Tricks bedienen, dass sie das Weiße im Auge einer Figur schwarz einfärben. Der Anblick ist für uns beängstigend, unnatürlich und auffällig.

Für uns gelten nur diejenigen als Menschen, die die gleiche Art von Auge haben wie wir selbst.

23. KAPITEL
WERDE ICH DICH JE VERSTEHEN?

Der Sommer ist durch die langen Schulferien und die Pandemie ruhig verlaufen. Die meisten Veranstaltungen wurden abgesagt. Ich konnte in Ruhe schreiben. Es geht mir gut.

Im August jedoch ist plötzlich erstaunlich viel los. Ich treffe mich mit Freunden, Nachbarn schneien herein, Verwandte kommen zu Besuch. Ich stelle fest, dass bereits wenige Tage mit vielen Sozialkontakten mich über Gebühr belasten. Ich schlafe schlecht, die vertrauten Signale machen sich bemerkbar.

An meinem vollen Terminkalender ändert das nichts: zwei Reisen zu Literaturveranstaltungen nach Oulu, eine gute Freundin verteidigt in Rovaniemi ihre Doktorarbeit, ein Kongress in Vaasa. Ich müsste das Buch fertigstellen, was dazu führt, dass sich zum sozialen Stress noch Schuldgefühle und Frustration gesellen.

Meine Gedanken werden immer chaotischer, eine endlose To-do-Liste, die ich ständig neu durchgehe, um wenigstens ansatzweise das Gefühl zu bekommen, die Dinge im Griff zu haben. Das sind – zusätzlich zum Buch – noch Kolumnen, Referate, Anträge für Stipendien, Radioauftritte. Der Garten und auch der Schrebergarten müssen winterfest gemacht werden, das Auto muss zur Inspektion, das Kind will für die Abiturprüfungen abgefragt werden.

Es gibt Tage, an denen ich unglaublich müde bin und nichts zustande bekomme. Auch wenn die Erschöpfung sich körperlich anfühlt, habe ich gelernt, dass sie psychische Ursachen hat. Die Frustration des Multitaskings lähmt mich. Die unerledigten Arbeiten verstopfen mir das Bewusstsein. Wenn man nicht einmal eine Sache hinbekommt, geht am Ende gar nichts voran. Im Körper spiegelt sich dann die geistige Erstarrung wider.

Dennoch leide ich nicht unter Angstzuständen und habe auch keine Albträume. Es geht mir besser als vor drei Jahren. Zumindest vorerst.

Wieder versuche ich mich zu beruhigen, indem ich Tiervideos schaue. Es gibt ein Genre des Tiervideos, das ich besonders liebe. Ich nenne sie Tierfreundevideos: Aus irgendeinem Grund ist es für mich besonders interessant, den Kontakt von Tieren verschiedener Spezies untereinander zu beobachten.

Aufnahmen aus einem belgischen Zoo zeigen, wie Orang-Utans mit Ottern spielen, die im selben Gehege untergebracht sind. Sowohl die erwachsenen als auch die halbwüchsigen Affen scheinen die Ottergruppe fasziniert zu beobachten. Tiere verschiedener Arten betrachten einander hier mit großem Interesse.

In einem anderen Video, das nachts von einer Wildkamera aufgenommen wurde, flitzen ein Kojote und ein Dachs hintereinander her und der Kojote scheint immer wieder stehen zu bleiben und auf den langsameren Dachs zu warten. Das Zweiergespann gelangt durch einen Wildtunnel auf die anderen Seite der Straße. Im Erläuterungstext zum Video heißt es, dass die beiden jede Nacht zusammen auf Nahrungssuche gehen, aber im Netz kann man solchen Behauptungen nicht unbedingt vertrauen. Dennoch sehe ich mir das Filmchen wieder und wieder an.

Für mich ist es faszinierend und auf eine bestimmte Art befriedigend, Begegnungen von Kindern mit Hunden, Hunden mit Dohlen, Kälbern mit Hühnern oder Pferden mit Ziegen zu verfolgen. Es scheint, als würde es mich sowohl rational als auch auf einer mit Worten nicht erfassbaren emotionalen Ebene ansprechen.

Ich denke, diese Faszination sagt etwas Wesentliches über mich aus. Ich mag die friedlichen Begegnungen, die hier dargestellt sind. Ich freue mich, wenn sogar Individuen verschiedener Arten miteinander auskommen und versuchen sich zu verstehen. In den Videos achte ich besonders auf die Blickrichtung, auf Berührungen, Ausweichbewegungen, auf all die kleinen Gesten, die dennoch eine große Bedeutung für das Gelingen einer Begegnung haben. Die Details sind auch intellektuell betrachtet sehr interessant.

Eines der spannendsten Videos zeigt, wie ein Jagdhund allein im Wald auf zwei Wölfe trifft. Das Video kommt aus Finnland und wurde mit einer Kamera aufgenommen, die der Hund am Körper trägt. Normalerweise kommen Begegnungen von Jagdhunden und Wölfen in die Schlagzeilen, weil die Wölfe den Hund getötet haben. Doch in diesem Video stirbt niemand. Es ist faszinierend, die Verblüffung des Hundes und die beschwichtigenden Gesten der Wölfe zu beobachten. Meine Deutung ist, dass die Wölfe den Hund verscheuchen wollen und der Hund wiederum unsicher ist, ob er bellen oder diesen plötzlich im Wald aufgetauchten Gestalten nachjagen soll.

Ich habe den Eindruck, dass ich mit meinem Hund gut zurechtkomme. Aus meiner Sicht verstehen wir einander. Igors Anwesenheit beruhigt mich. Igor verfolgt meine Gesten genauso konzentriert, wie ich ihn und andere Tiere beobachte.

Doch haben wir am Ende wirklich die Möglichkeit, einander zu verstehen? Die Empathie lässt mich leiden, wenn ich einen Hund leiden sehe, oder ich freue mich darüber, dass er sich freut. Ich empfinde Zärtlichkeit für ihn. Ich sehe in ihm die gleichen Gefühle wie in einem Menschen.

Können wir trotzdem jemals wirklich über die Grenzen unserer Spezies hinweg kommunizieren? Kann es Igor jemals gelingen, mich wirklich zu verstehen? Um Antworten darauf zu finden, muss ich mich erst einmal eingehend damit beschäftigen, wie Igor die Welt wahrnimmt.

Es heißt oft, Hunde könnten nicht gut sehen, aber diese Annahme ist falsch. Hunde sehen nur anders als der Mensch. Das Sehen ist für den Hund wichtig, ebenso wie für den Wolf. Die Gründe dafür sind teils die gleichen wie beim Menschen: Der Wolf verlässt sich beim Erlegen seiner Beute und bei der Zusammenarbeit mit seinem Rudel vor allem auf seine visuelle Wahrnehmung.

Auch ein Großteil der Kommunikation zwischen Hund und Mensch geschieht visuell. Das ist etwas seltsam, wenn man bedenkt, wie die traditionelle Hundeerziehung verstanden wird: Dabei versucht man ja, den Hund auf verbale Befehle abzurichten. Dabei könnte es möglicherweise viel besser funktionieren, dem Hund vor allem visuelle Hinweise zu geben. Es kann sein, dass der Hund häufig eher das wahrnimmt, was er sieht, obwohl der Mensch der Meinung ist, er würde ihm verbale Kommandos erteilen.

Der Hund ist ein sogenannter visueller Generalist: Sein Sehvermögen ist nicht auf irgendetwas Besonderes spezialisiert. Er sieht also alles ungefähr gleich gut und nichts außergewöhnlich gut oder schlecht.

Er kann Farben wahrnehmen, aber seine Unterscheidungsfähigkeit ist dabei schlechter als beim Menschen. Das menschliche Auge verfügt über drei verschiedene Typen von Zapfenzellen, die für das Farbsehen zuständig sind, der Hund hat zwei verschiedene. Es kann also sein, dass Hunde verschiedene Rot-, Gelb- und Grüntöne nicht so gut erkennen können wie der Mensch, aber sie können zwischen Rot, Blau, Gelb und Grau unterscheiden. Zudem hat der Hund deutlich weniger Zapfenzellen als der Mensch.

Bei schlechtem Licht jedoch kann der Hund viel besser sehen als der Mensch, denn der Großteil seiner Netzhautzellen sind Stäbchen, die auf die Wahrnehmung der Lichtintensität spezialisiert sind. Der Hund sieht also auch dann noch etwas, wenn es für den

Menschen schon komplett dunkel ist. Neben der Fülle der Stäbchenzellen sorgt dafür eine bei vielen Säugetieren vorkommende Schicht im Auge, das *Tapetum lucidum*, das dem Menschen fehlt. Es reflektiert das Licht, das schon einmal die Netzhaut passiert hat, ein zweites Mal auf die Netzhaut und verstärkt so die visuelle Wahrnehmung. Das Tapetum lucidum ist der Grund dafür, dass die Augen von Hunden, Katzen oder auch Elchen leuchten wie ein Reflektor, wenn sie im Dunkeln von Licht angestrahlt werden.

Details sieht der Hund dafür schlechter als der Mensch. Eine Gestalt, die wir noch aus einer Entfernung von 75 Metern erkennen können, ist für den Hund bereits nach 20 Metern aus dem Blickfeld verschwunden. Die Lichtempfindlichkeit der Hundeaugen hat sich auf Kosten anderer Eigenschaften herausgebildet – und das gleiche Tauschgeschäft sind auch wir eingegangen. Was der Mensch an Formen und Farben erkennen kann, hat er beim Dämmerungssehen eingebüßt. Die Evolution muss Kompromisse machen. Sie kann nicht alles gleichermaßen ausbilden.

Das Sehvermögen des Hundes beinhaltet allerdings offenbar auch Elemente, die dem Menschen vollkommen fehlen. Obwohl er in seinen Sinneszellen kein spezielles UV-lichtempfindliches Pigment hat, lässt seine Linse deutlich mehr UV-Licht herein als beispielsweise das menschliche Auge. Das deutet darauf hin, dass Hunde auch in der Lage sind, UV-Licht wahrzunehmen.

Aus der menschlichen Perspektive noch erstaunlicher ist es, dass die Augen des Hundes offenbar das Magnetfeld der Erde wahrnehmen können. Sie enthalten das Protein Cryptochrom 1, das die Veränderungen im Magnetfeld als blaues Licht wahrnimmt. Es geht vollkommen über meine Vorstellungskraft, was für eine Art von Wahrnehmung das sein könnte. Mein beschränkter menschlicher Erfahrungshorizont reicht dazu nicht aus. Ich habe immer gedacht, mein Hund und ich würden eine gemeinsame Realität teilen, aber in Wahrheit blicken wir jeweils auf eine völlig andere Welt.

Wenn wir vom Sehsinn zum Geruchssinn gehen, werden die Unterschiede noch größer. Hunde haben in ihrer Nasenhöhle etwa hundertmal so viele Riechepithelzellen wie der Mensch, und der Riechkolben, der im Großhirn über der Nasenhöhle sitzt und die Geruchseindrücke sammelt und weiterleitet, ist beim Hund etwa vierzigmal so groß wie beim Menschen.

Doch der Geruchssinn des Menschen ist nicht so schlecht, wie häufig behauptet. Er ist seiner Bestimmung angepasst und wir können beispielsweise den Geruch von Früchten besser wahrnehmen und auf ihren Reifegrad hin analysieren als Hunde. Doch der Geruchssinn eines Hundes ist ganzheitlicher als der unsere. Was für eine Welt ist das, in der man etwa das Vergehen der Zeit über den Geruchssinn wahrnimmt? Wenn jemand morgens zur Arbeit geht, kann der Hund aus der kontinuierlichen Abnahme des Geruchs schließen, wann sein Herrchen oder Frauchen wieder nach Hause kommen müsste.

Doch zurück zum Sehen. Es scheint, als würde sich hauptsächlich darauf die Fähigkeit des Hundes stützen, Menschen zu lesen. Über die visuelle Wahrnehmung erfasst der Hund unter anderem den Aufmerksamkeitsgrad des Menschen, also ob er ruhig an Ort und Stelle verharrt, ob er aufmerksam die Umgebung studiert oder ob er kurz davor ist, sich in Bewegung zu setzen.

Der Hund liest auch in unserem Gesicht. Die Fähigkeit von Hunden, Gesichter zu erkennen, hat man untersucht, indem man ihnen schlicht und einfach Fotos gezeigt hat. In solchen Studien muss man den Hunden zuerst beibringen, sich auf einen Bildschirm zu fokussieren, was ihnen nicht unbedingt leichtfällt, und die Unterschiede im Sehsinn von Menschen und Hunden berücksichtigen.

In jedem Fall betrachten die Hunde Bilder von Gesichtern gern, wenn man sie damit vertraut gemacht hat. Mithilfe einer Kamera, die die Augenbewegungen aufzeichnet, zeigt sich, dass Hunde eher interessiert an den Fotos anderer Hunde sind als an menschlichen Gesichtern, aber andererseits sind bekannte Gesichter interessanter als unbekannte, und das gilt sowohl für Bilder von Menschen als auch von anderen Hunden. Dieses Detail deutet darauf hin, dass sie bekannte Gesichter tatsächlich erkennen. Wie beim Menschen verharrt auch der Blick des Hundes vor allem auf den Augen.

Was sieht der Hund in unserem Gesicht? In einer Untersuchung wurde den Hunden zuerst beigebracht, die menschlichen Gesichter in fröhliche und wütende einzuteilen. Mithilfe einer Belohnung lernten sie, den Bildschirm immer dann zu berühren, wenn auf dem Bild beispielsweise ein fröhlicher Mensch zu sehen war. Ihnen wurde nur die obere oder untere Hälfte eines Gesichts gezeigt, sodass die Unterschiede entweder im Bereich des Mundes oder der Augen lagen.

Im eigentlichen Test bekamen die Hunde dann entsprechende Bilder von halben Gesichtern bisher unbekannter Menschen gezeigt sowie die andere Hälfte der vorher gezeigten Gesichter, die sie noch nicht gesehen hatten. Die Hunde schafften es, alle Bilder besser zuzuordnen, als es zufällig der Fall gewesen wäre. Dabei schien es auch, als hätten sie gelernt, die fröhlichen Gesichter schneller herauszupicken als die wütenden.

Aber bedeutet die Fähigkeit, die Gesichtsausdrücke von Menschen zu unterscheiden, auch, dass der Hund wirklich die Gefühle dahinter versteht? Das ist sehr schwer zu untersuchen.

2012 wollten Deborah Custance und Jennifer Mayer die Fähigkeit von Hunden erforschen, menschliche Gefühle zu verstehen. Dabei wurden die Reaktionen der Hunde darauf untersucht, dass ihr Besitzer oder eine unbekannte Person weinte. Die Hunde wandten sich den weinenden Menschen deutlich häufiger durch Schnuppern, Lecken oder Berührungen zu, als es bei Menschen der Fall war, die sprachen oder summten. Die Hunde wandten sich auch dann einem weinenden Unbekannten zu, wenn ihr Besitzer dabei war und man eher erwartet hätte, dass sie aus Verwirrung den Kontakt zu diesem gesucht hätten.

Die meisten Hundebesitzer sind der Meinung, dass ein Hund Trauer beim Menschen bemerkt und ihn zu trösten versucht. Ich habe festgestellt, dass ein Hund auch Freude spürt, und ich halte Igor sogar für ein besonders humorvolles Exemplar. Manchmal mache ich auf dem Fußboden Dehnübungen und das scheint Igor aus irgendeinem Grund besonders interessant zu finden. Dann versucht er, sich unter mich zu quetschen, mich mit seinem Kopf zu stupsen oder sich auf mich fallen zu lassen. Bestimmt kennen die meisten Hundebesitzer solche Situationen.

Wenn Igors Toberei mich zum Lachen bringt, merkt er das schnell und fängt an, mir das Gesicht abzulecken und mir erst recht Kopfstüber zu geben, sodass es kitzelt und ich noch mehr lachen muss – und Igor macht immer weiter. Ich behaupte, dass wir in diesen Situationen ein gemeinsames Gefühl von Spaß erleben.

Und wie sieht es mit der Sprache aus? Wie nimmt ein Hund menschliche Sprache wahr und was kann er verstehen? Hunde können eine große Anzahl an Kommandos erlernen. Sie begreifen schnell, dass ein bestimmtes Wort mit einer bestimmten Sache verknüpft ist. Der berühmte Bordercollie Chaser konnte sich die Bezeichnungen für 1022 verschiedene Gegenstände merken und diese seinem Herrchen auf Kommando bringen. Vielleicht hätte er sogar noch mehr gelernt, wenn die Finanzierung des Forschungsprojekts nicht an dieser Stelle ausgelaufen wäre. Ein anderer berühmter Bordercollie, Rico, kannte ebenfalls die Bezeichnungen für Hunderte verschiedene Gegenstände, doch er konnte noch etwas Anspruchsvolleres: Wenn er mit einem Wort, das er noch nie gehört hatte, aufgefordert wurde, ein Objekt zu holen, konnte er aus der Menge an Spielsachen den einen Gegenstand heraussuchen, den er noch nicht kannte. Rico konnte also folgern, dass das unbekannte Wort sich auf den einzigen Gegenstand beziehen musste, dessen Bezeichnung er nicht wusste.

Hunde lernen die Verbindung zwischen einem Wort und einem Objekt schnell, es dauert oft nur wenige Minuten, in denen man das Wort wiederholt und mit dem Gegenstand spielt. Dabei gibt es sicher viele individuelle Unterschiede. Der Grund dafür ist nicht unbedingt die »Intelligenz« des Hundes, sondern eher, ob Spielen für ihn überhaupt interessant ist und wie gut er sich in Gegenwart des Menschen in der geforderten Zeit darauf konzentrieren kann. Bordercollies, Labradore, Deutsche Schäferhunde und Pudel können das zum Beispiel gut und manche andere Rassen weniger gut. Hunderassen sind für verschiedene Zwecke gezüchtet worden und für manche sind die enge Zusammenarbeit und der Blickkontakt zum Menschen wichtiger als für andere.

Hunde lernen auch in Situationen, in denen man ihnen nicht bewusst etwas beibringt. Manchen Untersuchungen zufolge können Hunde später einen Gegenstand holen, über den die Menschen nur untereinander gesprochen und auf den sie währenddessen die Aufmerksamkeit gerichtet haben.

Ich selbst habe spätestens bei Igor den Gedanken aufgegeben, dass man Hunde gezielt erziehen muss. Das erscheint manchen sicher ziemlich ketzerisch, denn in öffentlichen Debatten wird ja sehr betont, dass ein Hund sorgfältig erzogen sein muss, um gesellschaftsfähig zu sein.

Doch Igor hat eine Menge einfach dadurch gelernt, dass alltägliche Situationen sich ständig wiederholen. Durch die Wiederholung hat er begriffen, was ich von ihm will. Beispielsweise habe ich ihm gar kein gesondertes Kommando für »Hierher« beibringen können, denn er hatte schon durchschaut, wenn ich das Wort »Leine« sage, dann lohnt es sich für ihn, sofort zu mir zu kommen. Es hatte sich einfach ergeben, dass ich in vielen verschiedenen Situationen sagte, »lass uns die Leine anlegen«. Und so benutzen wir jetzt statt des Kommandos »Hierher« das Kommando »Leine«.

Pudel lernen allerdings auch schnell. Sie sind intelligent und beobachten Menschen gern. Mit einer anderen Rasse ginge das nicht so leicht. Aus meiner Sicht haben allerdings alle Hunde das Bedürfnis, zu verstehen, wie sie sich in verschiedenen Situationen verhalten sollen. Hunde mögen Vorhersehbarkeit und Routine.

Auch davon abgesehen bin ich inzwischen davon überzeugt, dass das Wichtigste im Verhältnis zwischen Mensch und Hund die Kommunikation ist. Es geht nicht darum, dass der Mensch den Hund kommandiert oder dominiert. Und auch nicht darum, ganz genau darauf zu achten, dass der Hund auf keinen Fall aus Versehen den Menschen beherrscht.

Das Wesentliche ist der Austausch miteinander – so wie zwischen den Menschen auch. Man sollte den Hund beobachten und lernen, seine Gesten zu lesen. Und man sollte ihm die Gelegenheit geben, die Gesten der Menschen zu lesen. Man sollte viel und konsequent mit ihm kommunizieren. Und man sollte selbst bereit sein, Botschaften zu empfangen.

Den meisten Hundebesitzern ist das völlig bewusst – ihrem Umfeld weniger. Viele Menschen scheint es beispielsweise zu stören, wie Hundebesitzer mit ihren Hunden sprechen. Das erinnert oft an Babysprache: Die Stimme ist höher als sonst, Wörter werden wiederholt und anders betont als in der normalen Sprache. Wobei wir, wenn wir mit Hunden sprechen, anders als in der Babysprache die Laute nicht gesondert betonen. Das ist insofern logisch, als ein Hund es niemals lernen wird, das R zu artikulieren, und wenn wir den Laut noch so stark akzentuieren. Dennoch wird die Hundesprache gerne als »Babysprache« abgetan. Doch diese Art zu sprechen abzuwerten, ist eine Fehleinschätzung.

An der Universität York wurde untersucht, auf welche Art von Sprache Hunde eher reagieren. Und tatsächlich: Auf die Hundesprache wurden die Hunde viel besser aufmerksam als auf normale Sprache. Also trägt auch sie etwas Entscheidendes dazu bei, das Band zwischen Hund und Mensch zu stärken – wie es auch die Babysprache zwischen Kind und Eltern tut. Die Hundesprache hat ihren Zweck und sollte daher nicht geringgeschätzt werden.

Was bewirken menschliche Worte im Gehirn eines Hundes? Tatsächlich eine erstaunlich ähnliche Reaktion wie im menschlichen Gehirn. In einer Studie wurde den Hundeprobanden einerseits maschinell erzeugte, eintönige Sprache vorgespielt, die einige vertraute Kommandos enthielt, und andererseits hörten sie eine emotional stark aufgeladene, menschenähnliche Stimme, die jedoch ohne Worte auskam. Genauso wie Menschen analysierten die Hunde die eintönige, worthaltige Stimme mit der linken Gehirnhälfte und die emotional gefärbte Stimme mit der rechten. Auch Worte einer unbekannte Sprache analysierten die Hunde mit der rechten Gehirnhälfte. Obwohl sie die Worte nicht verstehen konnten, versuchten sie, daraus Schlüsse auf den Sprecher zu ziehen.

Im Gehirn von Hunden gibt es wie beim Menschen Areale, die für das Erkennen von Sprache zuständig sind. In einer Studie unter der Leitung des ungarischen Verhaltensbiologen Ádám Miklósi wurden Hunden und Menschen verschiedene Geräusche vorgespielt, von Hunden, Autos und Wind bis hin zu menschlichen Stimmen, bei denen jedoch keine Wörter herauszuhören waren. Gleichzeitig wurden die Probanden mithilfe von funktioneller Magnetresonanztomographie beobachtet.

Es ist schon lange bekannt, dass es im menschlichen Gehirn Areale gibt, die darauf spezialisiert sind, menschliche Stimmen zu erkennen und zu analysieren. Die wichtigsten Bereiche befinden sich in den Schläfenlappen. Besonders emotionale Geräusche wie Weinen oder Lachen aktivieren im menschlichen Gehirn diese bestimmten Bereiche, die, wie man schon lange weiß, mit dieser Funktion verbunden sind. Die Überraschung war, dass bei Hunden das Gleiche geschah. Im MRT zeigte sich, dass wie beim Menschen der vordere Bereich der Schläfenlappen aktiviert wurde, wenn sie menschliche Stimmen hörten.

Als Nächstes bekamen Hunde und Menschen Lautäußerungen von Hunden mit besonders hohem emotionalem Gehalt vorgespielt, wie etwa Winseln oder wütendes Bellen. Wieder dasselbe Ergebnis: Bei beiden Arten wurden die Gehirnareale aktiviert, die für die Analyse von emotional aufgeladenen Lauten zuständig sind.

Interessant war dabei, dass in dieser Untersuchung die menschlichen Stimmen in den Gehirnen der Hunde eine stärkere Reaktion hervorriefen als die Laute der Artgenossen. Vielleicht muss das Gehirn für das Verständnis von menschlichen Stimmen einfach mehr Ressourcen aufwenden?

Obwohl Igor und ich uns nie restlos verstehen werden, können wir uns immerhin unsere Gefühle mitteilen. Das ist schon viel. Das funktioniert nicht einmal bei allen menschlichen Kommunikationspartnern.

24. KAPITEL
SIEH MICH AN

Während ich über die Kommunikation zwischen Menschen und Hunden nachdenke, kommt in mir die Sehnsucht nach Rauni auf. Nach ihrem Blick. Wie haben uns oft angesehen. Ihr Gesicht war ziemlich dunkel, aber das Fell rund um die Augen war heller, sodass ihre Augen gut zu erkennen waren und es leichtfiel, ihre verschiedenen Gesichtsausdrücke zu lesen. Rauni war ein sehr ausdrucksstarker Hund.

Als Igor noch ein Welpe war, hat er mir lange nicht so viel in die Augen gesehen wie Rauni. Ich machte mir ein wenig Sorgen darüber. Nicht, weil ich dachte, mit Igor würde etwas nicht stimmen, sondern weil ich befürchtete, mein Verhältnis zu ihm würde nicht so eng werden wie zu Rauni.

Doch es braucht Zeit, um Blickkontakt zu etablieren. Jetzt sehen wir uns oft in die Augen.

Der Blick des Hundes geht auf die Eigenschaften zurück, die er vom Wolf geerbt hat. Die Organisation des Wolfes im Rudel kommt nicht ohne Augen aus. Über die Augen vermittelt sich die Mimik der anderen Individuen und ebenso wie beim Menschen sind auch die Augen des Wolfes sehr ausdrucksstark. Das Mienenspiel ist in der Kommunikation der Wölfe untereinander sehr wichtig. Dennoch spielt die Domestizierung bei der Entwicklung des Blickkontakts zwischen Hund und Mensch eine wichtige Rolle.

Wie ich bereits weiter vorne erwähnte, hat die Domestizierung das Gesicht des Hundes in gewisser Weise vermenschlicht. Die Schnauze ist verkürzt, die Augen sind runder und bei einigen Rassen mit besonders kurzer Schnauze zeigen die Augen stärker nach vorn als bei Wölfen. Das kann für den Hund auch von Vorteil sein: Der Bereich des räumlichen Sehens wird dadurch größer. Vermutlich bevorzugt der Mensch auch unbewusst Hunde, die explizit ein Gesicht haben.

Vor allem aber die Reaktion auf den Blick des anderen ist dem Band zwischen Mensch und Hund eigen. Ich sehe Igor an, Igor sieht zurück. Der Blick meines Hundes ist für mich der vielleicht liebevollste Ort auf der ganzen Welt. Er beinhaltet keine Kritik und keine Erwartungen – ich erlebe ihn nicht als fordernd, obwohl ein Hund mit seinem Blick in Wahrheit natürlich auch vermitteln kann, dass er gern einen Kauknochen hätte oder nach draußen möchte. Der Blick eines Hundes strapaziert mich nicht, so wie mich die Blicke von Menschen manchmal strapazieren. Er vermittelt weder Anklage noch Groll, er schmollt nicht und macht keine Andeutungen.

Der Blick des Hundes ist einfach da. Er erkennt meine Existenz an: Du bist da, ich sehe dich. Manchmal denke ich, dass meine Tierliebe vielleicht auch auf dem Bedürfnis beruht, ohne Wertung einfach gesehen zu werden.

Zum Teil geht es beim Blick des Hundes natürlich auch um das Beobachten: Bin ich auf dem Weg irgendwohin, vielleicht in die Küche oder gar nach draußen? Vielleicht liest er auch meine Gefühlslage: Bin ich ruhig, ist alles in Ordnung?

Dennoch ist der Blick selbst – nicht die Information, die darüber eingeholt wird – in der Beziehung zwischen Mensch und Hund zu einem wesentlichen Element geworden.

In einem früheren Kapitel habe ich von einer Studie berichtet, in der man herausfand, dass die Empathie, die man Tieren gegenüber empfindet, auf die Veränderung eines Gens zurückgeht, das den Oxytocin-Rezeptor kodiert. Oxytocin ist gewissermaßen ein Beziehungshormon, das ausgeschüttet wird, wenn Menschen sich berühren, oder etwa auch beim Stillen. Oxytocin ist wichtig für die Aufrechterhaltung zwischenmenschlicher Beziehungen. Es beruhigt den Organismus, verlangsamt den Herzschlag und mindert Stressreaktionen. Es verursacht ein so angenehmes Gefühl, dass alle Menschen im Grunde süchtig danach sind.

Auch in der Beziehung zwischen Hund und Mensch scheint Oxytocin eine zentrale Rolle zu spielen. 2009 haben US-Forscher eine Studie darüber veröffentlicht, dass die gemeinsame Zeit mit dem eigenen Hund den Oxytocin-Spiegel im menschlichen Körper erhöht. Der Oxytocin-Wert der Probanden wurde zuerst vor dem Zusammensein mit dem Hund gemessen und dann noch einmal, nachdem die Versuchspersonen 25 Minuten mit dem Hund verbracht hatten. Die Kontrollgruppe war in dieser Zeit nicht mit einem Hund zusammen, sondern las 25 Minuten lang.

Das Zusammensein mit einem Hund erhöhte die Oxytocin-Werte der Versuchspersonen deutlich – sofern sie weiblich waren. Lesen führte nicht zu diesem Ergebnis.

Das Phänomen wurde 2015 in einer japanischen Studie präzisiert. Dabei wurde insbesondere die Wirkung des Blickkontakts zwischen Mensch und Hund untersucht. Wenn ein Mensch seinem Hund in die Augen sieht, fängt seine Hypophyse an, Oxytocin auszuschütten. Es entsteht ein Gefühl des Wohlbefindens – deshalb sieht man einem Hund immer wieder gern in die Augen.

Im Körper des Hundes geschieht das Gleiche: Es wird Oxytocin ausgeschüttet und deshalb sucht auch der Hund stets aufs Neue den Blickkontakt zu seinem Menschen.

Tatsächlich handelt es sich um einen Kreislauf. Mit dem Gefühl des Wohlbefindens, das man durch das Oxytocin erfährt, wächst das Bedürfnis, Kontakt zu nahestehenden Individuen aufzunehmen – und diese Kontaktaufnahme erhöht wiederum den Oxytocin-Spiegel. Je länger der Blickkontakt anhält, desto mehr Hormone werden bei Hund und Besitzer ausgeschüttet und desto länger möchte man den Blickkontakt halten.

In der japanischen Studie wurde auch danach gefragt, als wie eng die Hundebesitzer die Beziehung zu ihrem Hund einschätzten. Je enger die Bindung, desto höher war der Oxytocin-Spiegel.

Obwohl die Augen auch für den Wolf wichtig sind, ist die Neigung des Hundes, den Blickkontakt zum Menschen zu suchen und damit einen Oxytocin-Kreislauf in Gang zu setzen, im Zuge der Domestizierung entstanden. Die japanischen Forscher testeten in ihrem Experiment auch zahme Wölfe und ihre Bezugspersonen. Hier fand sich keine Korrelation zwischen dem Oxytocin-Gehalt und der Dauer des Blickkontakts und tatsächlich sahen die Wölfe den Menschen nur sehr selten in die Augen. Denn das ist für einen Wolf, selbst wenn er an Menschen gewöhnt ist, weder natürlich noch angenehm.

Die genannte Studie wurde aus einem ziemlich interessanten Grund kritisiert. Die meisten Versuchspersonen in der Untersuchung waren nämlich Frauen, und es kann tatsächlich sein, dass sich die Oxytocin-Flut, die durch den Blick eines Hundes ausgelöst wird, vor allem bei Frauen einstellt. Die Gründe dafür können unterschiedliche sein: Das weibliche Hormon Östrogen erleichtert die Ausschüttung von Oxytocin, während die Androgene, also die männlichen Hormone, sie verzögern. Möglicherweise haben die Frauen die Hunde generell auch mehr berührt als die Männer. Berührungen fördern die Ausschüttung von Oxytocin.

Doch wie ist das Bedürfnis von Mensch und Hund entstanden, einander anzusehen? Blicke und der Blickkontakt waren für Menschen natürlich bereits wichtig, als es noch keine Hunde gab. Vielleicht bevorzugten die Menschen bei den ersten Hunden diejenigen Exemplare, die wenigstens kurz auf den Blick des Menschen reagierten.

Die typische Art von Hunden, Menschen anzusehen, hat sich nach und nach entwickelt. Woraus kann man das schließen? Mindestens aus den Dingos, den australischen Wildhunden.

Die Dingos sind nicht immer wildlebend gewesen. Sie gehören zum selben Hundestamm wie alle anderen Hunde auf der Welt und sie kamen, wie bereits erwähnt, zusammen mit Menschen vor rund 5000 Jahren in Booten nach Australien. Im Laufe der Zeit separierten sich manche dieser Hunde vom Menschen und lebten dann auf sich gestellt. Nach der Verwilderung hat der Mensch keinen Einfluss mehr auf die Dingo-Populationen genommen.

Was den Blick betrifft, befinden sich die Dingos irgendwo zwischen Wolf und Haushund. Bis zu einem gewissen Grad suchen sie den Blick des Menschen und halten ihn auch eine Zeit lang: öfter und länger als Wölfe, aber seltener und kürzer als Hunde.

Die Zeit, die der Hund in der Nähe von Menschen verbracht hat, hat sich also auf die Augen des Hundes und deren Gebrauch ausgewirkt. In gewisser Weise amüsant ist auch die Erkenntnis, dass der Hund einen Blick entwickelt hat, der die Gefühle des Menschen besonders anspricht.

Hunde haben über dem Auge einen Muskel, mit dem sie ihren inneren Augenwinkel nach oben ziehen können. Das Ergebnis ist ein treuherziger, ansatzweise trauriger Blick, auf den Menschen sofort reagieren. Bei Wölfen ist dieser Muskel schwach ausgeprägt oder er fehlt ganz. Dieser typische »Hundeblick« ist allen Hundebesitzern vertraut und man kann ihm kaum widerstehen.

Doch der Blickwechsel zwischen Hund und Mensch intensiviert nicht nur die emotionale Bindung zwischen beiden. Der Hund liest an der Mimik und Gestik des Menschen auch wichtige Informationen ab. Besonders gut erforscht sind Gesten des Zeigens, sprich, wenn der Mensch mit dem Finger, der Hand oder dem Blick auf etwas Wichtiges hinweist – bei Hunden oft ein Leckerchen oder Spielzeug.

Für den Menschen ist das Zeigen als Geste natürlich und selbstverständlich. Es ist schwer, sich vorzustellen, dass wir die einzige Spezies sind, die sich dieser Geste bedient. Wir zeigen dadurch unter anderem an, wohin wir gehen wollen, wo sich ein Gegenstand befindet, wo etwas Spannendes passiert oder in welche Richtung jemand gehen soll.

Die Bedeutung der Zeigegeste in der Interaktion zwischen Hund und Mensch haben seinerzeit Brian Hare und sein Lehrer Michael Tomasello als Erste untersucht. In den letzten Jahren hat sich vor allem Ádám Miklósi mit seiner Arbeitsgruppe damit beschäftigt. In seinem Buch *Dog Behaviour, Evolution and Cognition* aus dem Jahr 2015 untersucht Miklósi die Unterschiede zwischen Hund und Wolf und präsentiert auch die Ergebnisse verschiedener Zeigetests.

Wenn man dem Hund im Versuch vermitteln will, in welchem von mehreren Bechern ein Leckerbissen versteckt ist, muss der Hund zunächst einmal Interesse am Menschen haben und diesen so genau beobachten, dass er die Botschaft bemerkt. Hier liegt schon ein Unterschied zwischen einem Hund und selbst einem zahmen Wolf. Der Wolf blickt den Menschen nie lange an und ist daher nicht in der Lage, die angebotenen Hinweise zu verstehen. Der Hund wiederum sieht den Menschen gern an, was eine gute Ausgangssituation für die Kommunikation ist.

Man kann den richtigen Becher berühren oder aus der unmittelbaren Nähe mit dem Finger, der Hand oder dem Fuß darauf zeigen. Man kann aus einer gewissen Entfernung auf den Becher zeigen, entweder mit der Hand, die dem Gefäß am nächsten ist, oder mit der anderen Hand, die man vor dem Oberkörper entlangführt. Man kann nur kurz darauf zeigen oder so lange, bis der Hund den Becher erreicht hat. Man kann auch auf das Gefäß zeigen und sich dabei von ihm weg bewegen. Man kann das Gesicht dem Becher zuwenden, in seine Richtung nicken – oder aber nur die Augen in die Richtung des Bechers bewegen. Der Hund versteht es.

Eine Zeit lang habe ich alle diese Zeigegesten voller Begeisterung mit Rauni ausprobiert und sie hat alle Hinweise gut verstanden.

Ein Hund begreift alle Zeigegesten konsequent besser als andere untersuchte Arten wie etwa Wölfe, Katzen oder Schimpansen. Hunde verstehen die Geste, egal ob sie nah am Becher oder weiter weg ausgeführt wird, und sie akzeptieren den Hinweis mit dem Blick, dem Fuß, der Hand oder dem Finger. Die Geste funktioniert auch, wenn die Versuchsperson im entscheidenden Moment zum falschen Becher geht. Der Geruch des Leckerbissens spielt beim Aufspüren des richtigen Gefäßes keine Rolle: In den Tests rochen entweder alle Becher nach Futter oder die Leckerlis waren geruchsneutral. Tatsächlich entscheiden sich die Hunde sogar dann meist für den vom Menschen angezeigten Becher, wenn ein anderer Becher stärker nach Futter riecht.

Das Geschlecht des Hundes, der Grad seiner Gewöhnung an Menschen oder sein Alter haben für das Gelingen des Tests keine Bedeutung. Selbst sehr kleine Hundewelpen können die Zeigegesten richtig interpretieren. Da man angeborene von erlernten Eigenschaften unterscheiden wollte, wurden in der Untersuchung Hunde verschiedenen Alters sowie Tiere getestet, von denen einige mehr und andere weniger an Menschen gewöhnt waren. Rauni hätte sich also nicht als Probandin geeignet. Tests wurden auch mit jungen Hunden durchgeführt, die vorher wenig mit Menschen in Berührung gekommen waren.

Es scheint, als sei das Verstehen der Zeigegeste eine angeborene Anlage, die sich im Laufe der Evolution des Hundes verfestigt hat. Mit weiteren Tests wurden die Hunde im Lösen der Aufgabe nicht besser – die Fähigkeit war offenbar fertig in ihnen angelegt und sie lernten das richtige Verhalten nicht erst während des Tests. Erwachsenen Wölfen, die an Menschen gewöhnt sind, kann man die einfachsten Zeigegesten beibringen, die sie dann auf dem Level von Hunden befolgen. Doch die Hunde verstanden sie sowohl im Alter von wenigen Monaten als auch mit zehn Jahren. Das Verständnis dafür war bereits im Alter von neun Wochen auf dem Niveau eines erwachsenen Hundes. Trotzdem kann man einen Lernfortschritt im Laufe der Tests nicht ausschließen, und daher sollte in einer zuverlässigen Untersuchung ein Individuum nicht öfter als beispielsweise zwanzigmal getestet werden.

Für den Hund scheint der Blick eine natürliche Form der Kommunikation mit dem Menschen zu sein. Als etwa Ádám Miklósi in seinen Tests die Problemlösungsfähigkeit von Hunden untersuchte, kam dabei ein geradezu amüsantes Phänomen zutage. Wenn ein zahmer Wolf auf ein Problem trifft, das er alleine nicht lösen kann, wenn er es beispielsweise nicht schafft, an ein Futterstück hinter einem Hindernis zu gelangen, setzt er die Versuche trotzdem für sich fort. Ein Hund hingegen stellt die Versuche bald ein und fängt an, sich nach seiner Bezugsperson umzusehen. Indem er zwischen dem Menschen und dem Problem hin- und herblickt, bittet der Hund um Hilfe. Durch den Blick seiner treuherzigen Hundeaugen bittet er seinen menschlichen Kameraden darum, das Problem für ihn zu lösen.

Das Schieflegen des Kopfes, das ebenfalls von den meisten Menschen als besonders niedlich empfunden wird, hat mit Niedlichkeit übrigens nichts zu tun. Das hängt offenbar vielmehr mit Konzentration zusammen, und Hunde, die besonders gut darin sind, sich die Bezeichnungen von Gegenständen zu merken, tun es öfter als andere.

Die Neigung von Menschen und Hunden, einander genau zu beobachten und zu lesen, ist eine erstaunliche Ressource, die die Evolution hervorgebracht hat. Häufig werden Hunde – gerade im Gegensatz zu Katzen – als gefügig und unterwürfig betrachtet. Ich sehe sie jedoch eher als kommunikationsbereit. Hunde sind darauf aus, den Menschen zu lesen und mit ihm zusammenzuarbeiten.

In der Beziehung zwischen Hund und Mensch sollte man nicht mehr so sehr das Verhältnis Führung vs. Unterordnung sehen als vielmehr Ebenbürtigkeit und offene Kommunikation. Zum Glück gibt es Fortschritte. In der Hundeerziehung wird immer mehr auf positive Verstärkung gesetzt, sprich, auf eine Belohnung für erwünschtes Verhalten.

Der Blick ist essenziell für das Verhältnis zwischen Mensch und Hund. Er ist in der Evolution des Hundes zentral, aber auch wichtig bei Begegnungen zwischen Individuen.

In letzter Zeit denke ich auch oft über die Bedeutung von Berührungen nach. Igor zum Beispiel kommuniziert viel über Berührungen. Wenn er etwas möchte – nach draußen, einen Kauknochen oder einen vollen Futternapf –, kommt er zu mir, starrt mich an und hüpft auf und ab, aber zusätzlich stupst er mich auch mit seiner Schnauze. Ich habe lange gedacht, diese Berührungen geschähen aus Versehen, bis ich anfing, ihnen mehr Aufmerksamkeit beizumessen. Sie scheinen absichtsvoll zu sein und eine Art Aufforderung darzustellen.

Doch auch alle anderen Berührungen sind wichtig, etwa das Kraulen oder wenn ich mit dem Hund Seite an Seite auf dem Sofa liege. Ich weiß noch genau, wie glatt Raunis Schläfen waren, wie das Fell ihres Brustkorbs sich beim Kraulen anfühlte und wie borstig die Haare an ihrer Rute waren. In meinen Fingerspitzen spüre ich noch immer ihren Nasenrücken, ihre Pfotenballen, die warme Haut ihres Bauches.

Ob die menschliche Affinität zu weichen, pelzigen Materialien auch auf die Verbindung zu Tieren zurückgeht? Oder ist das eine Erinnerung an eine sehr lange zurückliegende Zeit in unserer Entwicklung, als unsere Vorfahren selbst noch Fell trugen? Das ist beim Menschen sehr lange her, mindestens 1,2 Millionen Jahre.

Eine Textilkünstlerin hat mir einmal erzählt, wie wichtig ihr weiche, pelzige Materialien sind. Wenn sie den ganzen Tag mit glatten, synthetischen Stoffen zu tun hatte, bekam sie schlechte Laune.

Auch wenn ich bei Rauni viele physische Erinnerungen an Berührungen habe, werden es bei Igor womöglich noch viel mehr sein. Wenn ich Mittagsschlaf mache, rollt er sich auf meinem Schoß zu einem festen Knäuel zusammen. Wenn ich abends ins Bett gehe, legt er sich zunächst neben mich und rückt im Laufe der Nacht weiter weg, auf den Fußboden neben dem Bett.

Meine Hand findet wie von selbst ihren Weg in sein Fell und ich habe erstaunt festgestellt, dass ich im Vergleich zu allen anderen zu meinem Hund die entspannteste und natürlichste physische Beziehung habe. Igor legt sich neben mich, ich kraule ihn, meine Hände kennen ihn in- und auswendig. Abgesehen von der Babyzeit meiner Kinder hatte ich in meinem Leben keine zwischenmenschliche Beziehung, die so voller selbstloser und uneigennütziger Berührungen war. Hier wird keine Gegenseitigkeit erwartet, nichts gegeneinander aufgerechnet, hier hängt nichts von der Laune der Beteiligten ab und Streit, Schmollen, Verletzungen oder früher einmal geäußerte Worte beeinflussen die Interaktion nicht.

Auch wenn es sich sicherlich sowohl auf die Laune des Menschen als auch des Hundes positiv auswirkt, einen Hund zu berühren, indem Stresshormone abgebaut und Hormone des Wohlbefindens ausgeschüttet werden, ist es in gewisser Weise frei von Emotionen. Es ist wie Atmen.

25. KAPITEL

WER HAT EIN BEWUSSTSEIN?

Natürlich hätte ich mir gewünscht, dass alle Fischadlerjungen dieses Sommers überlebt hätten und dass auch Alma noch unter uns wäre. Doch die Beobachtung eines einzigen Nestes mit einem Jungvogel gibt dennoch vielleicht einen tieferen Einblick in die Welt der Fischadler, als wenn in beiden Nestern nach wie vor drei Küken gewesen wären. Man könnte sie nur schwer voneinander unterscheiden und so würde der Betrachter die individuelle Entwicklung der einzelnen Jungvögel nicht so klar mitbekommen. Und weil Ahti jetzt nur noch Futter für seine Partnerin und ein Vogelkind herbeischaffen muss, hält er sich öfter in der Nähe des Nestes auf.

Es ist interessant, die Zusammenarbeit zwischen Nuppu und Ahti zu verfolgen. Beide scheinen zu begreifen, was der andere beabsichtigt, und sie setzen fort, was der Partner begonnen hat. Offenbar vertrauen sie einander und begreifen auch, was um sie herum geschieht. Im Moor rund um das Nest rufen die Kraniche und oft halten die Fischadler in ihrem Tun inne, wenn ein Kranich seinen Ruf ausstößt. Gleichzeitig wissen die schönen großen Raubvögel, dass der Ruf des Kranichs keine Gefahr ankündigt und sie keine Verteidigungshaltung einnehmen müssen, wie sie etwa ein vorbeifliegender fremder Fischadler hervorriefe. Auch fliehen müssen sie nicht wie im Fall eines Habichts.

Der Anblick ist harmonisch: Die Sonne taucht den Wald und das Moor in goldenes Licht, der Himmel ist blau und die Fischadler scheinen die Ruhe geradezu zu genießen. Myy muss keine Schnabelhiebe fürchten, weil sie nicht mit ihren Geschwistern um die Nahrung konkurriert. Der Fisch, den Ahti herbeischafft, reicht für alle, darum muss sich niemand sorgen.

Auch das Wetter meint es gut. Kein Sturzregen mehr, kein Sturm, keine ermüdende Hitze wie im Hochsommer.

Ich werde nie wissen können, was Fischadler denken. Können sie sich wirklich des Lebens freuen? Kennen sie das Gefühl, das ich innere Ruhe nenne? Haben sie Erinnerungen? Weckt der Ruf der Kraniche bei den Fischadlern Erinnerungen an frühere Sommer? Ein Gefühl von Heimat? Weiß Ahti noch, dass er auch letztes Jahr schon im Horst war und Jungen aufgezogen hat? Erinnert sich Nuppu daran, wie ihre Mutter sie gefüttert hat?

Ich weiß nicht, ob Fischadler Erinnerungen haben, aber ein Gedächtnis haben sie auf jeden Fall, etwa ein Arbeitsgedächtnis, denn sie bringen einmal Angefangenes zu Ende. Sie lassen den Zweig erst los, wenn er seinen endgültigen Platz im Nest gefunden hat. Nuppu füttert Myy, bis das Küken satt ist. Doch ihr Gedächtnis muss noch länger zurückreichen, denn die erwachsenen Tiere kommen von ihren Fischzügen immer wieder zum Nest zurück. Auch Myy hat bisher nach ihren Ausflügen den Horst jedes Mal wiedergefunden. Ich weiß nicht, wo diese individuellen Fischadler jagen, aber es ist bekannt, dass Fischadler auf der Nahrungssuche durchaus Dutzende Kilometer weit fliegen können.

Tatsächlich muss ihr Gedächtnis konkret deutlich weiter zurückreichen. Die Fischadler, die in Finnland brüten, verbringen den Winter in Westafrika und am Golf von Guinea. Ahti hat es erwiesenermaßen jedes Mal wieder geschafft, aus Afrika zu seinem Nest zurückzukehren. Ich vermute, sein Gedächtnis muss in verschiedener Hinsicht deutlich besser als das menschliche sein. Und wenn Ahti nach seinem Interkontinentalflug noch weiß, wo genau sein Nest an der westfinnischen Küste sich befindet, warum sollte er sich dann nicht auch an seine inzwischen erwachsenen Kinder oder an einzelne Ereignisse der letzten Jahre erinnern?

Warum gestehen wir Vögeln ein Ortsgedächtnis zu, aber können uns nicht vorstellen, dass sie sich an ihre Jungen oder ihren verstorbenen Partner erinnern?

Wieder rufen die Kraniche. Am liebsten wäre ich jetzt im Moor, das auf der Webcam zu sehen ist, die Landschaft sieht im Sonnenlicht so idyllisch aus. Ich weiß nicht, wo genau sich das Nest befindet. Es wird der Öffentlichkeit nicht mitgeteilt. Finden die Fischadler den sonnigen Morgen oder die Rufe der Kraniche schön? In welcher Art und Weise hören sie die Rufe überhaupt?

Und in welcher Art und Weise sehen sie ihre Umgebung oder ihre Artgenossen? Denn Vögel können UV-Licht erkennen und dieses UV-Licht kann etwa in ihrem Federkleid Details hervorheben, die Menschen mit ihrem eingeschränkten Sehvermögen nicht wahrnehmen können. Vor einigen Jahren bin ich auf Bilder gestoßen, die Vögel im UV-Licht zeigten. Der Anblick war unglaublich. So leuchtete beispielsweise der Schnabel des Vogels blau und violett. Mithilfe des UV-Lichts können Vögel zum Beispiel auch einen weit hinter dem Horizont liegenden Kontinent erkennen, weil Land das UV-Licht nicht so nach oben reflektiert wie das Meer. Auch diesen Anblick kann ich mir kaum richtig vorstellen.

Die Menschheit hat es sich zur Gewohnheit gemacht, die geistigen Fähigkeiten anderer Tiere danach zu beurteilen, wie gut sie menschliches Verhalten nachahmen können. Das ist ein erbärmlicher Ansatz. Alle Organismen haben sich in verschiedenen Umgebungen, in verschiedenen ökologischen Nischen entwickelt. Die Kriterien der einen Art kann man nicht auf eine andere Spezies übertragen, ihre Maßstäbe nicht an eine andere anlegen. Außerdem werden wir aufgrund der verschiedenen Ausstattung der Sinne nie verstehen, in welcher Weise sich die Welt etwa für einen Fischadler darstellt.

Und was empfindet das Fischadlerpaar füreinander? Die Vögel tauschen keine Berührungen aus, die wir Menschen als Zärtlichkeiten interpretieren würden. Sie putzen einander nicht und sitzen nicht zusammengekuschelt da. Sind sie sich trotzdem nah? Kann sein, dass Berührungen für sie keine Quelle des Wohlbefindens darstellen, wie es bei Menschen der Fall ist. Andererseits hatte ich in der Brutphase den Eindruck, dass das Brüten – also das Berühren der Eier mit dem Bauch oder Brustkorb – ihnen angenehm war. Auch die männlichen Vögel schienen unbedingt brüten zu wollen.

Doch das Interessanteste war, die Zusammenarbeit des Fischadlerpaares zu beobachten. In der eifrigsten Nestbauphase brachten beide Zweige und Moos heran und beide besserten damit die bestehende Nestkonstruktion aus. Sie verschoben die selbst mitgebrachten Zweige und die des Partners. Immer wieder betrachteten sie den Nestrand und rückten einen Zweig, der schon einen Platz gefunden hatte, ein weiteres Mal zurecht. Ihre Handlungen waren zielgerichtet und beharrlich. Beide vertieften die Brutmulde in der Mitte des Nestes und es schien keine Meinungsverschiedenheiten darüber zu geben, an welcher Stelle die Mulde entstehen sollte. Als die Jungen geschlüpft waren, brachte Ahti Fische heran und übergab sie an Nuppu, die die Jungen damit fütterte. Seit einigen Tagen frisst Myy selbst, doch Nuppu kommt immer noch zum Nest, wenn Ahti die Beute heranbringt. Sie übernimmt den Fisch wie vorher von Ahti, doch jetzt gibt sie ihn einfach an Myy weiter.

Myy scheint eine sehr selbstbewusste junge Fischadlerin zu sein. Sie beschwert sich bei ihren Eltern, wenn die zu nah bei ihr sitzen, während sie frisst. Ihre Abflüge und Landungen wirken sehr ausbalanciert.

Einmal kommt Ahti wieder mit einem Fisch zum Nest und Nuppu übernimmt die Beute. Myy ist nicht zu sehen. Die Altvögel sitzen nebeneinander im Nest, Nuppu mit dem Fisch in den Klauen, und sie blicken beide in dieselbe Richtung auf das sonnenbeschienene Moor, als würden sie auf ihr Kind warten. Der Anblick rührt mich. Man kann sich in sie hineinversetzen. Darf man sich in sie hineinversetzen?

Die Lyrikerin Eeva Kilpi, die viel über Tiere geschrieben hat, schreibt in einem Gedicht Folgendes:

Jedes Tier ist ein Subjekt. Es ist: der Mittelpunkt seines Lebens, Selbstverteidiger, wachsam in jede Richtung, so wie du und ich.

Ein Aspekt, der das Leid von Tieren in der ganzen Welt zusätzlich intensiviert hat, ist der Gedanke, dass der Mensch als einzige Tierart über ein Bewusstsein verfügt.

Für mich ist vollkommen klar, dass Nuppu sich als »jemand« erfährt. Für mich ist vollkommen klar, dass Igor sich als »jemand« erfährt. Er scheint Gefühle und Stimmungen zu erleben. Er hat Absichten, die er durchsetzen will, und diese Absichten sind nicht immer unkompliziert, zum Beispiel Grundbedürfnisse wie Futter oder Wasser. Jetzt im Sommer wollte Igor etwa ständig zum Ballspielen nach draußen. Er kam ins Wohnzimmer, hüpfte vor mir auf und ab und führte mich zur Terrassentür, dann raste er durch den Türspalt zum Ball und versuchte, mich zum Mitspielen zu bewegen. Und er wollte nicht mehr von dem Ball lassen und nach drinnen kommen.

Wenn Igor morgens vor mir aufwacht, legt er sich neben mein Kissen und weckt mich mit seinen Liebkosungen. Dann dreht er sich auf den Rücken und erwartet, dass ich ihn am Bauch kraule. Er hat Wünsche, die er von anderen Individuen befriedigt haben möchte. Er ist in der Lage, seine Bedürfnisse zu äußern.

Manchmal interessiert der Ball Igor kein bisschen, sondern er legt sich draußen auf die sonnenbeschienenen Terrassenplatten und wirkt dabei friedlich und entspannt. Wenn ein Mensch auf diese Weise gelassen in die Ferne schaut, würden wir es nachdenklich nennen. Zufrieden und ruhig.

Ist es nicht sogar schon schwer genug, wirklich etwas über die Nachdenklichkeit, Zufriedenheit oder Gelassenheit unserer eigenen Artgenossen zu wissen? Auch die soziale Interaktion zwischen Menschen beinhaltet eine Menge Annahmen über die Gefühlsregungen der anderen. Dennoch erscheint es viel angemessener, diese Mutmaßungen über Menschen als über andere Tierarten anzustellen.

Das Zitat von Eeva Kilpi ist mir wichtig, denn es kleidet etwas in Worte, was ich oft bei der Betrachtung anderer Tiere empfinde. Sie sind wirklich »Subjekte«. Das spüre ich beispielsweise, wenn ich Videos von Sipuli sehe, einem eineinhalbjährigen Stierkalb, das in Tuulispää auf einem Gnadenhof für ehemalige Nutztiere lebt. Wie Igor ist auch Sipuli verspielt. In seinem Verhalten liegt etwas sehr Selbstbewusstes – die Sicherheit, dass er auch in Zukunft existieren darf, dass niemand ihn tötet, so wie die meisten anderen Stierkälber getötet werden, dass er nach wie vor herumlaufen, spielen und Heu fressen und seine Schnauze am Zaun schubbern darf. Er ist ganz selbstverständlich der »Mittelpunkt seines eigenen Lebens«.

Die Debatte darüber, ob Tiere ein Bewusstsein haben, ist in vielerlei Hinsicht frustrierend. Erstens ist es ziemlich unklar, was Bewusstsein überhaupt ist. Es ist keine Eigenschaft, die nach außen hin sichtbar oder messbar und demnach feststellbar wäre.

Die Auffassung von der Existenz eines Bewusstseins beruht darauf, dass der Mensch sich seiner Gedanken bewusst ist. Das Bewusstsein ist ein Begriff, der auf den Schreibtischen von Philosophen erdacht wurde. Der französische Philosoph René Descartes war im 17. Jahrhundert der Erste, der das Konzept in seiner heutigen Bedeutung ins Spiel brachte. Gleichzeitig wurde auf dem Schreibtisch die Grenze gezogen, dass Bewusstsein eine Eigenschaft des Menschen ist, und weil Tiere kein Bewusstsein haben, können sie nicht auf dieselbe Art leiden, wie es der Mensch tut. Descartes schloss andere Tierarten aus dem Kreis des Bewusstseins aus und sah sie als maschinenähnliche Automaten. Er war der Meinung, dass Tiere zwar durchaus etwas wahrnähmen, aber ihre Sinneswahrnehmungen seien mechanisch, ohne geistige Beteiligung. Wenn man tierlieben Menschen einen zu starken Anthropomorphismus vorwirft, dann machte sich Descartes des anderen Extrems schuldig: des *Mechanomorphismus*, der Idee von Tieren als Maschinen. Die Last dieses cartesianischen Denkmodells tragen wir noch heute. Indem man diese dualistische Grenze zwischen Menschen und anderen Tieren zog, rechtfertigte man gewissermaßen die Entwicklung, die ihren Anfang vor rund 10 000 Jahren in der neolithischen Revolution genommen hatte und die sich zweihundert Jahre nach Descartes im 19. Jahrhundert mit der Industriellen Revolution noch verstärken sollte.

Es ist also so gelaufen: Zuerst wurde der Begriff des Bewusstseins entwickelt und dann bekam der Mensch als Einziger das Recht darauf. Der Begriff wurde später weiterentwickelt, allerdings ohne jede biologische Forschung im Hintergrund. Nach wie vor sprach man den anderen Tierarten das Anrecht darauf ab. Die Grenzen wurden auf dem Schreibtisch gezogen.

Ich war eine Zeit lang mit jemandem zusammen, der der Meinung war, man müsse das Leiden von bei lebendigem Leib gekochten Neunaugen nicht berücksichtigen, weil im Innern der Fische »niemand sei, der Angst haben könnte«. Dieser Gedanke weist auf das veraltete Konzept hin, dass nur ein Individuum Schmerz empfinden kann, das seine Psyche als von anderen getrennt versteht.

Ich halte das Konzept des Bewusstseins für so kompliziert und unmöglich zu ermessen, dass es aus der Sicht der biologischen Forschung eigentlich unbrauchbar ist. Deshalb beschäftige ich mich hier relativ wenig damit. Es ist äußerst bedauerlich, dass ihm beispielsweise in der Debatte um Tierrechte eine so große Rolle zukommt.

Das Bewusstsein wird oft in verschiedene Kategorien aufgeteilt. Ein Modell erlaubt es, das Bewusstsein folgendermaßen aufzugliedern: in das sogenannte *phänomenale Bewusstsein*, bei dem das Individuum seine eigenen Gefühle und Sinneswahrnehmungen erkennt, und das *Zugriffsbewusstsein*, mit dem der Zugriff des Individuums auf seine eigenen Gedanken gemeint ist sowie die Fähigkeit, diese zu analysieren. Eine dritte Form (oder Ebene) des Bewusstseins könnte das *Bewusstsein des Selbst* sein, bei dem das Individuum sich seiner eigenen Abgetrenntheit bewusst ist. Noch eine Ebene weiter oben findet sich das *Metabewusstsein*, also das Bewusstsein über das eigene Bewusstsein, wo das Individuum sich gewissermaßen wie von außen betrachten und auch seine eigene Fehlbarkeit erkennen kann.

Ich denke – und damit bin ich nicht allein –, dass es für ein Bewusstsein neben einem ausreichend entwickelten Nervensystem auch die Fähigkeit zur Sinneswahrnehmung braucht. Mithilfe der Sinneswahrnehmungen kann das Individuum feststellen, dass es von der übrigen Welt getrennt ist. Daher stehe ich jeglichen transhumanistischen Ideen sehr skeptisch gegenüber, die das menschliche Bewusstsein auf einen Computer übertragen wollen oder vom ewigen Leben in der Cloud träumen.

Zusätzlich sollte man in Betracht ziehen, dass wir Menschen, die man automatisch mindestens für selbstbewusst und üblicherweise auch metabewusst hält, uns in Wahrheit nur über einen Bruchteil unserer inneren Vorgänge bewusst sind. Beispielsweise dringt nur ein kleiner Teil unserer Sinneswahrnehmungen oder Gehirnaktivität bis in unsere Gedanken vor.

Das Verhalten von Tieren anderer Arten ist historisch vorwiegend anhand von »Trieben« und »Instinkten« erforscht worden.

Teils war das auf die Umstände zurückzuführen: Da man keine Möglichkeit hatte, die Gehirnaktivität zu messen, wurde diese eben ganz vernachlässigt. Daher betrachtete die Ethologie, die Wissenschaft vom Verhalten der Tiere, beispielsweise Vögel lange gewissermaßen als Maschinen. Ein bestimmter Reiz rief eine bestimmte Reaktion hervor.

Es dauert bedauerlicherweise sehr lange, davon wegzukommen, Tiere auf diese Weise als reine Triebautomaten zu behandeln. Heutzutage untersucht die moderne Biologie die Gefühle von Tieren mithilfe von funktioneller Magnetresonanztomographie, Augenbewegungskameras und Wärmebildverfahren. Zugleich hat man in der Ethologie raffiniertere und genauere Versuchsanordnungen entwickelt, mit denen man die Erfahrungswelt von Tieren, ihre Neigungen und Bedürfnisse verstehen kann. Dank der Forschungsarbeit der letzten zwei Jahrzehnte sind Wissenschaftler heute relativ einheitlich zu der Erkenntnis gekommen, dass mindestens Vögel und Säugetiere dieselben grundlegenden Gefühle haben wie Menschen. Dazu gehören unter anderem Angst, Wut, Freude, Trauer und Überraschung.

Beim Betrachten der Webcambilder aus dem Fischadlernest bin ich in verschiedener Hinsicht am Puls der Zeit. Kognitive Fähigkeiten sind in den letzten Jahren besonders viel an Vögeln erforscht worden. Die Ergebnisse deuten darauf hin, dass Vögel intelligente Wesen sind und ein Bewusstsein haben, mit dem sie etwa die Theory of Mind anwenden und beispielsweise andere täuschen können. Sie sind aber auch hilfsbereit und sozial. Sie haben ein gutes Gedächtnis, so können beispielsweise frei lebende Krähen einen Menschen an seinem Gesicht wiedererkennen. In einer Studie konnten die Krähen anhand des Gesichts einen Menschen identifizieren, den sie mit ihrem toten Artgenossen in der Hand gesehen hatten, und die Vögel waren sogar in der Lage, das Wissen über diesen »gefährlichen Menschen« an andere Krähen weiterzugeben. So begannen auch die Vögel, die den Übeltäter nicht selbst auf frischer Tat ertappt hatten, diesen Menschen zu meiden.

Forschende der Universität Tübingen veröffentlichten 2020 die Ergebnisse einer Studie, mit der sie die Existenz eines Bewusstseins bei Krähen untersuchen wollten. Man hatte dazu zwei Krähen beigebracht, den Forschenden mit dem Kopf jedes Mal ein Zeichen zu geben, wenn sie auf einem Bildschirm einen Umriss sahen. Diese Bilder waren an sich unbedeutende klare Formen. Wenn sie deutlich erkennbar waren, reagierten die Krähen zuverlässig, sobald der Umriss auftauchte oder wenn der Bildschirm leer blieb. Aber wenn sie Formen gezeigt bekamen, die so vage waren, dass die Grenze der Wahrnehmungsfähigkeit bei den Vögeln gerade so überschritten wurde, zeigten die Krähen manchmal an, dass sie etwas gesehen hatten, und manchmal nicht. Als die Forschenden währenddessen die Reaktion in ihren Nervenzellen maßen, zeigte sich, dass in der Zeit zwischen dem Auftauchen des Signals und dem Anzeigen durch die Krähen bestimmte Nervenzellen aktiv wurden, je nachdem, ob der Vogel anschließend anzeigte, ob er den Reiz wahrgenommen hatte, oder nicht. Laut dem Forschungsbericht deutet das darauf hin, dass Krähen die Fähigkeit haben, subjektive Empfindungen zu haben und diese zu verarbeiten. Wenn die Vögel kein Bewusstsein hätten, würde ein identischer Reiz im Gehirn jedes Mal eine identische Reaktion hervorrufen. Im Test waren sie sich nicht sicher, ob sie etwas wahrgenommen hatten, und mussten es erst einmal prüfen, bevor sie den Forschenden ihre Wahrnehmung mitteilten.

Die Theory of Mind ist bei vielen Tieren erforscht worden, auch bei Hunden. In einer Studie hat man beispielsweise untersucht, ob Hunde Futter insbesondere dann stibitzen, wenn sie wissen, dass ihr Besitzer sie nicht sieht. Aus der Sicht der Hundebesitzerin ist die Studie überflüssig: Natürlich tun sie es.

In dem Versuch wurde den Hunden verboten, sich einen Leckerbissen in ihrer Reichweite zu nehmen. Das gute Benehmen geriet jedoch in Vergessenheit, sobald der Mensch den Raum verließ, sich auf etwas anderes konzentrierte oder wenn man zwischen Hund und Mensch eine undurchsichtige Wand aufstellte. Aber wenn in der Wand ein Fenster war, durch das der Mensch den Hund sehen konnte, wurde der Leckerbissen in Ruhe gelassen. Das fasst die Theory of Mind am einfachsten zusammen: Es ist die Fähigkeit, zu verstehen, dass die Wahrnehmung eines anderen Individuums sich von der eigenen unterscheidet. Der Hund erkennt, in welcher Situation der Mensch nicht das sieht, was der Hund sieht.

Auch das Bewusstsein, dass man einen Körper hat, und die Tatsache, dass man diesen auch erkennt, werden häufig als Zeichen für die Existenz eines Bewusstseins gesehen. Das wird häufig durch die sehr einfache Versuchsanordnung untersucht, ob das Tier sein eigenes Spiegelbild erkennt. Das Tier bekommt, ohne dass es etwas davon mitbekommt, irgendwo an den Körper beispielsweise einen gelben Aufkleber geklebt. Dann kommt ein Spiegel ins Spiel. Wenn der tierische Proband den Aufkleber an seinem Körper berührt, hat er verstanden, dass er im Spiegel sich selbst sieht.

In den letzten Jahrzehnten haben unter anderem Menschenaffen, Krähen und Delfine ihr eigenes Spiegelbild in diesem Test erkannt. Bei Hunden ist die Variationsbreite groß, aber insgesamt kann man sagen, dass Hunde sich nicht sonderlich für ihr Spiegelbild interessieren. Daher ist dieser Ansatz bei ihnen nicht besonders fruchtbar.

Jeder Hundebesitzer weiß, dass Welpen ihr Spiegelbild gern für einen anderen Hund halten, aber wenn sie sich an die Spiegel in ihrer Umgebung gewöhnt haben, interessieren sie sich üblicherweise nicht mehr dafür. Die Annahme, dass im Spiegel ein anderes Tier zu sehen ist, wird manchmal als Zeichen für geringe kognitive Fähigkeiten gesehen. Man lacht über den Hund, der sein eigenes Spiegelbild in einer Glastür anknurrt. Das ist eine typische anthropomorphe Fehleinschätzung: Weil Menschen sich gern im Spiegel betrachten und verstehen, was es mit dem Spiegelbild auf sich hat, sollten andere Tiere das auch können und somit zeigen, dass sie ebenso intelligent sind wie wir. Diese Fehlannahme zieht jedoch nicht in Betracht, dass verschiedene Tiere die Welt unterschiedlich wahrnehmen und dass die Beobachtungsgabe verschiedener Spezies sich aufgrund der Evolution voneinander unterscheidet.

Ich habe in meinem Wald einen bestimmten Weg, den ich ungelogen seit bald zwanzig Jahren sicherlich zweimal in der Woche gehe. Fast jedes Mal erschrecke ich mich vor etwas: Am Stamm einer Pappel ist eine schwarze, gefurchte Verdickung, und zwar auf einer Höhe, dass man von Weitem denken könnte, zwischen den Bäume stünde eine menschliche Gestalt.

Der Anblick ist mir vertraut und doch erschrecke ich mich immer wieder davor. Unterscheidet sich das groß davon, dass ein Hund sein Spiegelbild anknurrt?

2019 wurde ein überraschendes Studienergebnis veröffentlicht: Der Gemeine Putzerfisch *(Labroides dimidiatus)* bestand den Spiegeltest. Die Fische fühlten sich vor dem Spiegel wohl, und wenn sie einen farbigen Aufkleber am Körper hatten, versuchten sie, diesen loszuwerden, indem sie sich etwa an einem Stein rieben.

Dieses Forschungsergebnis ist wie der Schlag mit einem nassen Fischschwanz ins Gesicht derer, die sich so sicher sind, dass im Innern eines Fisches »niemand ist«.

Wenn sogar als verhältnismäßig primitiv geltende Organismen wie Fische so eindeutig den Test bestehen, der Auskunft über das Bewusstsein gibt, müssten wir dann nicht bereit sein, unser Weltbild zu ändern?

So ist es.

Das ist die Schlussfolgerung aus der Forschung der letzten zwei Jahrzehnte, die sich mit dem Bewusstsein von Tieren beschäftigt: Wir sollten die Art, wie wir über andere Tierarten denken, dringend ändern.

26. KAPITEL
WARUM TUN WIR EUCH DAS AN?

Wie kann man nun dieses Denken der Menschen beeinflussen? Eine schwierige Frage, und ehrlich gesagt kann ich das Problem selbst nur schwer greifen: Denn ich war schon immer der Meinung, dass auch andere Tierarten eine Seele und ein Bewusstsein haben. Als Kind zweifelte ich keine Sekunde daran, dass Max Moritz von Gerbil Freude oder Angst erleben konnte. Das Gleiche gilt für meine Hunde.

Der Alltag ist voller Situationen, in denen die Gefühle von Hunden sichtbar werden. Als Igor noch ein Welpe war, ging ich einmal mit ihm und Rauni zusammen zum Tierarzt, wahrscheinlich zur Impfung. Wir waren schon wieder auf dem Weg nach draußen, als ein fremder Hund im Wartezimmer plötzlich anfing, die beiden aggressiv anzubellen. Rauni, die groß gewachsene, lebenserfahrene Hundedame, kläffte nur ganz kurz zurück, ohne dem Stänkerer überhaupt den Kopf richtig zuzuwenden. Igor wiederum erschrak furchtbar: Er sprang mit einem Satz hinter Rauni und beäugte den fremden Hund ängstlich aus der Deckung heraus.

Angst, Überraschung, Wut. In Deckung gehen, Selbstsicherheit durch Erfahrung. Für mich ist es selbstverständlich, dass die Erfahrungswelt von Hunden voller Gefühle ist. Ich bin mir dessen ebenso sicher wie der Gefühle anderer Menschen.

Einer der wunderbarsten Aspekte, einen Hund zu haben, ist es, dass meine Kinder mit anderen Tieren zusammenleben können. Mir ist das wichtig. Wir reden oft über das Innenleben von Hunden: was sie wollen, warum sie tun, was sie tun, wie man mit ihnen kommunizieren kann und wie man als Mensch mit ihnen umgehen sollte. Ich bin mir hundertprozentig sicher, dass auch meine Kinder Hunde als bewusste und fühlende Wesen wahrnehmen.

Außerdem ist es gut, einen Alltag zu leben, der von mehreren Spezies bevölkert wird – nicht nur von Menschen. Ich finde, das erweitert das Denken.

Jetzt, da meine Kinder bald erwachsen werden, ist mir ein weiterer Vorteil von Hunden aufgefallen: Auch ein Teenager findet bei einem Hund immer Nähe, die Möglichkeit, jemanden zu berühren und zu streicheln und darauf eine Resonanz zu bekommen. Selbst wenn dir die Mutter nicht mal aufmunternd auf die Schulter klopfen darf, ist Igor auf dem Schoß oder als Bettgenosse immer willkommen.

Ich glaube nicht, dass meine Kinder und ich uns in unserem Verhältnis zu Hunden groß von anderen unterscheiden. Ich schätze, die meisten Menschen auf der Welt sind wie wir.

Warum müssen Tiere dann in einer von Menschen beherrschten Welt leiden? In religiösen Zusammenhängen sprechen wir vom *Problem des Bösen.* So wird der christliche Gott beispielsweise als gut angesehen und doch ist die Welt voll schlimmer, voll böser Dinge: qualvoller Tod, Leiden, Krieg und Mord, Hungersnöte, Schmerz und Krankheit. Wie kann ein guter Gott das Böse zulassen? In der Theologie wird dieses Paradox *Theodizee* genannt.

Man könnte denken, das Problem des Bösen wiederholt sich beim Menschen.

Wir sind voller Güte. Das hat Rutger Bregman in seinem Buch *Im Grunde gut* nachgewiesen und das versuche ich auch in diesem Buch nachzuweisen. Der Mensch hat sich zu einem friedfertigen, sozialen und hilfsbereiten Wesen entwickelt. Die einzige Anforderung des *Homo sapiens* an seine Lebensumgebung ist, dass es dort andere Menschen gibt. Am Ende spielt es keine große Rolle, ob er in Süditalien, auf Spitzbergen, in der Mongolei oder auf einer Raumstation lebt. Der Mensch passt sich an, wenn er von Artgenossen umgeben ist oder wenigstens die technischen Möglichkeiten zum Kontakt zu ihnen gegeben sind. Wir sehnen uns nach anderen, wir können nicht ohne sie leben.

Ich habe auf vielfältige Weise nachgewiesen, dass die Biologie des Menschen ihn zu einem verträglichen und konfliktvermeidenden Wesen macht, das auch äußerst neugierig auf andere Tiere ist. Es ist in unserer Art angelegt, für andere zu sorgen und uns um sie zu kümmern. Ich habe gezeigt, dass wir große Empathie anderen Tieren gegenüber empfinden können – teils sogar größere als gegenüber Menschen – und dass die Gesichter und das Wesen von Tieren in uns ein starkes Bedürfnis hervorrufen, uns um sie zu kümmern.

Selbst ich bin manchmal überrascht, wie viel Menschen auf sich nehmen, um Tieren zu helfen. Sie riskieren ihr Leben bei dem Versuch, ins Eis eingebrochene Hunde oder Rehe zu retten. Im Juni bin ich auf die Nachricht gestoßen, dass Dorfbewohner in Myanmar stundenlang damit beschäftigt waren, eine Elefantenherde freizubekommen, die in einem Matschtümpel feststeckte. Normalerweise meiden Menschen Elefanten, denn sie können lebensgefährlich sein. Und obwohl in Finnland jeden Herbst zahllose Elche geschossen werden, sind sowohl Freiwillige als auch Behörden sofort zur Stelle, wenn es darum geht, einen Elch aus einem Graben oder aus dem Eis zu befreien.

Ich habe auch darüber geschrieben, wie eng wir schon seit der Vergangenheit mit einer anderen Tierart, dem Hund, zusammenleben und dass der Hund in so enger Verbindung zu uns steht, dass wir ihn in unseren Mythen sogar zu einem Begleiter ins Jenseits gemacht haben oder zum Gefährten des ersten Menschen auf Erden.

So sieht unsere aus der Biologie erwachsene Beziehung zu Tieren aus. Diese Verbundenheit mit Tieren ist voller Widersprüche und Doppelmoral, aber vor allem zeigt sie die aufrichtige Bereitschaft, unabhängig von der Tierart, ein in Not geratenes Individuum zu retten. Unsere Verbundenheit mit anderen Tieren zeigt sich auch in dem drängenden Wunsch, sich Haustiere anzuschaffen – als sei ein Leben ohne Tiere weniger vollständig und ärmer.

Die kulturelle Realität ist dennoch eine ganz andere. Auch wenn wir als Individuen Tiere lieben, haben wir eine Gesellschaft aufgebaut, die ihnen schadet. Wir verursachen anderen Arten unermessliches Leid. Wir führen ein immer schnelleres Artensterben herbei.

Man kann die menschliche Biologie nicht von der menschlichen Kultur trennen. Die Fähigkeiten, über die wir durch unsere Biologie verfügen, haben unsere Kultur hervorgebracht. Und das, was sich in unserer Kultur als wichtig erwiesen hat, hat sich wiederum auf unsere biologische Evolution ausgewirkt.

Manchmal stehen unsere Biologie und unsere Kultur jedoch im Widerspruch zueinander. Ich behaupte, unser Verhältnis zu Tieren ist ein Symptom dafür. Ich wüsste wirklich gern, was sich verändert hat und wann. Doch das ist die falsche Frage. Unser Verhältnis zu anderen Tieren ist nie einwandfrei gewesen. Trotz allem, was ich über die Verbindung des Menschen zu Tieren geschrieben habe oder etwa über sein Bedürfnis, Tiere in der Kunst darzustellen, dürfen wir in diesem Zusammenhang nicht unsere Neigung übersehen, andere Tiere auszubeuten.

Die Mensch-Tier-Verbindung ist etwas, was es dem Menschen erlaubt, sich andere Tiere zunutze zu machen. Diese Verbindung hat sich während der Evolution wahrscheinlich genau deshalb verstärkt, damit die Menschen mehr Tiere als Nahrung erbeuten konnten, immer mehr und immer größere Tiere. Es ist demnach vollkommen irreführend, das Verhältnis der Jäger und Sammler zu Tieren in einem rosaroten Licht zu sehen: Sie zerstörten die Natur zwar nicht in dem Maße wie wir heute, aber sie töteten andere Tiere und auch Artgenossen auf qualvolle Weise. Sie waren alles andere als Blumenkinder. Vermutlich war ihnen nicht klar, wie viel Leid sie verursachten. Wir wissen es heute, dank der Forschung. Doch die Auswirkungen des frühen Menschen auf die Natur beschränkten sich nicht auf das Töten von Tieren. Laut einer kürzlich erschienenen Untersuchung erstreckte sich der Einflussbereich des Menschen vor 12 000 Jahren bereits auf drei Viertel der bewohnbaren Fläche des Erdballs. Der Mensch brannte Wälder ab, gestaltete die Landschaft um, fällte Bäume und sammelte Pflanzen. Die Jagd wirkte sich phasenweise einschneidend auf die Tierbestände aus. Wir haben schon immer wenig Rücksicht auf unsere Umwelt genommen.

Auch wenn das Verhältnis von Hund und Mensch einzigartig und uralt ist, haben auch Hunde schon immer unter Menschen zu leiden gehabt. Durch alle Zeiten hindurch hat man sie geopfert, gegessen und mindestens getreten. An Hunden aus dem alten Rom hat man Anzeichen für Gewalteinwirkung gefunden. Die mesoamerikanischen indigenen Völker opferten Hunde und es kann sein, dass im Alten Ägypten Hunde unter anderem eigens dafür gezüchtet wurden, dass wohlhabende Menschen sie mumifizieren und sich mit ihnen begraben lassen konnten. In manchen Ländern isst man Hundefleisch noch immer und in der Vergangenheit war dies noch viel weiter verbreitet, auch in Europa.

Heutzutage ist es kein bisschen besser. Manche modernen Hunderassen sind so gezüchtet, dass ihr spezifischer Körperbau ihnen ständige Atemwegsbeschwerden und Schmerzen verursacht oder dass ihre Gelenke zum Auskugeln neigen und die Augen stark hervortreten. Hunde leiden in Laboren, wo Medikamente, Kosmetik oder Organtransplantationen an ihnen getestet werden. Es hat

Untersuchungen gegeben, bei denen Hunden der Kopf abgetrennt und künstlich am Leben erhalten wurde. Hunde wurden ins All geschossen und sind dort erstickt oder am Schock gestorben.

Das meiste Tierleid verursacht im Vergleich die Lebensmittelproduktion. Es gibt schätzungsweise eine Milliarde Rinder auf der Welt, eine Milliarde Schafe und eine Milliarde Schweine. Sie werden zum Verzehr durch Menschen gezüchtet – also um zu sterben. Der Zweck ihres Lebens ist es, zu sterben. Es gibt 800 Millionen Ziegen und 20 Milliarden Hühner. Dazu kommen noch Puten, Gänse, Zuchtfische und so weiter.

Ein Teil der Nutztiere führt ein Leben, das, wenn es um Menschen ginge, an ein KZ erinnern würde. Legehennen fristen ihr Dasein in winzigen Käfigen oder in riesigen Scharen auf dem Boden.

Brathähnchen wiederum sind so gezüchtet, dass sie möglichst schnell wachsen, und falls sie aus irgendeinem Grund über ihren Schlachttermin hinaus weiterleben dürften, würden sie für den Rest ihres Lebens durch das schnelle Wachstum an verschiedenen Beschwerden leiden.

Legehennen müssen aufgrund ihrer Züchtung ständig Eier legen. Die männlichen Küken sind quasi überflüssig und so werden sie oft bald nach dem Schlüpfen getötet. Hühner werden ohnehin massenhaft getötet. Der Mensch musste daher effiziente Möglichkeiten erfinden, große Massen an Individuen auf einmal zu töten. Dazu gibt es Verfahren wie Schreddern oder Vergasen. Und immer geschehen dabei Fehler: Das eine oder andere Individuum überlebt die Prozedur bis zum Brühstadium, wo die Tiere zum Ablösen der Federn in heißes Wasser getaucht werden.

Muttersauen werden in engen Kastenständen gehalten. Kühen werden die Kälber sehr früh weggenommen, damit ihre Milch nur dem Menschen zur Verfügung steht. Dennoch müssen die Kühe häufig trächtig werden und Kälber gebären, damit sie reichlich Milch produzieren.

Wenn irgendein Nutztier irgendwo auf der Welt dann doch mal ein halbwegs artgerechtes Leben in einer Herde auf der Weide führen darf, ist spätestens die Schlachtung unmenschlich organisiert. Die Tiere werden zum Schlachten in engen und strapaziösen Verhältnissen über Ozeane in andere Länder verschifft, in denen die Schlachtgesetze möglicherweise etwas weniger streng sind; und am lebendigen Tier bleibt das Fleisch frischer, als wenn es vom Tier abgelöst ist. Tiere sind für Menschen oft einfach nur Fleischtransporter.

All das stellt jedoch nur einen Bruchteil des Horrors dar, den Menschen Tieren antun, auf die unsere Gesellschaft angewiesen ist. Ich könnte noch über Pelztierfarmen sprechen. Ich könnte über Versuchstiere sprechen, und damit meine ich keine angeblich harmlosen Kosmetiktests, sondern genveränderte Tiere in meiner eigenen Disziplin, der Genetik, etwa Mäuse, die extra mit einem Gendefekt gezüchtet wurden und daher keine richtigen Knochen, sondern nur Knorpel entwickeln, sodass die Tiere ihr ganzes kurzes Leben lang Schmerzen leiden. Und es gibt auch Versuchstiere, an denen ausdrücklich Schmerztests vorgenommen werden. Was ist das für ein Leben, dessen einziger Sinn es ist, starke Schmerzen zu verspüren?

Die Menschheit leidet an *Akrasie* – das heißt, wir wissen, was gut wäre, doch wir handeln nicht danach. Die Gesellschaft hat sich gewissermaßen in die Richtung entwickelt, dass wir andere Tierarten anders behandeln, als unsere menschliche Natur es uns vorgibt. In unserer Gesellschaft haben sich über einen langen Zeitraum Strukturen entwickelt, durch die wir Tiere ausnutzen und ihnen Leid zufügen, ohne dass der einzelne Mensch sich dafür verantwortlich fühlt. Diese Strukturen wurden von früheren Generationen geschaffen – schon unsere Urahnen von vor 10 000 Jahren waren daran beteiligt. Derjenige, der sich ursprünglich dafür entschieden hat, das immer weiter anwachsende Tierleid in Kauf zu nehmen, ist schon vor Ewigkeiten gestorben. Man kann ihn nicht benennen. Es ist, als habe es ihn nie gegeben.

Jeder neue Mensch wird mitten in diese fertigen Strukturen hineingeboren. Es ist schwer, diese zu hinterfragen und die Verantwortung dafür zu übernehmen.

Bei der Aufzucht von Nutztieren fällt auf, dass das Leid der Tiere vor den Augen der Menschen verborgen bleibt. Nur ein sehr kleiner Teil der Menschheit – Züchter, Schlachthofangestellte und so weiter – sieht, wie es wirklich ist. Der Rest führt ein Leben, in dem Tiere nicht leiden.

Damit lügen wir uns natürlich selbst in die Tasche, aber das ist typisch für die menschliche Natur. Wir sind eine empathische Tierart, wir wollen keine anderen Tiere leiden sehen. Deshalb bleibt das Leid in Mastbetrieben und Schlachthöfen verborgen.

Auf eine ziemlich verquere Art hat das auch etwas Positives: Wir wollen wirklich kein Leid sehen. Denn wie schrecklich wäre eine Welt, in der das Leid von Tieren im Menschen gar keine unangenehmen Gefühle hervorriefe?

Vielleicht könnte gerade diese Tatsache den Anstoß zur Veränderung geben. Menschen wollen eindeutig kein Leid sehen. Könnte man es daher beenden?

Ich habe in diesem Buch bereits den Primatenforscher Richard Wrangham erwähnt, der zwischen proaktiver und reaktiver Aggression unterscheidet. Seiner Meinung nach ist die reaktive Aggression beim Menschen im Laufe der Evolution zurückgegangen. Dadurch können wir ein Leben führen, in dem wir unsere Angehörigen oder Hunde nicht schlagen und den nervigen Nachbarn nicht gleich erwürgen.

Die proaktive Aggression sind wir jedoch nicht losgeworden. Auch proaktive Aggression ist Gewalt, aber geplant und präventiv. Wir erwürgen den Nachbarn nicht, obwohl er seine Gartenabfälle auf unserem Grundstück verteilt. Stattdessen akzeptieren wir Kriege und wären vielleicht sogar selbst bereit, daran teilzunehmen. Wir schlagen den kläffenden Hund des Nachbarn nicht tot, aber wir essen gern Schweinefleisch. Gewalt finden wir in Ordnung, solange sie als der Gesellschaft dienlich gilt. Das ist das Paradox der menschlichen Aggression und es zeigt sich darin, wie wir mit anderen Tierarten umgehen.

Die Menschheit hätte die Möglichkeit, eine tiefe wechselseitige Verbindung zu Tieren aufzubauen, aber wir handeln böse. Und das ist kein Irrtum. Wir haben uns dafür entschieden.

27. KAPITEL
EIN LEBEN IN DER MASCHINERIE

Der Mensch entscheidet sich also nicht als Einzelner für das Böse. Es wird kollektiv entschieden. Der Samen des Bösen wird in die Kultur eingepflanzt und am Ende ist niemand mehr für das Endergebnis verantwortlich.

Auch wenn das massive Leid, das die Menschen anderen Tieren zufügen, Teil eines langen kulturellen Kontinuums ist, gab es in der Vergangenheit immer wieder Punkte, die das Leid gesteigert und sein Wachstum beschleunigt haben. Einer dieser Momente war natürlich die neolithische Revolution – der Beginn der Landwirtschaft und der Domestizierung von Tieren.

Vor etwa 10 000 Jahren machte die paläolithische Kultur der Jäger und Sammler allmählich Platz für eine neue Lebensform. Natürlich geschehen große kulturelle Umwälzungen nicht von einem Tag auf den anderen. Nicht alle Menschen auf der Welt erfuhren die Veränderung zur gleichen Zeit, sondern die neolithische Kultur breitete sich von ihren Entstehungsorten im Gefolge der Menschen aus, als der *Homo sapiens* Generation für Generation seinen Lebensraum erweiterte. Die neue Lebensform überlappte sich mit der paläolithischen und mesolithischen Lebensweise. Auch nach dem Magdalénien, der letzten europäischen Jägerkultur mit besonders weit entwickelten Jagdtechniken, setzten die meisten Menschen in Europa ihr Leben als Jäger und Sammler fort.

Auch davon abgesehen ist der Begriff *Revolution* irreführend. Große Umwälzungen erscheinen oft erst im Rückblick als groß, wenn das Gesamtbild erkennbar wird und die langen Zeiträume der Vergangenheit sich aus der heutigen Sicht auf einzelne Punkte in der Geschichte verdichten. Archäologisches Quellenmaterial zeigt oft ein verzerrtes und lückenhaftes Bild und auch deshalb erscheint die Vergangenheit einfacher und eindeutiger, als sie es in der Realität war.

Der Übergang vom Paläolithikum zum Neolithikum kann auch als Reihe einzelner Ereignisse gesehen werden; die Domestizierung einer Art hier, einer anderen dort, die Ansiedlung einzelner Menschengruppen an einem festen Wohnort und der allmählich einsetzende Pflanzenanbau. Kulturelle Umwälzungen bestehen am Ende aus nichts anderem als alltäglichen Verrichtungen.

Die neolithische Kultur entstand in verschiedenen Gegenden der Welt, sie hat nicht den einen, klar bestimmbaren Ursprungsort. Das legt den Gedanken nahe, dass der Wandel von der nomadisierenden Sammlerkultur zur sesshaften Anbaukultur tatsächlich eine folgerichtige Entwicklung der menschlichen Lebensweise darstellt, das unvermeidliche Ergebnis des vorherigen Prozesses, sofern domestizierbare Tierarten in Reichweite sind. Die Veränderung der Lebensform ging natürlich auf verschiedene Faktoren zurück wie etwa das Ende der Eiszeit und die allmähliche Erwärmung des Klimas. Große Beutetiere waren vielleicht hier und da schon rar, dank der effizienten Jägerkulturen. Die wachsende Bevölkerung zwang die Menschen dazu, neue Lebensformen zu entwickeln.

Auch früher hatten die Menschen bereits Wildgetreidekörner zur Nahrung gesammelt, doch nun begannen sie, diese Körner systematisch zur Aussaat zu verwenden.

Eine Vorgängerkultur des Neolithikums, eine sogenannte epipaläolithische Kultur, war das Natufien, das vor etwa 14500 bis 11600 Jahren in der Levante am östlichen Mittelmeer, auf dem

Gebiet des heutigen Israel, Jordanien und Libanon, vorherrschte. Die Menschen sammelten und aßen verschiedene Wildgetreide und man hat in ihren Siedlungsgebieten später Sicheln, Klingen, Mörser und Mühlsteine zur Verarbeitung des Getreides gefunden. Darüber hinaus jagten sie Gazellen und fischten.

Der Hund begleitete den Menschen durch diese Zeit. So gehen die frühesten Funde von Hunden im Nahen Osten auf die Kultur des Natufien zurück. Sie wurden größtenteils in Gräbern entdeckt. Der älteste Fund der Welt war lange Zeit ein Welpe im Norden des heutigen Israel, der vor 12 000 Jahren mit einer alten Frau zusammen bestattet worden war. Den Hund hatte man auf den Schoß der Frau gebettet und ihre Hand ruhte auf dem Welpen. In einem anderen Grab waren drei Menschen und zwei Hunde beerdigt, wobei die Köpfe der Hunde nahe bei den Köpfen der Menschen lagen und die Gliedmaßen der Menschen und Hunde ineinander verschränkt waren.

Vor allem die Landwirtschaft breitete sich vom sogenannten Fruchtbaren Halbmond vor rund 10 000 Jahren zunächst auf den Balkan und die Mittelmeerküsten aus. Auch auf dem Gebiet des heutigen China entstand etwa zur selben Zeit, vor rund 9000 Jahren, eine Agrarkultur.

Die neue Lebensform drang vor rund 6000 Jahren ins nördliche Mitteleuropa vor, ihren Weg nach Nordeuropa fand sie schließlich vor etwa 4000 Jahren.

Im Entstehungsgebiet des Neolithikums, in der Levante und Mesopotamien, finden sich viele Knochen von Hunden, die 8000 bis 10 000 Jahre alt sind. Dort hat man auch ganz andere, aber ebenso alte Nachweise von Hunden gefunden: kleine Statuetten von Hunden mit Ringelschwanz. An einer Höhlenwand in der Türkei wurde zur selben Zeit ein jagender Hund verewigt. Es kann gut sein, dass der Hund sich eben im Gefolge der neolithischen Kultur aus dem Nahen Osten nach Europa ausbreitete.

Vor etwa 11 000 bis 10 000 Jahren begann man im Gebiet des Fruchtbaren Halbmonds, mindestens Ziegen, Schweine, Schafe und Rinder zu domestizieren. Das Schwein ist dabei auch an anderen Orten domestiziert worden, etwa vor rund 8000 Jahren in Ostasien. Das domestizierte Huhn entstand vor rund 4000 Jahren in Südasien. Etwa genauso alt ist die domestizierte Katze. Soviel wir wissen, stammt sie aus dem Nahen Osten oder dem Mittelmeerraum. Ich habe bereits vom Pferdevolk der Botai gesprochen und archäologische Funde geben darüber Aufschluss, dass sie vor etwa 3500 Jahren als Erste das Pferd domestiziert haben. Doch unsere heutigen Hauspferde sind nicht mit den Botai-Pferden verwandt.

Der Mais wurde erstmals in Mesoamerika als Kulturpflanze angebaut, in China waren es Hirse und Reis, in Südamerika Kartoffel, Erdnuss und Maniok. Auf dem Gebiet des Fruchtbaren Halbmondes, in den Tälern von Euphrat, Tigris und Jordan, züchtete man viele verschiedene Pflanzen, vor allem Getreidearten, von denen manche Sorten inzwischen verschwunden sind und andere sich auf dem Weg ins Heute stark verändert haben.

Durch Landwirtschaft und Tierzucht wurde der Mensch sesshaft. Man machte die ersten Schritt hin zu dem, was wir heute Gesellschaft nennen. Landwirtschaft erforderte menschliche Arbeitskraft und Zeitpläne. Es bildeten sich Hierarchien. Und man musste planen, was wann zu tun war und in welchem Umfang. Vor etwa 5000 Jahren entstand die Schrift und als Grund für ihre Entwicklung wird insbesondere die Notwendigkeit angeführt, über die Ernte Buch zu führen.

Die neolithische Kultur wird für vieles angeprangert und sie war auch keinesfalls ein Schritt ins Paradies. Über den Schaden der Agrarkultur für die Menschheit hat beispielsweise der US-Evolutionsbiologe Jared Diamond viel geschrieben. Auch Yuval Noah Harari widmet dem Thema in seinem Buch *Sapiens* viele Seiten. Die US-Anthropologen David Graeber und David Wengrow betonen in ihrem Buch *Anfänge*, dass die Lebensformen vor dem Neolithikum deutlich vielfältiger waren, als man gemeinhin annimmt. Es gab verschieden große Gemeinschaften, frühe Städte existierten bereits vor der Landwirtschaft und die Menschen gingen beim Anbau von Nutzpflanzen nicht so planvoll vor wie häufig vermutet.

In jedem Fall zeigt sich anhand archäologischer Quellen, dass sich die Ernährung der Menschen durch die Umstellung auf die Landwirtschaft verschlechterte. Die Nahrung war einseitiger als vorher oder sie wurde nicht gleichmäßig auf alle verteilt. Die Jäger und Sammler konnten ihre Ernährung daran anpassen, was die Natur gerade bot, aber das Auskommen der Landwirte war davon abhängig, ob die einmal angesäten Pflanzen bis zur Ernte durchhielten. Monokulturen laufen immer Gefahr, durch Krankheiten oder andere Faktoren zerstört zu werden. Da die Ernährung sich verschlechterte und die Menschen enger beieinander wohnten, wurden sie öfter krank. Abfälle zogen Ungeziefer an, Parasiten breiteten sich aus.

Eine der größten Sünden der neolithischen Kultur betrifft die zwischenmenschlichen Beziehungen: Hierarchien entstanden. Es gab nun Menschen, die für andere arbeiteten, und andere, die dies nicht taten.

Auch die Wurzeln der patriarchalen Gesellschaft gehen auf den Ursprung der neolithischen Kultur zurück. Anhand mitochondrialer DNA, die von der Mutter auf das Kind vererbt wird, hat man gefolgert, dass bei den Jägern und Sammlern Paare ebenso häufig bei den Verwandten der Frau wie des Mannes lebten – sofern das Paar sich nicht dazu entschloss, ganz unabhängig zu leben. In der patriarchalen Gesellschaft wurde von der Frau erwartet, zur Familie des Mannes zu ziehen. Die Frau wurde zum Besitz.

Etwas paradox erscheint die Tatsache, dass die physische Überlegenheit des Mannes vielleicht gerade in den Agrarkulturen an Bedeutung gewann. Man könnte denken, dass Kraft bei der Jagd auf große Wildtiere besonders wichtig gewesen wäre, aber das ist nicht unbedingt der Fall. Man jagte in Gruppen und mit großem technischem Geschick. Die individuelle Stärke war dabei möglicherweise gar nicht unbedingt ausschlaggebend. Erst als die Menschen durch die neolithische Revolution enger zusammenrückten und mehr miteinander zu tun hatten, wurde körperliche Stärke vielleicht zu einem Faktor in zwischenmenschlichen Beziehungen. Die Stärkeren bestimmten, also ergriffen die Männer die Macht.

Die Lebensgewohnheiten und das Verhältnis zur Umwelt legen fest, wie Menschen ihre Welt sehen und verstehen. Das Christentum, diese große Weltreligion, sowie die verwandten Religionen Judentum und Islam entstanden als Folge der neolithischen Revolution in einer Zeit, als der Mensch die Landwirtschaft erfand und die patriarchale Gesellschaft schuf. Die möglichst effiziente Nutzung der Natur ist denn auch tief in der christlichen Tradition verwurzelt. In den abrahamitischen Religionen stattet Gott die Menschheit mit den Befugnissen des Oberhirten und Obergärtners aus.

Ich weiß, dass meine These möglicherweise manchen Leser befremdet. Doch für mich ist es ziemlich offensichtlich: Aufgrund seines Ursprungs ist das Christentum stets aktiv daran beteiligt gewesen, eine Gesellschaft aufzubauen, in der der Mensch Land urbar macht und Wälder abbrennt, Tiere so züchtet, dass sie immer gefügiger werden und mehr Fleisch ansetzen, sie in enge Verschläge sperrt und dazu zwingt, immer wieder Nachkommen zu produzieren, damit die Milch und das Fleisch ausreichen, um die vielen hungrigen Menschenmünder zu füttern. Diese Konstellation wurde später unter anderem von Thomas von Aquin bekräftigt, dem katholischen Philosophen und Theologen des 13. Jahrhunderts. In seinen Schriften heißt es, dass von allen Lebewesen nur der Mensch im Geiste frei, rational und souverän ist. Daher ist der Mensch das einzig bedeutsame Wesen auf Erden und die Aufgabe der anderen Arten ist es, ihm zu dienen.

Der Gedanke, das Christentum habe die Ausbeutung von Natur und Tieren gesellschaftlich akzeptabel gemacht, stammt allerdings nicht von mir. Der Historiker Lynn White veröffentlichte 1967 in der Zeitschrift *Science* den Artikel »*The Historical Roots of Our Ecological Crisis*«, und nach ihm ist die sogenannte White-These benannt: Durch die Schöpfungsgeschichte des Christentums und ihre Idee vom Menschen als Herrn über die Natur hat sich die westliche Kultur so entwickelt, dass sie die Natur zerstört.

Whites Gedanken sind häufig als zu unscharf kritisiert worden, doch sein Artikel hat eine wichtige Debatte angestoßen. Ende der 1990er Jahre entwickelten sich immer mehr ökotheologische und ökoethische Denkschulen, die darauf abzielten, die Dualität von Mensch und Natur aufzulösen und das Besitzverhältnis des Menschen zur Natur infrage zu stellen.

Inzwischen ist die Ökotheologie, die sich mit dem Verhältnis des Christentums zur Natur beschäftigt, weltweit eine wachsende Forschungsdisziplin. In diesem Zusammenhang wird nicht nur das Verhältnis von Christentum und Natur untersucht, sondern auch, welche Antworten das Christentum auf die aktuellen Umweltkrisen wie den Klimawandel und das Artensterben geben kann. In der Ökotheologie und der später entstandenen Tiertheologie zeigt sich, dass das Christentum durchaus etwas zu einer nachhaltigeren Gesellschaft beitragen kann. Das freut auch eine Atheistin wie mich.

Wäre die Welt anders, wenn die meisten Menschen die Natur aus einem anderen Blickwinkel betrachten würden als dem, den wir seit dem Ursprung der Landwirtschaft kennengelernt haben? Oder wenn unsere Religion sich beispielsweise das Verhältnis der Höhlenmaler von Chauvet zur Natur erhalten hätte?

Wäre die Welt für Tiere anderer Arten dann ein besserer Ort? Ich kann es nicht wissen. Vielleicht wäre sie sogar noch viel blutiger und grausamer.

Auf jeden Fall kann man die neolithische Revolution für die Unterdrückung der Tierwelt verantwortlich machen. In unseren Augen sehen die ersten Jahrtausende der Tierhaltung mit ihren kleinen Tiergruppen auf Weiden vielleicht wie eine pastorale Idylle aus, doch damit begann eine Entwicklung, mit deren Ergebnissen wir heute leben.

Es gibt noch andere Zeitpunkte in der Geschichte, die der effizienten Tierproduktion zu weiterem Aufschwung verhalfen – andere Revolutionen als nur die neolithische. Eine davon ist die Epoche der Aufklärung und die darauffolgende industrielle Revolution. Als man begann, die Landwirtschaft zu mechanisieren, zogen die dadurch frei gewordenen Landarbeiter in die Städte, um sich in den Dienst der Industrie zu stellen.

Nicht selten hört man, dass die Epoche der Aufklärung Licht in die dunklen Ecken der Menschheit gebracht und die Ungeheuer fortgejagt habe, aber in vielerlei Hinsicht ist es genau andersherum. Die damit einsetzende und darauffolgende technologische und wissenschaftliche Entwicklung hat der Menschheit neuartige, effizientere Formen der Grausamkeit gebracht.

Die Welt veränderte sich in hohem Tempo. Die Chirurgie entwickelte sich vom Nebenerwerb der Friseure zum Spezialgebiet der Ärzte. Auch die erste Impfung wurde um 1800 erfunden. Man exhumierte Leichen von Kriminellen für anatomische Studien. Die Zellbiologie entwickelte sich im 19. Jahrhundert rasant, das heißt, man begann, das Leben in seine leblosen Teile zu zerlegen. 1888 wurden die Chromosomen entdeckt. Darwin zeigte, dass der Mensch – wie alle anderen Tiere auch – ein Produkt der Evolution ist, und die von Gott gegebene Sonderstellung des Menschen begann zu bröckeln.

Andererseits bewahrte die Wissenschaft den Status des Menschen, indem sie seinen Geist als einzigartig beschrieb. Die Menschheit weigerte sich weiterhin, von ihrem Sockel herabzusteigen.

Die Produktion wurde zunehmend automatisiert, die Industriearbeiter waren nur noch Gehilfen der Maschinen. Dann kamen der Verbrennungsmotor und das elektrische Licht, sodass man immer effizienter und unabhängig von der Tageszeit arbeiten konnte. Materiell ging es den Menschen stetig besser und mit der Weiterentwicklung des Gesundheitswesens steigerte sich die Lebenserwartung.

Gleichzeitig wuchs die Zerstörungskraft des Menschen: Diese Epoche ist auch eine Epoche der Kriege. Die technische Entwicklung, mit der Elektrizität und Verbrennungsmotoren ihren Weg in die Industrie und in die Wohnungen der Menschen fanden, machte auch die Grausamkeit von Kriegen deutlich effizienter. Man konnte eine größere Anzahl von Menschen in kürzerer Zeit töten.

Die Kolonialpolitik ist das beste Beispiel dafür, wie böse und geradezu sadistisch diese Epoche war. Man sehe sich nur an, was der belgische König Leopold II. im Kongo anrichtete. Er war davon überzeugt, dass in den Kolonien der Schlüssel zu Reichtum und Fortschritt lag, und so brachte er den Kongo 1885 in seinen persönlichen Besitz. Die Ausbeutung der Kolonien verbrämte er als Akt der Zivilisation und Wohltätigkeit. Innerhalb von vierzig Jahren ging die Bevölkerung des Kongo um die Hälfte zurück, denn die Menschen, die man vor allem in der Gummiproduktion wie Sklaven ausbeutete, wurden verstümmelt, vergewaltigt und ermordet.

Insgesamt begann im 19. Jahrhundert eine schizophrene Epoche, in der sich Fortschritt mit immer effizienteren Grausamkeiten abwechselte. Die Aufklärung hatte die Vernunft unterstrichen, aber das bedeutete eine kalte, gefühllose und versachlichende Sicht nicht nur auf die Natur, sondern auch auf andere Tierarten und sogar andere Menschen. Diese Entwicklung führte nach und nach dazu, dass man die Nutztiere von den Höfen und Weiden nach drinnen verbannte, wo sie Teil einer Apparatur wurden.

Jetzt sind sie Bestandteil einer Maschinerie – sie werden dort hineingeboren und am Ende von der Maschinerie wieder aufgefressen.

28. KAPITEL
GETEILTES LEID, GETEILTE FREUDE

Der August geht allmählich zu Ende. Nuppu war zuletzt am 12. August auf den Webcam-Bildern zu sehen. Ich war ebenso wie die anderen Follower durchaus auf ihren Abschied vorbereitet, denn die weiblichen Fischadler fliegen als Erste in den Süden. Das Brüten war eine Belastung für ihren Körper und das Männchen wird ein paar Wochen allein mit dem Nachwuchs zurechtkommen.

Und dennoch werde ich Nuppu vermissen, sie ist mir von allen Fischadlern am meisten ans Herz gewachsen. Über die Gründe dafür habe ich viel nachgedacht. Mir ist klar geworden, dass bestimmte Tiere mir vor allem deshalb wichtig wurden, weil sie Mütter sind. Rauni war Mutter eines Wurfs, Alma war Mutter, Nuppu ist Mutter. Tiere sind für mich nicht nur Individuen, sondern sie haben auch eine symbolische Bedeutung. Das ist schon seit Zehntausenden von Jahren so und ich unterscheide mich darin nicht von meinen Urahnen.

Auch Myy ist immer seltener auf der Webcam zu sehen. Dennoch verbringt sie viel Zeit in der Nähe und wartet auf die Fütterung. Wenn Myys schrille Rufe ertönen, wissen die Follower, dass Ahti mit einem Fisch in den Klauen im Anflug ist. Myy fliegt rasch zum Nest und ist meist vor ihrem Vater da. Aus ihrer Blickrichtung kann man schließen, woher Ahti angeflogen kommt. Ein paarmal schlägt sie ihren Schnabel so heftig in die Beute, dass sie statt des

Fisches das Bein von Ahti erwischt. Der Altvogel wartet erstaunlich ruhig, bis der Nachwuchs seinen Fuß wieder freigibt.

Mich macht es jetzt schon traurig, dass Myy bald allein zurechtkommen soll. Was, wenn ihr das nicht gelingt? Wenn sie es nicht schafft, selbst zu fischen? Wenn sie nicht begreift, dass sie sich aus Finnland verziehen muss, bevor die Gewässer zufrieren? Mein Mitgefühl mit anderen tierischen Individuen nimmt manchmal lächerliche Ausmaße an.

Dennoch bin ich nicht der Meinung, dass alle Gefühle, die ich der Natur und Tieren gegenüber spüre, lächerlich und überflüssig sind. Gefühle offenbaren wichtige Dinge. So gibt es beispielsweise den Begriff *moralischer Stress* – davon wird heute besonders häufig in Pflegeberufen gesprochen. Wenn das Personal eines Pflegeheims nicht genug Ressourcen hat, sich um die Bewohner so gut zu kümmern, wie es nötig wäre, geraten die Pflegekräfte in moralischen Stress. Ihre Werte sind nicht im Einklang mit ihrem Handeln und das zeigt sich in Gefühlen.

Eine andere Berufsgruppe, die unter moralischem Stress leidet, sind Tierärztinnen und -ärzte. Einer US-amerikanischen Studie zufolge haben sie sogar im Vergleich zur Durchschnittsbevölkerung ein höheres Selbstmordrisiko. Das ist insofern überraschend, als eine Hochschulausbildung üblicherweise vor psychischen Problemen schützt. Doch der moralische Stress der Berufsgruppe ist leicht nachzuvollziehen: In Finnland sind es zum großen Teil Frauen, die den Beruf ausüben. Sie sind tierlieb und empathisch und empfinden ihren Beruf in der Regel als Berufung. Doch der Arbeitsalltag ist oft hart. Dazu gehören Kontrollen in Schlachthöfen und landwirtschaftlichen Betrieben und dabei werden sie oft Zeugen von falscher Tierhaltung und großem Tierleid. Es ist also kein Wunder, dass die menschlichen Werte in Konflikt mit der Alltagsrealität geraten.

Die heutige Gesellschaft bewirkt bei Menschen wie mir moralischen Stress. In meinem Alltag stelle ich ständig fest, dass die

Natur allgemein als zweitrangig angesehen wird. Meine geliebten Wälder werden gefällt – noch dazu oft während der besten Nistzeit. An meinem früheren Wohnort versuchte ich einmal, zwei Arbeiter daran zu hindern, einen Baum mit einem Nistkasten zu fällen. In dem Nistkasten befanden sich Jungvögel. Doch es gelang mir nicht. Die Männer jagten mich wütend davon. Die Motorsäge wurde angeworfen und der Nistkasten mitsamt der Brut stürzte zu Boden. Ich verstehe immer noch nicht, woher ihre Wut kam. Mich bekümmerte und bedrückte dieses Ereignis unsäglich. Ich hob den Nistkasten auf und befestigte ihn an einem anderen Baum, aber ich weiß nicht, ob die Jungvögel durchkamen.

Der Theologe Panu Pihkala hat in Finnland die Begriffe *Umweltangst* und *Klimaangst* eingeführt. Diese Phänomene werden durch das Bewusstsein darüber ausgelöst, dass es der Natur schlecht geht und die Einwirkung des Menschen sie zerstört. Umweltkrisen können eine ganze Reihe von verschiedenen Gefühlen auslösen, wie Ängste, Wut, Aggression, Schuldgefühle, Wehmut, Trauer oder Entmutigung. Umweltangst kann ebenso durch Nachrichten aus weit entfernten Ländern entstehen wie durch Veränderungen in der Natur vor unserer Haustür. Im besten Falle ist Umweltangst eine Kraft, die uns zum Handeln bringt, aber im ungünstigsten Fall kann sie uns lähmen und psychische Probleme verursachen.

Die Gefühle, die wir der Natur entgegenbringen, dürfen wir nicht abwerten. Manche Menschen weinen, wenn der Wald gefällt wird, den sie jahrzehntelang aus ihrem Fenster gesehen haben. Biotope vor unserer Tür, etwa Stadtwälder und ihre Vogelpopulation, sind laut Studien wichtig für uns. Sie reduzieren Stress und steigern das Wohlbefinden. Und auch sonst haben sie viele positive Auswirkungen auf die Gesundheit, indem sie etwa die Menschen zur Bewegung an der frischen Luft animieren oder durch ihre Mikrobenvielfalt das menschliche Immunsystem stärken. Dennoch bleiben

Wälder und Bäume in der Stadt bei Bau- und Instandhaltungsvorhaben immer wieder auf der Strecke.

Vor einigen Jahren nahm ich in meinem Wohnort an einer Diskussionsveranstaltung teil, in der es um die von der Stadtverwaltung geplanten Waldpflegemaßnahmen ging. Die Stadtwälder sollten dabei wie Wirtschaftswälder betrieben werden. Pflege bedeutete dabei, Bäume zu fällen und so die dichten Wälder auszulichten. Dass die Menschen sich in den kleinen Parks und Wäldern wohlfühlten, wie sie waren, war kein Wert, dem dabei Bedeutung beigemessen wurde. Stattdessen führte der Leiter der Abteilung Stadtgrün eine Menge Gründe auf, warum in der ganzen Stadt Bäume gefällt werden sollten. An einer Stelle störte das Wasser, das von den Ästen auf die Langlaufloipe tropfte, an einer anderen standen nach Meinung der Planer die Bäume zu nahe am Fußweg und waren daher gefährlich.

Als der Mann, der das Waldpflegekonzept erstellt hatte, seine Sicht schilderte, wusste ich nicht, ob ich lachen oder weinen sollte. Als einen Grund, warum Bäume gefällt werden sollten, nannte er nämlich, dass sich in sehr dichten Wäldern Exhibitionisten herumtreiben könnten. Als Frau und ehemaliges kleines Mädchen hätte ich ihm sagen können, dass ich Exhibitionisten schon im Zug, auf dem Sportplatz und vor meinem Haus begegnet war, aber kein einziges Mal im Wald.

Die öffentliche Einstellung der Natur und anderen Tierarten gegenüber ist vollkommen anders als meine. Was ist, wenn ich das Leben in einer Gesellschaft nicht aushalte, die Tiere quält und tötet und immer mehr Wald zerstört, sei es zugunsten von Wohnungen, der Forstwirtschaft oder zur Abschreckung von Exhibitionisten?

Meine Umweltangst wird zusätzlich dadurch geschürt, dass Gefühle in der öffentlichen Debatte als zweitrangig angesehen werden. Ich habe den Eindruck, für mein Unbehagen ausgelacht zu werden. Gefühle – und vielleicht vor allem die Gefühle von Frauen –

gelten im öffentlichen Kontext als flüchtig wie ein Regenschauer und man kann mit ihnen keine Entscheidungen begründen. Ihnen wird kein Wert beigemessen. Gefühle gelten als das Gegenteil von Vernunft. Wir haben eingetrichtert bekommen, dass man auf der Grundlage von Emotionen keine wichtigen Entscheidungen fällen sollte und dass Menschen, die von Gefühlen getrieben sind, leicht in Schwierigkeiten geraten.

Aber was ist, wenn Gefühle doch etwas sehr Wesentliches aussagen und viel besser die Wahrheit aufdecken als die sogenannte Vernunft?

Ich habe in diesem Buch immer wieder Studien herangezogen, die darauf hindeuten, dass es einen statistisch signifikanten Unterschied zwischen der weiblichen und der männlichen Perspektive auf andere Tierarten gibt. Frauen sind im Durchschnitt empathischer anderen Menschen, Tieren und auch der Natur gegenüber als Männer. Frauen setzen sich öfter als Männer für Tierrechte ein und ernähren sich häufiger vegetarisch. Frauen machen sich mehr Sorgen über die Klimakrise und finden Naturschutz wichtiger als Männer. Sie stehen Migranten und Asylsuchenden positiver gegenüber als Männer. Aufgrund all dieser Dinge werden Frauen als weniger rational und ihre Gefühle sogar als gefährlich eingestuft. Ihre Gutgläubigkeit und Freundlichkeit gelten als Risiko.

Aber vielleicht steckt die Welt ja genau deshalb in der Krise – weil die weiblichen Werte nicht die vorherrschenden Werte sind?

In den letzten Jahren habe ich im Umfeld verschiedener Wahlen angefangen, mich damit zu beschäftigen, wie die Kandidatinnen und Kandidaten in ihrer Wahlwerbung das Wort »Vernunft« benutzen. Meist ist jemand, der die Vernunft besonders betont, ein Mann, der sich auf der politischen Landkarte eher rechts befindet. Vernunft verweist in dieser politischen Rhetorik in der Regel darauf, dass Umweltthemen keinen besonderen Wert haben. Vernünftige Themen sind aus ihrer Sicht im Gegenteil Industrie, Autofahren und Wirtschaft.

Es verlangt politisch aktiven Menschen schon eine Menge Entschlossenheit ab, für Tierrechte und Umweltthemen einzutreten, denn sie stehen gerne in dem Ruf, Ökospinner, Baumumarmer oder unbelehrbare Weltverbesserer zu sein. Umweltschützer scheinen sich oft mit kleinen, vermeintlich überflüssigen Dingen wie nachhaltigen Tragetaschen oder dem Kompostieren zu beschäftigen. Natur und Tierrechte gelten als weiche Werte, über die gelacht wird und die stets das Nachsehen haben, wenn harte wirtschaftliche Themen, sprich die »Vernunft«, aufs Tapet kommen.

In Finnland gab es in den letzten Jahren in jedem Frühling eine Diskussion um die Weißwangengänse, die auf dem Weg zu ihren Nistplätzen in der Arktis auf finnischen Feldern haltmachen. Sie fressen oft die frisch gesäten Bohnen und Erbsen und das gerade gekeimte Getreide. So ein Gänseschwarm kann mehrere Tausend Vögel umfassen, sodass der Schaden für die Bauern durchaus groß sein kann.

In dieser Debatte vertreten stets jene die Vernunft, die fordern, dass die Vögel abgeschossen werden dürfen. Als emotionale Ökospinner werden wiederum die Menschen abgestempelt, die vorschlagen, dass man den Gänsen separate Futterfelder zur Verfügung stellen könnte, auf die sie von den anderen Feldern gezielt gelenkt werden.

Tatsächlich ist dieser Vorschlag wirklich vernünftig. Man kann nicht so viele Gänse abschießen, dass ihre Zahl wesentlich zurückgehen würde. Die Schwärme sind riesig und die Weißwangengans ist eine nach EU-Recht besonders geschützte Art. Zudem spricht dieser Vorschlag auch dem Leben anderer Tierarten einen Wert zu, aber leider gelten dessen Befürworter in aller Regel als gefühlige Weicheier.

Die bereits erwähnte und von mir hochgeschätzte Philosophin Elisa Aaltola schreibt in ihrem Buch *Häpeä ja rakkaus* – auf Deutsch: »Scham und Liebe« – über die Bedeutung von Gefühlen für die Moral. Ihr zufolge wertet die westliche Philosophie Emotionen ab. Gefühle wurden und werden zur Seite geschoben, weil man denkt, dass sie uns ins Chaos stürzen. Das zeigt sich besonders in unserer Beziehung zu Tieren: Gefühle wären unsere natürliche Reaktion sowohl auf Artgenossen als auch auf andere Tiere, aber in unserer modernen Gesellschaft haben wir gelernt, Gefühle in den Beziehungen zu Tieren zu unterdrücken.

Doch Gefühle decken Situationen auf, die unseren Werten zuwiderlaufen. So können beispielsweise Scham und Schuldgefühle Kräfte sein, die etwas Positives bewirken und Dinge zum Guten wenden. Der *Sentimentalismus* ist eine philosophische Denkrichtung, die die Moral als durch Gefühle begründet sieht – darunter auch Gefühle, die durch Tiere ausgelöst werden. Seine Wurzeln liegen im späten 18. und frühen 19. Jahrhundert, aber in letzter Zeit erlebt der Sentimentalismus eine neue Blüte.

Gefühle können recht haben – und sie können uns zu guten Lösungen animieren.

Auch auf positive Gefühle sollte man hören. In Helsinki ist es neuerdings für viele Leute ein großer Spaß, Anfang Mai dabei zu sein, wenn die Kühe des universitären Forschungsbauernhofs zum ersten Mal nach dem langen Winter wieder nach draußen auf die Weide kommen. Jedes Jahr versammeln sich zu diesem Ereignis viele Menschen am Kuhstall und an der Weide und man kann es auch live im Netz verfolgen.

Die Kühe genießen es ganz eindeutig, dass sie nach draußen dürfen. Sie werfen die Hinterbeine in die Luft und stürmen zur Weide, sie laufen um die Wette, wer als Erste auf der grünen Wiese ist. Die Ohren zeigen nach hinten wie bei tobenden Hundewelpen, die Schwänze schwingen durch die Luft. Und den Menschen tut es gut, die Freude der Tiere mitzuerleben.

Noch vor ein paar Jahren gab es in den sozialen Medien und sogar in einigen Zeitungen Kommentare, dass die Menschen, die den Austrieb der Kühe verfolgten, sich von der Natur entfremdet hätten.

Das ist eine seltsame, widersinnige Idee. Das würde ja bedeuten, dass man der Natur und Tieren gegenüber gefühllos gegenübertreten sollte. Ein angemessenes Verhältnis zur Natur bestünde demzufolge ausschließlich aus kalter, wirtschaftlicher Berechnung. Es ist nicht vernünftig, am Spaß der Kühe selbst Freude zu empfinden.

Am liebsten würde ich diese Kommentatoren schütteln. Die Verbindung zu Tieren ist für die Entwicklung der Menschheit und unserer Gesellschaften immer zentral gewesen. Es ist erschreckend, wie blind wir dafür sind.

Die Verbindung zu Tieren ist eine Sache von Vernunft *und* Gefühl. Dass ein Mensch Freude empfindet, wenn er ein glückliches Tier sieht, ist ein biologisches, sehr wohl existentes Phänomen, das man sich bewahren sollte. Vielleicht ist die Freude der Kühe auf der grün sprießenden Weide etwas, was die Menschen schon vor zehntausend Jahren gern beobachtet haben. Nichts anderes tun wir heute mithilfe von Kuh- oder Katzenvideos: Wir freuen uns an anderen Tieren und teilen ihre Freude.

29. KAPITEL
KANN SICH ÜBERHAUPT ETWAS ÄNDERN?

Igor klettert aufs Sofa und rollt sich neben meinem Bein zum Schlafen zusammen. Ich rücke den Laptop zurecht, damit ich weiterschreiben kann, ohne den schlafenden Hund zu stören.

Immer wieder erfüllt mich Verzweiflung. Ich möchte optimistisch sein, aber das gelingt mir nur selten. Kann die Menschheit sich ändern? Wird sie jemals so leben können, dass die anderen Lebewesen nicht immer aufs Neue in Wellen aussterben? Geht es notwendigerweise nur in die eine Richtung, in der das Leid der Tiere in der Welt immer mehr zunimmt?

Alle Dinge, über die ich gesprochen habe und die das Verhältnis der Menschheit zu Tieren anderer Spezies und zur Natur insgesamt geprägt haben, sind Teil unserer symbolischen Kultur. Landwirtschaft, Christentum, Aufklärung, industrielle Revolution oder etwa die Bewusstseinsphilosophie sind Beispiele einer sich stets erneuernden menschlichen Kultur, die sich das Alte zunutze macht und etwas Neues schafft. Man kann all diese Dinge kritisieren, aber man kann sie nicht abschaffen. So funktioniert Kultur nicht. Kultur bedeutet, das Alte zu variieren und so etwas Neues aufzubauen.

Das birgt auch eine Hoffnung: Die Gesellschaft kann sich wandeln. Die Kultur bringt heutzutage viel schneller Neues hervor als jemals zuvor und sie hat das Potenzial in sich, sich selbst zu korrigieren.

Ich versuche mich auf jene Dinge zu fokussieren, die sich bereits verändert haben. Der Philosoph René Descartes hat den anderen Tierarten die Seele gestohlen, aber etliche Philosophen haben sie ihnen zurückgegeben. Daneben gibt es Philosophen, die auch dem Menschen ein Ich-Bewusstsein absprechen und damit Menschen und andere Tiere auf eine gemeinsame Grundlage stellen. So etwa Jacques Derrida, der 2004 verstorbene Poststrukturalist und Begründer der Dekonstruktion. Dekonstruktion bedeutet eine kritische Herangehensweise an Konzepte und das Aufzeigen ihrer inneren Widersprüche.

Das posthum veröffentlichte Buch *Das Tier, das ich also bin*, das auf einer langen Seminarreihe von Derrida beruht, nimmt Descartes' Versuch auseinander, dem Menschen im Vergleich zu anderen Tierarten eine besondere Stellung zuzuweisen. Man kann den Menschen nicht als Sonderfall behandeln, denn kein einziges von Descartes' Argumenten, die für eine Sonderbehandlung des Menschen sprechen, hält Derridas Analyse stand. So werden die von Descartes so innig geliebten Gegensätze wie Natur und Mensch, Tier und Mensch oder Geist und Körper mithilfe von Derridas Dekonstruktion als bedeutungslos und unbegründet entlarvt – und zwar nicht, indem Derrida zum Beispiel behauptet, andere Tiere hätten ein Ich-Bewusstsein wie der Mensch. Stattdessen nimmt er das Konzept an sich auseinander und zeigt, dass auch der Mensch sich am Ende nicht seiner selbst bewusst ist. Ich mag an Derrida auch, dass er sich wie ich Gedanken über den Blick anderer Tiere macht. Die Grundidee zu *Das Tier, das ich also bin* entstand, als Derrida auffiel, dass er in Anwesenheit seiner Katze nackt war und sich dafür schämte.

Die Veränderung schreitet voran. Obwohl ich die aktuellen Strömungen der Philosophie und Ethik viel zu wenig verfolge, kann ich nicht umhin festzustellen, dass aus diesen Disziplinen in rasantem Tempo neue Köpfe hervorgehen, die sich nicht mit dem Dualismus abfinden wollen, der den Menschen vom Rest der Tierwelt trennt, oder mit den veralteten Thesen, Tiere hätten keine Gefühle oder kein Bewusstsein. Die posthumanistischen Denkerinnen und Denker befördern den Menschen wieder dorthin, wo die Philosophen früherer Jahrhunderte ihn herausgehoben hatten: zwischen die anderen Tiere.

Und zugleich verläuft die Veränderung niederschmetternd langsam. Denken wir etwa an unsere Einstellung zu Umweltkrisen. Bereits der 1972 erschienene Report *Die Grenzen des Wachstums* des Club of Rome, eines Zusammenschlusses von Experten verschiedener Disziplinen aus mehr als 30 Ländern, zeigte die dringende Notwendigkeit für ein neues Denken. Im Report wird skizziert, wie verschiedene Szenarien des Bevölkerungswachstums die Ressourcen der Erde angreifen würden. Die Schlussfolgerungen sind ziemlich besorgniserregend: Als Bedrohungsszenario wurde etwa das Ende der natürlichen Ressourcen gesehen oder der Rückgang des Lebensstandards auf das Niveau um 1900. Was wurde daraufhin getan? Aus meiner Sicht nichts. Der Lebensstandard wuchs und wuchs und mit ihm die Ausbeutung der Ressourcen.

Auch der Gedanke bedrückt mich, dass die mächtigste Antwort auf alles heutzutage der Kapitalismus zu sein scheint. Er soll alles Mögliche richten. Manche sprechen davon wie von einem Naturgesetz, gleich der Schwerkraft, das man nicht einmal versuchen sollte zu regulieren.

Doch der Kapitalismus speist sich aus dem Weltbild der Aufklärung, in dem alles einen Wert hat, und weil alles einen Wert hat, ist alles potenziell weniger wert als etwas anderes. In Wahrheit ist nicht einmal die Menschenwürde so unveräußerlich, wie wir gerne behaupten. Menschenleben werden ständig gegeneinander abgewogen, beispielsweise wenn in der Medizin darüber entschieden wird, ob ein Patient, der an einer seltenen Krankheit leidet, eine Behandlung für mehrere Hunderttausend Euro bekommt. Spätestens in der Corona-Pandemie sollte klar geworden sein, dass Leben und Tod eines Menschen in einer kapitalistischen Gesellschaft genauso taxiert werden wie etwa der Umsatz von Restaurants.

Im Kapitalismus sind auch die Natur und andere Tiere praktisch nur Sachen, Gegenstände, die ein Preisschild haben. In Sonntagsreden preist man die Natur, aber im wahren Leben wird sie immer zugunsten der Beschäftigungsquote, des Bruttoinlandsprodukts oder der öffentlichen Sicherheit beiseite gewischt.

Um den Naturschutz voranzubringen, bedienen sich Umweltforscher neuerdings ebenfalls der Wirtschaftsterminologie. Zum Schutz der Natur ist man dazu übergegangen, ihr einen Geldwert beizumessen. Vor rund fünfzehn Jahren ist mir erstmals der Begriff der *Ökosystemdienstleistungen* zu Ohren gekommen. Damit ist der Nutzen der Natur für den Menschen gemeint: Im Wald kann man sich erholen, Beeren sammeln oder Wild jagen. Die Bäume speichern CO_2 und für diese Kohlenstoffsenke kann ein Wert definiert werden. Die Grünflächen und Gewässer einer Stadt fangen Hochwasser auf. Hummeln bestäuben Nutzpflanzen und steigern so den landwirtschaftlichen Ertrag.

All dies sind also Leistungen, die die Natur für uns erbringt. Diese Ökosystemdienstleistungen lassen sich in Kategorien aufteilen: So werden bereitstellende, regulierende, unterstützende und kulturelle Leistungen unterschieden. Den Begriff gibt es schon seit den 1970er Jahren, aber erst durch eine von der UNO beauftragte Studie namens *Millennium Ecosystems Assessment* Anfang der 2000er Jahre wird er häufiger gebraucht. In der Studie wurde die Natur global daraufhin untersucht, welche Dienstleistungen sie für die Menschheit erbringt.

Mit dem Begriff Ökosystemdienstleistungen will man ausbuchstabieren, dass der Mensch vollkommen abhängig von der Natur ist. Denn im Kapitalismus kann man offenbar auf alles, was keinen Geldwert hat, verzichten.

Anfangs hat mich der Begriff fassungslos gemacht. Muss man denn alles dem Wirtschaftsjargon unterwerfen? Ist es nicht gefährlich, die Natur einzig unter dem Aspekt ihres Nutzens zu betrachten? Und was ist, wenn man für irgendeine »Dienstleistung« der Natur einen künstlichen Ersatz erfindet oder irgendeine dieser »Leistungen« plötzlich als wirtschaftlich minderwertig gilt? Zudem schien mir der Begriff die herausgehobene Stellung des Menschen zu sehr zu betonen.

Nach und nach veränderte sich meine Einstellung allerdings. Sie wurde zynisch-realistisch. Daran muss man sich wahrscheinlich gewöhnen, dachte ich. Wenn sonst nichts hilft, um die Natur zu schützen, dann halten wir uns also an den Finanzjargon.

Inzwischen ist der Ausdruck nicht mehr in derselben Weise gebräuchlich. Zusätzlich hat man beispielsweise die Begriffe *nature's benefits to people* und *nature's contributions to people* entwickelt, auf Deutsch etwa *Nutzen und Funktion der Natur für den Menschen*. Sie sind etwas schöner und ehrlicher als das Wortungetüm *Ökosystemdienstleistungen*.

Welche Veränderung würde ich mir als Erstes wünschen? Was wäre das Beste für die gesamte Natur und die anderen Tierarten?

Die Antwort hat mit unserem Menschenbild zu tun. Ich würde mir wünschen, dass sich ein neues Menschenbild herausbildet, ein neues Ideal, was ein guter Mensch ist und was es bedeutet, ein normaler Mensch zu sein.

Was, wenn ein mustergültiger Mensch tierlieb wäre, emotional auf Tiere reagieren und sie vielleicht sogar bis zu einem gewissen Grad vermenschlichen würde? Was wäre dabei zu verlieren? Das heutige Menschheitsideal kann schließlich nicht das richtige sein. Die vernunftbasierte Einstellung zur Natur und anderen Tierarten hat sich verheerend ausgewirkt. Die Beziehung des Menschen zur Natur ist dysfunktional. Die Artenvielfalt nimmt in so rasantem

Tempo ab, dass wir das sechste große Artensterben auf der Welt erleben, zusätzlich garniert mit einer Klimakrise.

Die Beschäftigung mit unserer Beziehung zu Tieren und ihrer Bedeutung nicht nur für das menschliche Individuum, sondern für die ganze Menschheit, zeigt, dass wir, wenn wir es wollen, der Natur und anderen Tierarten durchaus viel besser Rechnung tragen können, als wir es jetzt tun.

Eine bessere Beziehung zu Tieren würde auch bedeuten, dass wir das Verhältnis der Menschen zueinander besser verstehen müssten: Den Kern unserer Art bilden die Zusammenarbeit, die soziale Abhängigkeit von anderen sowie Friedfertigkeit im gegenseitigen Umgang.

Die Geschichte der Menschheit ist die Geschichte von Kriegen, Verstädterung und Technik, aber wir können versuchen, sie anders weiterzuschreiben.

Lasst uns die Erzählung so verändern, dass Menschen, die in zweihundert Jahren die Vergangenheit unserer Spezies untersuchen, etwas Neues erkennen. Sie könnten dann in ihren Büchern von einer Menschheit lesen, die hartnäckig den Kontakt zu anderen Tieren gesucht und die Gesellschaft nicht allein, sondern zusammen mit anderen Tierarten fortentwickelt hat. Sie werden eine Menschheit kennenlernen, der Gemeinschaftlichkeit, Friedfertigkeit und Rücksicht auf andere zu eigen ist.

SEPTEMBER

30. KAPITEL
ABSCHIED VON DEN FISCHADLERN

Unter dem Fischadlerhorst blüht lila die Heide. Nuppu ist schon seit Wochen fort und als Nächster verlässt Ahti das Nest. Am 1. September ist er nicht mehr auf den Bildern zu sehen. Myy ist jetzt auf sich allein gestellt. Sie ist eine gute Fliegerin, aber man weiß nicht, ob sie schon selbst fischen kann. Die Fischgründe sind weit weg von dem Ort, den die Kamera erfasst.

Wir, die anderen Fischadler-Follower und ich, freuen uns auch über das letzte verbliebene Küken von Alma: Die Herzen fliegen ihm zu. Doch für das Küken von Nuppu gibt es noch viel zu lernen. Die erwachsenen Fischadler sind geschickte Jäger. Sie rütteln oft lange an einer Stelle über der Wasseroberfläche – eine Fähigkeit, die längst nicht alle Vögel besitzen. Dann stürzen sie sich mit vorgestreckten Füßen auf die Beute. Im Sturzflug kann ein Fischadler eine Geschwindigkeit von bis zu 80 Kilometern pro Stunde erreichen. Sobald er auf das Wasser getroffen ist, versucht er, so schnell wie möglich wieder abzuheben. Ein erwachsener Fischadler wiegt 1,3 bis zwei Kilo und er kann Fische von bis zu einem Kilo erbeuten. Meist ist die Beute allerdings leichter. Das Männchen kann im Verlauf eines Sommers bis zu 80 Kilo Fisch ins Nest tragen.

Als Ahti fort ist, kommt Myy ein paarmal zum Nest, blickt über das Moor in die Ferne, vielleicht wundert sie sich, dass sie keinen

Fisch mehr gebracht bekommt. Nach ein paar Tagen ist auch sie verschwunden. Sie muss es allein nach Afrika schaffen.

Fischadler, ich werde euch vermissen. Und ich habe Angst um euch: Ich habe Angst vor der Vogelgrippe, die sich laut den Nachrichten besorgniserregend ausbreitet. Ich habe Angst vor den Fischzüchtern in Mittel- und Osteuropa, die ohne viel Federlesens Fischadler abschießen, die sich zu einer Zwischenmahlzeit niedergelassen haben. Ich habe Angst vor Umweltgiften. Ich habe Angst vor afrikanischen Jägern und Raubtieren.

Myy werde ich vermutlich nie wiedersehen. Sie wird zwei bis drei Jahre in Afrika verbringen und dann nach Finnland zurückkehren, aber an einen anderen Nistplatz. Es ist sehr unwahrscheinlich, dass sie noch einmal auf einer Webcam zu sehen ist.

Wenn alles gut läuft, werden Nuppu und Ahti allerdings im nächsten Frühjahr in ihr Nest zurückkommen und dort eine neue Fischadlerfamilie gründen. Dann kann ich wieder beschließen, ihnen auf der Webcam nicht zu folgen. Das wäre zu heftig und zu spannend. Ich würde all die Gefühle nicht aushalten.

31. KAPITEL
WIE MAN GLÜCKLICH WIRD

Der Herbst ist voller Wehmut. Ich trinke meinen Kaffee morgens draußen auf den Stufen der Terrasse, obwohl es schon kühl ist und die Steinplatten ihre Kälte an meine Füße abgeben. Die Zweige der Ebereschen biegen sich vor lauter Beeren. Der Ahorn und die Pappel konkurrieren darum, wessen Blätter gelber leuchten. Die Welt ist erfüllt von den Stimmen der fortziehenden Gänse.

Geht nicht, möchte ich ihnen zurufen. Lasst mich nicht allein.

Kann man gleichzeitig Freude und Wehmut empfinden? Beides bringt der Herbst jedenfalls mit sich. Er ist bunt und atemberaubend schön, aber gleichzeitig verheißt er Tod und Abschied. Die Vögel fliegen fort und man kann nie sicher sein, ob sie zurückkommen.

Was braucht der Mensch, um glücklich zu sein? Könnte ausgerechnet ich mir vorstellen, irgendwann glücklich zu sein?

Man sagt, der Mensch habe drei psychologische Grundbedürfnisse: Autonomie, Kompetenz und soziale Eingebundenheit. Diese Bedürfnisse sind Teil der sogenannten *Selbstbestimmungstheorie*, die in den 1980er Jahren von den US-Psychologen Richard M. Ryan und Edward L. Deci entwickelt wurde.

Diese psychologischen Grundbedürfnisse müssen erfüllt sein, damit es einem gut geht. Depression, Angstzustände oder Erschöpfung kann man beispielsweise mithilfe der Selbstbestimmungstheorie angehen. Sind diese Grundbedürfnisse in meinem Leben erfüllt? Und wenn nicht, wie könnte ich ihre Verwirklichung begünstigen? Wenn man Autonomie, Kompetenz und soziale Eingebundenheit erfährt, empfindet man das eigene Leben als sinnvoll und fühlt sich selbstsicher.

Das Bedürfnis nach Autonomie verstehe ich gerade besonders gut. Ich habe mich in meinem Leben so oft selbst dazu gezwungen, mich nach den Bedürfnissen von anderen zu richten, dass ich inzwischen geradezu allergisch dagegen bin, dass jemand mich in meinen Entscheidungen beschneidet. Ich möchte selbst über meine Zeiteinteilung und meine Hobbys entscheiden. Ich brauche Raum, mich auf das Lesen und Schreiben zu konzentrieren. Ich will viel allein sein. Ich möchte meinen Gedanken lauschen.

Bei der Arbeit als Schriftstellerin habe ich zum Glück viel Autonomie – und zugleich viele Gelegenheiten, mich kompetent zu fühlen. Den Fortgang der Arbeit kann man beispielsweise schon an der Wortanzahl festmachen. Man kommt zwar relativ selten in den Genuss, ein ganzes Buch fertigzustellen, aber kürzere Texte wie etwa Kolumnen vermitteln mir das Gefühl, etwas geschafft und mich weiterentwickelt zu haben. Wenn mir sonst nichts einfällt, kann ich mir aus meinen eigenen Büchern einen Stapel bauen und ihn betrachten. Er ist schon ziemlich hoch. Vielleicht könnte man das bereits als Lebenswerk bezeichnen.

Wichtig ist mir inzwischen auch mein Hobby CrossFit, mit dem ich vor zwei Jahren in der ersten Genesungsphase meines Burnouts angefangen habe. Der Sport gibt mir häufig das Gefühl von Kompetenz: Ich kann immer schwerere Gewichte heben. Ich mache meine ersten Klimmzüge. Ich übe Handstand. Das Rudergerät scheint wie für mich geschaffen, denn mit meinen langen Gliedmaßen kann ich effizient rudern. Ich werde immer besser darin, eine Langhantel mit Gewichten mit ausgestreckten Armen über den Kopf zu stemmen.

Auch als Frau mittleren Alters kann ich immer noch stärker, schneller und geschickter werden. Das steigert nicht nur das Gefühl der Kompetenz, sondern auch der Autonomie.

Die soziale Eingebundenheit ist für mich allerdings so eine Sache. Eigentlich glaube ich, dass ich mich nirgendwo zugehörig fühlen will. Jedenfalls nicht zu Menschenmengen. Ich möchte mich nicht an Menschen (fest)binden, jedenfalls nicht jetzt. Ich weiß, dass dieses Gefühl noch von meinem Burn-out herrührt und Teil der Existenzkrise ist, in der ich mich damit auseinandersetze, wie ich lebe und wer ich sein will. Andere Menschen sind für einen Menschen wichtig, da bilde ich keine Ausnahme. Aber gerade jetzt habe ich das Gefühl, als würde ich durch die Bindung an jemanden auf ein anderes Grundbedürfnis verzichten, nämlich auf meine Autonomie.

Zuerst sollte man lernen, unabhängig zu sein, erst dann kann man zu anderen gehören.

Aber könnte das Bedürfnis nach sozialer Eingebundenheit vielleicht auch die Individuen verschiedener Arten miteinander verbinden?

Wann immer es möglich ist, beobachte ich Dohlenschwärme. Mein älterer Sohn spielte jahrelang Fußball, und wenn er Training hatte, habe ich die Wartezeit oft totgeschlagen, indem ich in der Stadt umherspaziert bin. Im Winter fand das Training zu einer Tageszeit statt, als die Dohlen gerade dabei waren, schlafen zu gehen. Das Schauspiel war mir ziemlich fremd, denn in meiner Heimatstadt gab es in meiner Kindheit keine Dohlen. Dennoch hatten die Dohlenschwärme etwas erstaunlich Vertrautes an sich – als hätte ich sie schon mein Leben lang beobachtet.

Das abendliche Zusammenkommen der Dohlen ist sehenswert. Zunächst fangen sie an, sich zu einem großen Schwarm zu formieren: Immer mehr einzelne Vögel und kleinere Gruppen kommen herbeigeflogen, und während der Schwarm größer und größer wird, fegt er in wechselnden Formationen durch die Luft. Der heisere Chor der Dohlen wogt über den grauen Himmel wie ein riesiger, rein instinktgeleiteter und doch lebendiger Organismus.

Irgendwann wächst der Schwarm nicht mehr weiter an und seine Bewegung konzentriert sich nur noch auf einen kleinen Bereich. Der Schlafbaum ist festgelegt. Der Schwarm wogt jetzt nur noch an Ort und Stelle, unten lösen sich einzelne Dohlen heraus und beginnen, den Baum in Beschlag zu nehmen, wobei die Dohlen im Baum ganz andere Geräusche machen als ihre Artgenossen in der Luft.

Wenn ich einen Dohlenschwarm beobachte – oder wenn ich die Rufe von Raben oder Kranichen höre –, löst das eine namenlose Sehnsucht in mir aus. Das ist ein seltsames Gefühl. Wonach sollte ich mich sehnen? Und was hat das mit den Vögeln zu tun?

Das Gefühl strömt in mir über, es ist voller Freude und zugleich bleischwer. Ich bin verzweifelt. Ich will dorthin, wo die Vögel sind. An den Ort, von dem die Vögel kommen, von dem sie erzählen und der uns Menschen verschlossen ist. Ich sehne mich an einen Ort, dessen Namen ich nicht einmal kenne!

Vielleicht sind Tiere für mich ein Tor zum Andersartigen, zu einer Welt, die den Menschen nicht mehr zugänglich ist? Versteht mich nicht falsch: Ich bin Rationalistin durch und durch, ich glaube nicht an ein Jenseits oder an mystische Geistwesen, die in Hundegestalt unter uns wandeln. Dennoch sehne ich mich nach einem Ort, dennoch will ich etwas. Das Gefühl ist real und ich versuche, es in Worte zu fassen.

Geht es hier vielleicht um dieses Grundbedürfnis der Eingebundenheit, das ich vorhin beschrieben habe? Will ich Teil eines Vogelschwarms, einer Tierherde sein? Der Gedanke ist vollkommen unsinnig.

Vielleicht symbolisiert der Hund in meinem Leben das, nach dem ich mich sehne, wenn ich einen Dohlenschwarm beobachte. Etwas, was man mit Worten nicht ausdrücken kann. Vielleicht haben die frühen Menschen ebenso gefühlt, die Menschen, die ihre Angehörigen zusammen mit Hunden bestatteten und sich Geschichten von hundeköpfigen Fremden in fernen Ländern erzählten. Der Hund blickt in eine Dimension, die uns Menschen nicht mehr zugänglich ist. Der Hund ist Teil des großen Unbekannten, während wir Menschen nur noch unseren vernunftbasierten Alltag leben, den wir uns seit Generationen so sorgfältig aufgebaut haben.

Ich klammere mich an den Hund wie an den letzten Strohhalm. Hund, zeig mir den Weg!

Die Idee der Mensch-Tier-Verbindung ist mir persönlich wichtig geworden. Das Wissen um die Bedeutung von anderen Tieren für die Menschheit hat mir gewissermaßen das Recht gegeben, meinen Hund zu lieben. Ich bin keine schräge Hasenmutti und auch keine verrückte Hundenärrin, sondern in mir blüht etwas, was die Evolution dem Menschen eingepflanzt hat. Ich bin, wie ich sein soll.

Das Zusammenleben mit Menschen ist dagegen immer noch ein großes Rätsel für mich. Dennoch habe ich ein paar Spuren zu mir selbst gefunden, die ich weiter verfolgen möchte. So war ich zum Beispiel bisher daran gewöhnt, mich selbst als sozial ungeschickt zu betrachten, denn viele zwischenmenschliche Situationen sind für mich schwierig und erzeugen Reibung. Für mich ist es beispielsweise anstrengend, zusammen mit meinem Partner zu einer Feier in meinem Freundes- oder Bekanntenkreis zu gehen. Mir sind solche Situationen unangenehm, in denen ich sozial sein und das Gespräch suchen soll, während ich gleichzeitig dafür sorgen muss, dass es meinem Partner gut geht und er sich nicht ausgeschlossen fühlt. Und wie ich schon sagte, empfinde ich Unterrichtskonstellationen als unangenehm, und gerade Online-Unterricht würde ich am liebsten ganz vermeiden. Große Massenveranstaltungen sind mit derart zuwider, dass ich lange allein im

Auto sitze, bevor ich mich dazu entschließen kann, den Veranstaltungsort zu betreten.

Ich neige auch dazu, einsiedlerisch zu leben. Vor einigen Jahren wohnte ich in einem Einfamilienhaus mit sehr wenigen Nachbarn. Ich gewöhnte mich so sehr daran, draußen auf niemanden zu treffen, dass ich schließlich auch dann nicht mehr in den Garten gehen mochte, wenn ich den einzigen Nachbarn draußen auf seinem Grundstück bemerkte. Selbst eine kurze Begegnung mit dem alten, mir nur flüchtig bekannten Mann schien mir schwer auszuhalten.

Aber wenn ich nun aufhören würde, mich in solchen Situationen als ungeschickt zu betrachten? Vielleicht ist es ja im Gegenteil so, dass ich tief in andere Menschen eintauche, mich auf ihre Gedanken und die Gesprächssituation einlasse und ihnen viel von mir geben will? Und dass ich solche Situationen vermeide, wenn ich das Gefühl habe, dem im Augenblick nicht gewachsen zu sein? Was, wenn meine merkwürdigen Neigungen in Wahrheit Zeichen für positive Eigenschaften sind?

Ich bin ein Mensch, der in jede Begegnung viele Ressourcen einbringt. Ich öffne meine Kanäle wirklich für andere Menschen – manchmal sogar so weit, dass ihre Emotionen mich überfluten.

Und selbst wenn das für mich anstrengend ist, ist es nicht auch etwas Besonderes und Bemerkenswertes?

Im Laufe meines Lebens und angesichts veränderter Lebenssituationen bin ich immer wieder mit neuen sozialen Konstellationen konfrontiert. Mir ist klar geworden, dass ich in vielen zwischenmenschlichen Situationen sogar ziemlich kompetent bin. Ich spüre, wie es meinem Gegenüber geht, was die Person will oder was sie etwa frustriert. Nicht nur im Umgang mit Pubertierenden ist diese sozio-emotionale Fähigkeit hilfreich. Ich blicke hinter das Schweigen, die Abwehr oder die Genervtheit und verurteile niemanden als »eben in der Pubertät« oder »eben alt«.

In letzter Zeit habe ich außerdem gelernt, meine Gefühle mehr zu respektieren. Das sollte sich die ganze Gesellschaft auf die Fahnen schreiben. Starke Gefühle sind keine überflüssigen Kinkerlitzchen, sondern sie offenbaren etwas Wesentliches, etwa, wenn jemand wichtige Werte unterlaufen hat. Viel zu häufig habe ich in der Vergangenheit meine eigenen Emotionen zugunsten der Gefühle anderer unterdrückt, und das tut auf lange Sicht nicht gut.

Ebenso habe ich begonnen, über meine Grenzen zu wachen. Ich versuche, mir eine Schutzschicht zuzulegen. Vielleicht erscheine ich anderen deshalb neuerdings abweisend oder gleichgültig. Das macht nichts, allmählich lerne ich, wieder spontaner zu werden.

Ich versuche, den Gefühlen von anderen wie dem Wind zu begegnen. Sie kommen, wehen durch mich hindurch und sind wieder verschwunden. Ich kann sie einen Moment lang betrachten, anderen helfen, damit umzugehen, aber ich nehme sie nicht mehr in mich auf.

32. KAPITEL
DER HUND MIT DEM SCHWAN AM HERZEN

Ich habe versucht, es Igor im Vorfeld zu sagen, aber er versteht es natürlich nicht. Deshalb wird er erst an dem Tag davon erfahren, an dem sich alles verändert.

Wir bekommen einen zweiten Hund. Und zwar ist es Igors eigene Tochter, auch wenn Igor aller Wahrscheinlichkeit nach die Begegnung mit der verlockend duftenden Spanielhündin im vergangenen Frühjahr nicht mit den kommenden Ereignissen in Verbindung bringen dürfte.

Ich fahre mit meinem jüngsten Sohn durch einen glasklaren Herbstmorgen zum Bauernhof einer Freundin und habe Schmetterlinge im Bauch. Wolkengruppen eilen über den Himmel und verdecken ab und zu die Sonne, dann ist es plötzlich wieder hell. Im Herbst erscheinen die Kontraste von Licht und Schatten stärker als sonst. Die Farben sind kräftiger als zu anderen Jahreszeiten.

Die kleine Hündin heißt Talvikki. Sie ist anrührend schön. Im glänzenden schwarzen Fell ist ein Hauch Rotbraun auszumachen. Auf der Nase hat sie einen feinen weißen Fleck, als hätte sie ihre Nase in den Schnee gesteckt. An ihrer Brust prangt eine große weißen Zeichnung. Sie erinnert mich an Rauni.

Talvikki verbringt die Heimfahrt auf dem Schoß meines Sohnes. Anfangs winselt sie verängstigt und einmal übergibt sie sich, aber den Rest der Fahrt schläft sie entspannt.

Ich denke viel über die Ethik und Rechtmäßigkeit der Hundehaltung nach. Mein Wunsch, ein Leben mit Hunden zu führen, entspringt reinem Egoismus. Natürlich gäbe es ohne den Menschen keine Hunde und ihre natürliche Umgebung ist die Nähe des Menschen. Aber reicht das aus, um Hundehaltung als ethisch nachhaltig zu rechtfertigen? Außerdem gibt es auf der Welt viele Hunde, die schlecht behandelt werden oder kein Zuhause haben. Es wäre ethischer, diesen ein Zuhause zu bieten, bevor man bewusst dazu beiträgt, weitere Hundewelpen in die Welt zu setzen. Ich habe es im Fall von Talvikki selbst forciert.

Ich bin mir dessen voll bewusst, dass das Leben mit einem Hund eine Menge Probleme mit sich bringt. In unserer Gesellschaft sind Hunde wie Menschen Verbraucher und tragen schon allein mit ihrer fleischhaltigen Ernährung zum Klimawandel bei.

Außerdem: Ich schreibe, ich behandle meine Hunde gut, aber kann ich mir dessen wirklich vollkommen sicher sein? Ich bilde mir ein, dass ich erkenne, wann Igor entspannt und zufrieden ist, aber wirklich wissen kann ich es nicht.

Die psychologischen Grundbedürfnisse des Menschen sind Autonomie, Kompetenz und soziale Eingebundenheit. Neuerdings denke ich, dass ein Hund genau dieselben Bedürfnisse hat. Auch er braucht diese drei Elemente, um ein gutes, ausgeglichenes Leben zu führen. Ein Hund muss sein Leben gestalten dürfen. Das ist das Gegenteil mancher alter Hundeerziehungsratgeber, auf die man leider immer noch stößt. Der Hund wird darin als Opportunist dargestellt, dem keinerlei eigene Wirkmacht zugestanden werden darf, damit er nicht anfängt zu glauben, dass er in der Rangordnung weiter oben ist, als ihm gebührt.

Vergesst Rangordnungen. Lasst den Hund selbst entscheiden, ob er in Ruhe schlafen oder sich am Gewusel des Alltags beteiligen will. Lasst den Hund ganz in Ruhe am Straßenrand die Gerüche von anderen Hunden erschnuppern. Gewöhnt den Hund so an die

Krallenschere, dass er sich von selbst auf den Boden legt, wenn ihr sie hervorholt. Ein bewusstseinsbegabtes Wesen ist von Natur aus unabhängig und eigenständig. Das muss man respektieren.

Autonomie befördert das Gefühl der Kompetenz, aber zusätzlich will ein Hund spielen, sich bewegen, klettern, buddeln, schwimmen und rennen. Hunde mögen es, zu schnuppern oder im Wald nach einem Spielzeug oder Leckerbissen zu suchen. Man kann mit einem Hund Verstecken spielen. Man sollte einen Hund loben und ihm auch danken.

Ein Hund will Teil eines Rudels sein. Er sucht Gesellschaft und Kommunikation, gemeinsame Aktivität.

Und so wie ein Hund es verdient, Autonomie, Kompetenz und soziale Eingebundenheit zu erleben, verdient das auch jedes andere individuelle Tier.

Im Zuge dieser Gedanken habe ich ein Motiv dafür gefunden, warum ich mich immer mit Tieren umgeben wollte: Ich wollte gutes Leben in der Welt ermöglichen, Glück.

Ich wünsche mir einen Hundewelpen, damit ich ihm ein gutes Leben bereiten kann, und das war schon damals bei den Stabschrecken und den Fröschen mein Ziel. Ich habe versucht, ihre Bedürfnisse zu lesen und sie zu erfüllen. Nicht immer ist mir das gelungen, manchmal habe ich auch Leid verursacht oder ein Leben unabsichlich vorzeitig beendet, indem ich die Tiere schlecht oder falsch behandelt habe. Frösche, Kakerlaken oder Aquarienfische, die ihrem natürlichen Lebensraum entrissen wurden. Dennoch erscheint mir das Bestreben wichtig. Die Welt ist voller schlimmer Schicksale, trauriger Tiergeschichten, Leid und Tod, und ich wollte inmitten all dieser Trübsal immer Glück bewirken. Ich möchte glückliche Tierschicksale sehen als Gegengewicht zum niederschmetternden Zustand der Welt, den die Nachrichten über meinem Kopf zusammenschlagen lassen.

Talvikki ist neben mir auf dem Sofa eingeschlafen. Sie macht ein kleines schmatzendes Geräusch – sie träumt, vielleicht von ihrer

Mutter. Igor schläft zu meinen Füßen. Er fand Talvikki bisher immer ganz interessant, aber er hat auch geknurrt, wenn sie ihrem Vater zu sehr auf die Pelle rücken oder sich neben ihm aufs Sofa legen wollte.

Jetzt entspannt sich Igor allmählich und die Hunde spielen immer mehr miteinander. Manchmal schlafen sie Schnauze an Schnauze. Ich bin optimistisch.

Vorsichtig kraule ich Talvikki am Nacken. Sie öffnet die Augen und sieht mich an. Igor hat mir als Welpe ziemlich wenig in die Augen gesehen, aber Talvikki hat meinen Blick von Anfang an lange und intensiv erwidert. Ihr Blick ist scharf und intelligent.

Was denkt sie, wenn sie mich betrachtet? Ich habe ungeheuer viel darüber nachgedacht, was ich fühle, wenn ich meine Hunde oder andere Tiere sehe. Aber was denken Talvikki und Igor, wenn sie mich sehen? Was bedeute ich ihnen?

Talvikki dreht sich auf den Rücken und möchte, dass ich sie am Bauch kraule. Die weiße Zeichnung auf der Brust kommt zum Vorschein. Erst als Talvikki schon einige Tage bei uns war, wurde mir klar, welche Form der weiße Fleck hat. Er sieht aus wie ein Schwan mit ausgebreiteten Flügeln und gerecktem Hals.

Talvikki trägt einen Vogel am Herzen. Ich drücke mein Gesicht in ihr warmes Fell.

DANKSAGUNG

Mein tief empfundener Dank geht an die Verlegerin Mari Hyrk-känen für ihr engagiertes Lektorat, ihre Ermutigung und ihre Kontrolle über das Projekt. Ich danke Kaisa Uusipaikka für ihre Hilfsbereitschaft und ihre sachkundigen Kommentare. Unendlich dankbar bin ich zudem meinen beiden Probeleserinnen Emma Vitikainen und Minna Poutanen. Und schließlich möchte ich noch Hannu Pietiäinen dafür danken, dass er mich jahrelang über die aktuellen Entwicklungen in meinen Interessengebieten auf dem Laufenden gehalten hat.

Kerava, den 29.11.2021
  Tiina Raevaara

ANMERKUNGEN, QUELLEN UND LITERATUR ZUM WEITERLESEN

Kapitel 1: Ich

Zu meiner Horrortrilogie gehören die Bücher *Yö ei saa tulla (Die Nacht darf nicht anbrechen)* (Paasilinna, 2015), *Korppinaiset (Die Rabenfrauen)* (Like, 2016) und *Veri joka suonissani virtaa (Blut, das in meinen Adern fließt)* (Like, 2017)

Die in der Welt von Genmutationen angesiedelte Romanversion zur TV-Serie heißt *Ihon alla (Unter der Haut)* (Gummerus, 2016) und der zweite Autor ist der Drehbuchautor der TV-Serie Miikko Oikkonen.

Mein von der allgemeinverständlichen Aufbereitung der Wissenschaft handelndes Buch *Tajuaako kukaan? Opas tieteen yleistajuistajalle (Kapiert das irgendjemand? Eine Anleitung zum Verständlichmachen der Wissenschaft)* (Vastapaino, 2016)

Im Herbst 2018 schrieb ich verzweifelt an dem Roman *Kaksoiskierre (Doppelhelix)*. Er erschien im Frühjahr 2020 im Like Verlag. Gleichzeitig schrieb ich mit Urpu Strellman das Buch *Tietokirjalijan kirja (Das Buch zum Sachbuchschreiben)* (Docendo, 2019)

Kapitel 2: Hunde – Was passiert, wenn sie fehlen

Meine Doktorarbeit (Disputation 2005) an der Biologischen und

Umweltwissenschaftlichen Fakultät der Universität Helsinki *Functional Significance of Minor MLH1 Germline Alterations Found in Colon Cancer Patients* findet man unter der Adresse http://urn.fi/ URN: ISBN: 952-10-2401-1.

Meine frühe Kurzgeschichte »Kalasääkset« (»Die Fischadler«) findet man in der bei Gummerus und Voiman Liitto erschienenen Anthologie *Novellit 2006 (Die Novellen 2006) (Hrsg.* Tero Liukkonen) sowie unter dem Namen »Sääkset« in meiner Sammlung *En tunne sinua vierelläni (Ich fühle dich nicht neben mir)* (Teos, 2010).

Der erste Artikel von Hannes Lohi und seinen Forscherkollegen zum genetischen Hintergrund von Epilepsie bei italienischen Lagotta Romagnolo Wasserhunden ist dieser: H. Lohi, E. J. Young, S. N. Fitzmaurice *et al:* Expanded repeat in canine epilepsy. Science, 307(5706): 81 (2005).

Die Nutzung des Hundegenoms bei der Erforschung der Gene und Krankheiten bei Menschen wird in diesem zusammenfassenden Review-Artikel behandelt: M. P. Starkey, T. J. Scase, C. S. Mellersh und S. Murphy: Dogs are man's best friend: Canine genomics has applications in veterinary and human medicine! *Brief Funct Genomic Proteomic, 4(2): 112–128* (2005).

Mein Debütroman *Eräänä päivänä tyhjä taivas (Eines Tages ist der Himmel leer)* (Teos) ist 2008 erschienen. Mein erstes Sachbuch war *Koiraksi ihmiselle (Als Hund für den Menschen)* (Teos), es erschien 2011.

Kapitel 3: Zu viel Gefühl
In Finnland ist Liisa Keltikangas-Järvinen eine Pionierin der Temperamentforschung. Einen guten Einstieg, um ihr umfangreiches Gesamtwerk kennenzulernen, bietet das Buch *Temperamentti: Ihmisen yksilöllisyys (Das Temperament: Die Individualität des Menschen)* (WSOY, 2015).

Kapitel 4: Mensch sein – Mensch werden
(Die Fischadlernester, die ich auf YouTube beobachtet habe, findet man dort mit dem Suchbegriff »Satakunnan sääkset« (dt. »Die Fischadler von Satakunta«). Im Sommer 2021 bewohnten Alma und Ossi das Nest Nr. 1 und Nuppu und Ahti das Nest Nr. 3.

Der Begriff der »Hochsensibilität« wurde ursprünglich von der amerikanischen Psychologin Elaine N. Aron eingeführt. Von ihren Werken ist unter anderem das Buch *Sind Sie hochsensibel? Wie Sie Ihre Empfindsamkeit erkennen, verstehen und nutzen,* übers. von Cornelia Preuß (mvg Verlag, 2005), auf Deutsch erschienen. Der ursprüngliche englische Terminus für hochsensible Menschen ist »*highly sensitive person*«. In wissenschaftlichem Zusammenhang verwendet man oft den Begriff »*sensory processing sensitivity*«.

Pat Shipman schreibt über die diagnostischen Merkmale des Menschen unter anderem in folgendem Artikel: P. Shipman: The animal connection and human evolution. *Current Anthropology 51:4* (2010). Eine ausführlicher Darstellung findet sich in ihrem Buch *The Animal Connection: A New Perspective on What Makes Us Human* (W. W. Norton & Company, 2011).

Die vom *Homo erectus* gravierte Muschelschale wird im folgenden Forschungsartikel beschrieben: J. C. A. Joordens, F. d'Errico, F. P. Wesselingh *et al:* Homo erectus at Trinil on Java used shells for tool production and engraving, *Nature, 518: 228–231* (2015).

Der Tanz der Bienen wird in dem Artikel von R. Menzel behandelt: The honeybee as a model for understanding the basis of cognition. *Nature Reviews Neuroscience, 13: 758–768 (2012).*

Über Blattschneiderameisen kann man hier etwas erfahren: J. Z. Shik, P. J. Kooij, D. A. Donoso *et al.*: Nutritional niches reveal fundamental domestication trade-offs in fungus-farming ants. *Nature Ecology & Evolution,* 5(1): 122–134 (2011).

Zur rasanten Entwicklung der diagnostischen Merkmale beim *Homo sapiens*: K. Sterelny: From hominins to humans: how sapiens became behaviourally modern. *Philosophical Transactions of the Royal Society B: Biological Sciences, 366 (1566): 809–822* (2011).

Kapitel 5: Die Bedeutung der Mensch-Tier-Verbindung
Rutger Bregmans *Im Grunde gut: Eine neue Geschichte der Menschheit*, übers. von Ulrich Faure und Gerd Busse (Rowohlt Taschenbuch Verlag, 2021).
Mit *Herr der Fliegen* meine ich natürlich den 1954 erschienenen Klassiker von William Golding. Darin landet eine Gruppe von englischen Schülern nach einem Flugzeugunfall auf einer einsamen Insel, wo sie allmählich zu agressiven und gewalttätigen »wilden Menschen« werden.

Yuval Noah Hararis Buch erschien auf Deutsch unter dem Titel *Eine kurze Geschichte der Menschheit*, übers. von Jürgen Neubauer (Pantheon, 2015), und ursprünglich auf Hebräisch im Jahr 2011.

Um Pat Shipmans Mensch-Tier-Verbindung-Hypothese geht es in dem Buch *The Animal Connection: A New Perspective on What Makes Us Human* (W. W. Norton & Company, 2011).

Die Biomasse der Säugetiere auf der Erde und der Anteil der Nutztiere daran wurde in dem folgenden Artikel behandelt: Y. M. Bar-On, R. Philips und R. Milo: The biomass distribution on Earth. *Proceedings of the National Academy of Sciences, 115(25): 6506–6511* (2018).

Pat Shipmans Werk umfasst auch folgende Bücher: *The Invaders: How Humans and Their Dogs Drove Neanderthals to Extinction* (Belknap Press, 2015) und *Our Oldest Companions: The Story of the First Dogs* (Belknap Press, 2021).

Über die Evolutionsgeschichte und die Sachkulturen hat Juha Valste in seinem Buch *Ihmislajin synty (Die Entstehung der Menschen)* (SKS, 2012) berichtet. Die Sachkulturen kommen auch in Yuval Noah Hararis Buch *Eine kurze Geschichte der Menschheit* vor.

Über das 45 000 Jahre altes Gemälde in Sulawesi: A. Brumm, A. A. Oktaviana, B. Burhan *et al*: Oldest cave art found in Sulawesi, *Science Advances, 7(3)* (2021).

Die Kunstwerke in den Höhlen von Chauvet werden in dem von Jean Clotte herausgegebenen Buch *Return to Chauvet Cave. Excavating the Birthplace of Art: The First Full Report* (Thames & Hudson, 2003) beschrieben.

Kapitel 6: Die ersten Schritte zur Tierliebe
Um die Gründe für das Verschwinden der Neandertaler geht es zum Beispiel im folgenden Artikel: K. Harvati: What happened to the Neanderthals? *Nature Education Knowledge, 3(10): 13* (2012).
Pat Shipman hat über das Schicksal der Neandertaler ein Buch geschrieben: *The Invaders: How Humans and Their Dogs Drove Neanderthals to Extinction* (Belknap Press, 2015).

Kapitel 7: Ich sehe dich
Über die *Theory of Mind*: Stephanie M. Carlson, Melissa A. Koenig und Madeline B. Harms: Theory of Mind. *Wiley Interdisciplinary Reviews – Cognitive Science, 4(4): 391–402* (2013).

Über die *Theory of Mind* und Autismus: S. Baron-Cohen: Theory of Mind and autism: *A review: International Review of research in Mental Retardation, 23: 169–184* (2000).

Über die Neigung des Menschen, überall Gesichter zu sehen: C. J. Palmer und C. W. G. Clifford: Face pareidolia recruits mechanisms for detecting human social attention. *Psychological Science, 31(8): 1001–1012* (2020).

Über die geschlechtsspezifischen Unterschiede der Pareidolie: A. M. Proverbio und J. Galli: Women are better at seeing faces where there are none: an ERP study of face pareidolia. *Social Cognitive and Affective Neuroscience, 11(9): 1501–12* (2016).

Über Unterschiede zwischen Individuen bei der Neigung zur Pareidolie: L.-F. Zhou und M. Meng: Do you see the »face«? Individual differences in face pareidolia. *Journal of Pacific Rim Psychlogy, 14: 1–8* (2020).

Zur Kunst in der Höhle von Chauvet: Jean Clottes (Hrsg.): *Return to Chauvet Cave. Excavating the Birthplace of Art: The First Full Report* (Thames & Hudson, 2003).

Kapitel 8: Der Hund an meiner Seite
Über das Verschwinden der Megafauna am Ende der letzten Eiszeit: C. Sandom, S. Faurby, B. Sandel, J.-C. Svenning: Global late Quaternary megafauna extinctions linked to humans, not climate change. *Proceedings of the Royal Society B: Biological Sciences, 281(1787)* (2014).

Einen Überblick über die Vergangenheit des Hundes kann man mithilfe des Buches von Pat Shipman *Our Oldest Companions: The Story of the First Dogs* (Belknap Press, 2021) oder meines Buches *Koiraksi ihmiselle (Als Hund für den Menschen)* (Teos, 2021) gewinnen.

Über den Menschen als Langstreckenläufer: D. M. Bramble und D. E. Lieberman: Endurance running and the evolution of Homo. *Nature, 432 (7015): 345–352* (2004).

Über die Haustierhaltung bei den Jägern und Sammlern und anderen Kulturen gibt es die folgende zusammenfassende Untersuchung: P. B. Gray und S. M. Young: Human-pet dynamics in cross-cultural perspective. *Antrozoos, 24(1): 17–30* (2011).

Früheste Hundefunde:

Altai: N. D. Ovodov, S. J. Crockford, Y. V. Kuzmin *et al:* A 33 000 year-old incipient dog from the Altai mountains of Siberia: Evidence of the earliest domestications disrupted by the last glacial maximum. *PloS ONE, 6(7): e22821* (2011).

Goyet: M. Germonpré. M. V. Sablin, R. E. Stevens *et al*: Fossil dogs and wolves from Paleolithic sites in Belgium, Ukraine and Russia: osteometry, ancient DNA and stable isotopes. *Journal of Archaeological Science, 36:473e490* (2009).

Eliseevichi: M. V. Sablin und G. A. Khlopachev: The earliest Ice Age dogs: evidence from Eliseevichi. *Current Anthropology, 43:795e799* (2002).

Italien: F. Boschin, F. Bernardini, E. Pilli *et al*: The first evidence for Late Pleistocene dogs in Italy. *Scientific Reports, 10:13313* (2020).

Deutschland: L. Janssens, L. Giemsch, R. Schmitz *et al:* A new look at an old dog: Bonn-Oberkassel reconsidered. *Journal of Archaeological Science, 92:126-138* (2018).

Mehr über die Verwendung des Hundes bei der Pferdejagd in der Magdalénien-Kultur erfährt man in einem Artikel in Susan J. Crockfords (Hrsg.) Werk *Dogs Through Time: An Archaeological Perspective* (British Archaeological Reports, 2008).

Die Hundespuren in den Höhlen von Chauvet werden bei Jean Clottes (Hrsg.) erwähnt: *Return to Chauvet Cave. Excavating the Birthplace of Art: The First Full Report* (Thames & Hudson, 2003).

Die Beschreibung der Malereien in den Höhlen von Chauvet stammt aus Christine Desdemaines-Hugons Buch *Stepping Stones: A Journey through the Ice Age Caves of the Dordogne* (Yale University Press, 2012).

Kapitel 9: Meine Nähe verändert euch
Über die Etikette beim Spiel der Hunde und Wölfe schrieben Marc

Bekoff und Jessica Pierce in ihrem Buch *Wild Justice: The Moral Lives of Animals* (University of Chicago Press, 2009).

Die von Beljajew und Trut begonnenen Zuchtexperimente kann man hier nachlesen: L. Trut, I. Oskina und A. Kharmalova: Animal evolution during domestication: the domesticated fox as a model. *Bio-Essays, 31* (2009). Ludmila Trut hat zu diesem Thema auch zusammen mit Lee Alan Dugatkin ein Buch geschrieben: *How to Tame a Fox (and Build a Dog): Visionary Scientists and a Siberian Tale of Jump-Started Evolution* (University of Chicago Press, 2017).

Über die Bedeutung der Neuralleiste für domestizierte Tiere: A. S. Wilkins, R. W. Wrangham und W. Tecumseh Fitch: The »domestication syndrome« in mammals: A unified explanation based on neural crest behavior and genetics. *Genetics, 197(3): 795–808* (2014).

Kapitel 10: Ausgebrannt vom menschlichen Miteinander
Über durch Depressionen verursachte Krankmeldungen in Finnland: Annamari Tuulio-Henriksson und Jenni Blomgren: *Mielenterveysperusteiset sairauspäivärahakaudet vuosina 2005-2017 (Bezahlte Krankenstände aufgrund psychischer Erkrankungen in den Jahren 2005 bis 2017)* (Kelan tutkimus, Työpapereita, 136, 2018). Dana Crowley Jack: *Silencing the Self: Woman and Depression* (Harvard University Press, 1991).

Theodosius Dobzhansky: Nothing in biology makes sense except in the light of evolution. *The American Biology Teacher, 35* (1973).

Kapitel 11: Das domestizierte Tier im Spiegel
»267 Gene [...] die sich beim modernen Menschen von jenen des Neandertalers [...] unterscheiden« verweist auf die folgende Studie: I. Zwir, C. Del-Val, M. Hintsanen *et al:* Evolution of genetic networks for human creativity. *Molecular Psychiatry,* e-Publikation (2021).

Über die künstlerischen Neigungen der Neandertaler: C. Standish und A. Pike: How we discovered that Neanderthals could make art. *The Conversation,* 22. Februar (2018).

Über die Kunst der anderen Menschenarten als den *Homo sapiens*: A. George: Lost art of the Stone Age: The cave paintings redrawing human history. *New Scientist,* 28. Juli (2021).

Von der Verhaltensvariabilität und -modernität: J. J. Shea: Homo sapiens is as Homo sapiens was: Behavioral variability versus »behavioral modernity« in Paleolithic archaeology. *Current Anthropology, 52(1): 1–35* (2011).

Die Hypothese von Brian Hares Forschergruppe darüber, wie sich die steigende Anzahl an Menschen auf die Modernität des Verhaltens auswirkte, findet man hier: R. L. Cieri, S. E. Churchill, R. G. Franciscus *et al:* Craniofacial feminization, social tolerance, and the origins of behavioral modernity. *Current Anthropology, 55(4)* (2014).

Die Gemeinsamkeiten domestizierter Tierarten werden im folgenden Artikel aufgezählt: M. A. Raghantia: Domesticated species: It takes one to know one. *Proceedings of the National Academy of Sciences, 116(29): 14401–14403* (2019).

Über die Bedeutung der Neuralleiste für die Entstehung der gemeinsamen Merkmale bei domestizierten Tierarten: A. S. Wilkins, R. W. Wrangham und W. Tecumseh Fitch: The »domestication syndrome« in mammal: A unified explanation based on neural crest cell behavior and genetics. *Genetics 197(3): 795–808* (2014).

Brian Hare und Vanessa Woods: *Survival of the Friendliest. Understanding Our Origins and Rediscovering Our Common Humanity* (Random House, 2020).

Richard Wranghams Spekulationen über die Faktoren, die zur Verringerung der reaktiven Aggression beim heutigen Menschen führten, findet man hier: R. W. Wrangham: Hypotheses for the evolution of reduced reactive aggression in the context of human self-domestication. *Frontiers in Psychology,* 20. August (2019).

Das Buch von Richard Wrangham: *The Goodness Paradox: The Strange Relationship Between Virtue and Violence in Human Evolution* (Pantheon, 2019).

Kapitel 12: Menschenkinder, Tierkinder
Clarissa Pinkola Estés: *Die Wolfsfrau. Die Kraft der weiblichen Urinstinkte,* übers. von Mascha Rabben (Wilhelm Heyne Verlag, 2022).

Sudenmorsian: Hiidenmaalainen tarina (Die Wolfsbraut: eine Geschichte aus Hiiumaa) erschien 1928 (Otava). Darin geht es um die Frau eines Försters in Estland im 17. Jahrhundert, die sich in einen Menschenwolf verwandelt.

Die Studie, bei der ethnographische Informationen über die Beziehung von Mensch und Hund aus insgesamt 144 verschiedenen Kulturen verglichen werden, ist diese: J. Chambers, M. B. Quinlan, A. Evans und Robert J. Quinlan: Dog-human coevolution: Cross-cultural analysis of multiple hypotheses. *Journal of Ethnobiology, 40(4): 414–433* (2020).

Die Untersuchung, bei der Fälle erwähnt wurden, in denen die Frauen aus der Gemeinschaft Hundewelpen stillten, ist folgende: P. B. Gray und S. M. Young: Human-pet dynamics in cross-cultural perspective. *Anthrozoos, 24(1):*17–30 (2011).

Als ich über das Kindchenschema schrieb, habe ich als Quelle vor allem folgenden Artikel verwendet: V. Lehmann. E. M. J. Huis in't Veld und A. J. J. M. Vingerhoets: The human and animal baby schema effect: Correlates of individual differences. *Behavioral Processes, 94: 99–108* (2013). Zusammenfassend schrieben M. Borgi und F. Cirulli zu diesem Thema: Pet face: Mechanisms underlying human-animal relationships. *Frontiers in Psychology,* 8. März (2016).

Über die Veränderung der Schädelform beim Hund und die Gene, die darauf Einfluss nehmen: J. W. Fondon III und H. R. Garner: Molecular origins of rapid and continuous morphological evolution. *Proceedings of the National Academy of Sciences, 101(52): 18058–18063* (2004).

Über die Auswirkungen der Schädelform des Hundes auf das Gehirn: F. Jabr Changing Minds: Has selective breeding restructured some dog brains? *Scientific American,* August (2010).

Kapitel 13: Warum es richtig ist, zu vermenschlichen
Über den Anthropomorphismus im Verhältnis zwischen Mensch und Tier schreiben E. G. Urquiza-Haas und K. Kotrschal: The mind behind anthropomorphic thinking: attribution of mental states to other species. *Animal Behaviour*, 109: 167–176 (2015).

Zum Verhältnis von Dehumanisierung und Empathie schreibt S. T. Fiske: From dehumanization and objectification, to rehumanization: Neuroimaging studies on the building blocks of empathy. *Annals of the New York Academy of Sciences*, 1167: 31–34 (2009).

Kapitel 14: Sobald du mit jemandem fühlst, wird er ein Teil von dir
Über Hirnprozesse, die mit Empathie und sozialer Kognition zusammenhängen, sowie Spiegelneuronen schreibt Riitta Hari in den folgenden beiden Artikeln: Sosiaalisen kognition hermostollinen perusta (Die neuronale Grundlage sozialer Kognition). *Lääketieteellinen aikakauskirja Duodecim.* 119(15) (2003); Ihmisaivojen peilautumisjärjestelmät (Die Spiegelungssysteme des menschlichen Gehirns). *Lääketieteellinen aikakauskirja Duodecim.* 123(13) (2007).

Die Untersuchung zum empathischen Verhalten von Mäusen: M. L. Smith, N. Asada und R. C. Malenka: Anterior cingulate inputs to nucleus accumbens control the social transfer of pain and analgesia. *Science*, 371(6525): 153–159 (2021).

Elisa Aaltola schreibt zum Thema Empathie unter anderem in ihrem Buch *Häpeä ja rakkaus: Ihmiseläinluonto (Scham und Liebe: Die Tiermenschnatur)* (Into Kustannus, 2019) sowie gemeinsam mit Sami Keto in dem Buch *Empatia: Myötäelämisen tiede (Empathie. Die Wissenschaft vom Mitgefühl)* (Into Kustannus, 2018).

Wie das Leid anderer Individuen auf unser Gehirn wirkt: R. G. Franklin Jr, A. J. Nelson, M. Baker *et al*: Neural responses to perceiving suffering in humans and animals. *Social neuroscience*, 8(3): 217–27 (2013).

Teemu Mäki hat über seine Videoarbeit *Sex and Death* einen Aufsatz geschrieben. Er findet sich unter dem Titel »Kissa« (Katze) in finnischer Sprache auf seiner Webseite: http://www.teemumaki. fi/essayskissa.html.

Kapitel 15: Versuche, mich selbst zu verstehen
Die schwedische Studie zur Wahrscheinlichkeit, sich einen Hund anzuschaffen: T. Fall, R. Kuja-Halkola, K. Dobney *et al*: Evidence of large genetic influences on dog ownership in the Swedish Twin Registry has implications for understanding domestication and health associations. *Scientific Reports*, 9, 7554 (2019).

Die Studie an schottischen Studierenden zu den genetischen Grundlagen der Empathie Tieren gegenüber: M. Connor, A. B. Lawrence und S. M. Brown: Associations between oxytocin receptor gene polymorphisms, empathy towards animals and implicit associations towards animals. *Animals* 8(8) (2018).

Der Roman, bei dem die Pferdehufe durch den Boden des Anhängers krachen, ist meiner Erinnerung nach: Arto Salminen: *Eikuori (Die Nicht-Schale)* (WSOY, 2003).

Kapitel 16: Das ungelöste Rätsel von der Herkunft des Hundes
Zusammenfassungen zur Entstehung des Hundes bieten u. a. folgende Quellen:

E. Pennisi: A shaggy dog history. *Science*, 298(5598): 1540–1542 (2002).

P. L. Shipman: The woof at the door. *American Scientist* 97(4) (2009).

Tiina Raevaara: *Koiraksi ihmiselle (Ein Hund für den Menschen)* (Teos, 2011).

Pat Shipman: *Our Oldest Companions: The Story of the First Dogs* (Belknap Press, 2021).

Die Untersuchung von Peter Savolainen aus dem Jahr 2002 zum ostasiatischen Ursprung des Hundes: P. Savolainen, Y. Zhang, J. Luo *et al*: Genetic evidence for an East Asian origin of domestic dogs. *Science*, 298(5598): 1610 (2002).

Afrikanische Dorfhundepopulationen und ihre genetischen Variationen: A. R. Boyko, R. H. Boyko, C. M. Boyko *et al*: Complex population structure in African village dogs and its implications for inferring dog domestication history. *Proceedings of the National Academy of Sciences USA*, 106(33): 13903–13908 (2009).

Die Studie unter der Leitung von Robert K. Wayne aus dem Jahr 2010, die als Urahnen der Hunde Wölfe aus dem Nahen Osten vermutet: B. M. von Holdt, J. P. Pollinger, K. E. Lohmueller *et al*: Genome-wide SNP and haplotype analyses reveal a rich history underlying dog domestication. *Nature*, 464: 898–902 (2010).

Die Studie von Waynes Forschungsgruppe aus dem Jahr 2013, in der der Ursprung des Hundes nach Europa zurückverfolgt wurde: O. Thalmann, B. Shapiro, P. Cui *et al*: Complete mitochondrial genomes of ancient canids suggest a European origin of domestic dogs. *Science*, 342(6160): 871–874 (2013).

Die Schlussfolgerungen zum Wolfsfossil von der Halbinsel Taimyr und seiner DNA wurden hier publiziert: P. Skoglund, E. Ersmark, E. Palkopoulou und L. Dalén: Ancient wolf genome reveals an early divergence of domestic dog ancestors and admixture into high-latitude breeds. *Current Biology*, 25: 1515–1519 (2015).

Die Studie von 2016, die dem Hund zwei verschiedene Ursprungsorte zusprach: L. A. F. Frantz, V. E. Mullin, M. Pionnier-Capitan *et al*: Genomic and archaeological evidence suggest a dual origin of domestic dogs. *Science*, 352(6290): 1228–1231 (2016).

Die Studie, nach der Hunde auf eine einzige Wolfspopulation zurückgehen, obwohl es vor 11 000 Jahren schon fünf unterschiedliche Hundepopulationen gab: A. Bergström, L. Frantz, R. Schmidt *et al*: Origins and genetic legacy of prehistoric dogs. *Science*, 370(6516): 557–564 (2020).

Kapitel 19: Selbst im Grab bist du nicht allein
Über den Menschen als Ballwerfer hat Mikael Fortelius in seinem Artikel Ihmisen sapientoitumisesta (Wie der Mensch zum Sapiens wurde) geschrieben. Er findet sich in dem Band: Ilkka Hanski, Ilkka Niiniluoto und Ilari Hetemäki (Hrsg.): *Kaikki evoluutiosta (Alles über die Evolution)* (Gaudeamus, 2009).

Archäologische Spuren von Hunden, wie etwa die Bestattung von Hunden und gemeinsame Gräber von Menschen und Hunden in verschiedenen Kulturen, werden hier vorgestellt: Susan Janet Crockford (Hrsg.): *Dogs Through Time: An Archaeological Perspective* (British Archaeological Reports, 2008).

Einen ziemlich umfassenden Überblick zur Bestattung von Hunden liefert D. F. Morey in seinem Artikel Burying key evidence: The social bond between dogs and people. *Journal of Archaeological Science*, 33: 158–175 (2006).

Vom Verschwinden der Megafauna am Ende der letzten Eiszeit: C. Sandom, S. Faurby, B. Sandel und J.-C. Svenning: Global late Quaternary megafauna extinctions linked to humans, not climate change. *Proceedings of the Royal Society B: Biological Sciences*, 281:20133254 (2014).

Paul S. Martin hat ein Buch über das Verschwinden der Mammuts geschrieben, in dem er seine Überlegungen aus den 1960er

Jahren revidiert: *Twilight of the Mammoths: Ice Age Extinctions and the Rewilding of America* (University of California Press, 2005).

Die neusten Forschungsergebnisse über den Hund aus Bonn-Oberkassel: L. Janssens, L. Giemsch, R. Schmitz *et al*: A new look at an old dog: Bonn-Oberkassel reconsidered. *Journal of Archaeological Science*, 92: 126–138 (2018).

Zur Bedeutung der Bestattung von Hunden sowie allgemein zum Verhältnis von frühen Hunden und Menschen: G. Munt und C. Meiklejohn: The symbiotic dog. Why is the earliest domesticated animal also important symbolically? Der Artikel ist erschienen in: Birgitta Hardh, Kristina Jennbert und Deborah Olausson (Hrsg.): *On the Road: Studies in Honour of Lars Larsson*. Acta Archaeologica Lundensia, ser. in 4o, 26 (Almqvist & Wiksell International, 2007).

Kapitel 20: Der letzte Wachposten vor dem Großen Unbekannten
Über die Hunde und den Glauben der Azteken schreibt I. Wilkosz in dem Artikel Aztec dogs: Myths and ritual practice. In: Raija Mattila, Sanae Ito und Sebastian Fink (Hrsg.): *Animals and their Relation to Gods, Humans and Things in the Ancient World* (Springer, 2019).

Über Höllenhunde, Hundemenschen und die Rolle des Hundes als Wächter an verschiedenen Kreuzungspunkten und Grenzen schreibt David Gordon White in seinem Buch *Myths of the Dog-Man* (University of Chicago Press, 1991).

Kapitel 22: Das Geheimnis des menschlichen Blicks
Zur Analyse des Blicks bei anderen Individuen schreibt Riitta Hari: Sosiaalisen kognition hermostollinen perusta (Die neuronale Grundlage sozialer Kognition) in der Zeitschrift *Lääketieteellinen aikakauskirja Duodecim*. 119(15) (2003).

Die weiße Lederhaut des Menschen und den möglichen Anteil der Domestizierung daran erwägen Brian Hare und Vanessa

Woods in ihrem Buch *Survival of the Friendliest. Understanding Our Origins and Rediscovering Our Common Humanity* (Random House, 2020).

Kapitel 23: Werde ich dich je verstehen?
Ein Überblick zum Sehvermögen von Hunden: S.-E. Byosiere, P. A. Chouinard, T. J. Howell und P. C. Bennett: What do dogs (Canis familiaris) see? A review of vision in dogs and implications for cognition research. *Psychonomic Bulletin & Review*, 25: 1798–1813 (2018).

Wie Hunde die Gesichter von Menschen und anderen Hunden betrachten: S. Somppi, H. Törnqvist, L. Hänninen *et al*: How dogs scan familiar and inverted faces: an eye movement study. *Animal Cognition*, 17: 793–803 (2014).

Die Untersuchung, in der Hunden beigebracht wurde, traurige und fröhliche Gesichter zu unterscheiden: C. A. Müller, K. Schmitt, A. L. A. Barber und L. Huber: Dogs can discriminate emotional expressions of human faces. *Current Biology*, 25: 601–605 (2015).

Wie Hunde auf verschiedene Stimmungen von Menschen reagieren: D. Custance und J. Mayer: Empathic-like responding by domestic dogs (Canis familiaris) to distress in humans: an exploratory study. *Animal Cognition*, 15(5): 851–859 (2012).

Über Chaser, Rico und andere Hunde, die sich viel merken können, schreiben Brian Hare und Vanessa Woods in ihrem Buch *The Genius of Dogs: How Dogs Are Smarter Than You Think* (Dutton, 2013).

Die Untersuchung der Universität York über die »Babysprache«, in der Menschen mit ihren Hunden sprechen: A. Benjamin und K. Slocombe: »Who's a good boy?!« Dogs prefer naturalistic dog-directed speech. *Animal Cognition*, 21(3): 353–364 (2018).

Die Untersuchung, in der die Reaktion in den Gehirnen von Hunden auf maschinelle und menschliche Stimmen mit bildgebenden Verfahren sichtbar gemacht wurde: V. F. Ratcliffe und D. Reby: Orienting asymmetries in dogs' responses to different communicatory components of human speech. *Current Biology*, 24(24): 2908–2912 (2014).

Die Untersuchung, in der Hunden verschiedene Stimmen vorgespielt wurden, während ihre Gehirne mit der funktionellen Magnetresonanztomographie untersucht wurden: A. Andics, M. Gácsi, T. Faragó *et al*: Voice-sensitive regions in the dog and human brain are revealed by comparative fMRI. *Current Biology*, 24(5): 574–578 (2014).

Kapitel 24: Sieh mich an

Die Untersuchung darüber, wie sich die gemeinsame Zeit mit dem eigenen Hund auf die Oxytocin-Werte des Menschen auswirkt: S. C. Miller, C. Kennedy, D. DeVoe *et al*: An Examination of changes in oxytocin levels in men and women before and after interaction with a bonded dog. *Anthrozoös*, 22(1) (2009).

Die japanische Studie zum Thema Oxytocin-Ausschüttung beim Blickkontakt zwischen Mensch und Hund: M. Nagasawa, S. Mitsui, S. En *et al*: Oxytocin-gaze positive loop and the coevolution of human-dog bonds. *Science*, 348(6232): 333–336 (2015). Kommentar zu dieser Studie in: Z. Kekecs, A. Szollosi, B. Palfi *et al*: Commentary: Oxytocin-gaze positive loop and the coevolution of human-dog bonds. *Frontiers in Neuroscience*, 10:155 (2016).

Die Studie zum Ursprung der Dingos: P. Savolainen, T. Leitner, A. N. Wilton *et al*: A detailed picture of the origin of the Australian dingo, obtained from the study of mitochondrial DNA. *Proceedings of the National Academy of Sciences*, 101(33): 12387–12390 (2004).

Zum Unterschied zwischen Dingos, Hunden und Wölfen im Hinblick auf den Blickkontakt zum Menschen: A. M. Johnston, C. Turrin, L. Watson *et al*: Uncovering the origins of dog-human eye contact: dingoes establish eye contact more than wolves, but less than dogs. *Animal Behaviour*, 133: 123–129 (2017).

Zum Muskel, mit dem ein Hund seinen Augenwinkel anheben kann: J. Kaminski, B. M. Wallera, R. Diogo, A. Hartstone-Rose und A. M. Burrows: Evolution of facial muscle anatomy in dogs. *Proceedings of the National Academy of Sciences USA*, 116(29): 14677–14681 (2019).

Die Untersuchung von Brian Hare und Michael Tomasello zur Fähigkeit von Hunden, menschliche Gesten zu verstehen: Human-like social skills in dogs? *Trends in Cognitive Science*, 9(9): 439–444 (2005).

Über Zeigegesten schreibt Ádám Miklósi viel in seinem Buch *Dog Behaviour, Evolution, and Cognition* (Oxford University Press, 2007/korrigierte Neuausgabe 2015).

Die angeborenen Unterschiede zwischen Hund und Wolf im Hinblick auf ihr Verständnis menschlicher Gesten und die Kontaktaufnahme zum Menschen wurden hier untersucht: H. Salomons, K. C. M. Smith, M. Callahan-Beckel *et al*: Cooperative communication with humans evolved to emerge early in domestic dogs. *Current Biology*, 31: 3137–3144 (2021).

Wie Hunde ihren Kopf schieflegen, wenn sie sich konzentrieren: A. Sommese, Á. Miklósi, Á. Pogány *et al*: An exploratory analysis of head-tilting in dogs. *Animal Cognition*, 26. lokakuuta (2021).

Kapitel 25: Wer hat ein Bewusstsein?
Über die Fähigkeit von Vögeln, UV-Licht wahrzunehmen, schreibt J. Withgott: Taking a bird's-eye view … in the UV: Recent studies reveal a surprising new picture of how birds see the world. *BioScience*, 50(10): 854–859 (2000).

Das Gedicht von Eeva Kilpi findet sich in ihrem Gedichtband *Animalia* (WSOY, 1987).

Über die Auswirkung von Descartes auf die menschliche Beziehung zu Natur und Tieren schreibt Elisa Aaltola in ihrem Artikel Ihminen eläimenä ja osana luontoa (Der Mensch als Tier und als Teil der Natur). In dem Band: Elisa Aaltola und Vilma Hänninen (Hrsg.): *Ihminen kaleidoskoopissa: Ihmiskäsitysten kirjoa tutkimassa (Der Mensch im Kaleidoskop: Forschungen zum Spektrum des Menschenverständnisses)* (Gaudeamus, 2020).

Die Aufteilung des Bewusstseins in vier Teilbereiche nutzt beispielsweise Helena Telkänranta in ihrem Buch *Millaista on olla eläin? (Wie es ist, ein Tier zu sein)* (SKS, 2015). Das Buch enthält darüber hinaus viele Informationen zu Emotionen von Tieren und den Möglichkeiten, diese zu untersuchen.

Die Studie der Universität Tübingen zum Bewusstsein von Krähen: A. Nieder, L. Wagener und P. Rinnert: A neural correlate of sensory consciousness in a corvid bird. *Science*, 369(6511): 1626–1629 (2020).

Die Untersuchung zu Hunden, die Futter stehlen, wenn der Mensch es nicht sieht: J. Call, J. Bräuer, J. Kaminski und M. Tomasello: Domestic dogs (Canis familiaris) are sensitive to the attentional state of humans. *Journal of Comparative Psychology*, 117(3): 257–263 (2003).

Fische bestanden den Spiegeltest in dieser Studie: M. Kohda, T. Hotta, T. Takeyama *et al*: If a fish can pass the mark test, what are the implications for consciousness and self-awareness testing in animals? *PLOS Biology*, 17(2): e3000021 (2019).

Kapitel 26: Warum tun wir euch das an?
Eine Untersuchung dazu, wie der Mensch bereits vor 12 000 Jahren seine Umgebung gestaltete: E. C. Ellis, N. Gauthierb, K. Klein Goldewijkd *et al*: People have shaped most of terrestrial nature for at least 12,000 years. *Proceedings of the National Academy of Sciences*, 118(17): e2023483118 (2021).

Elisa Aaltola schreibt über Akrasie u. a. in ihrem Buch *Häpeä ja rakkaus: Ihmiseläinluonto (Scham und Liebe. Die Tiermenschnatur)* (Into Kustannus, 2019).

Das Buch von Richard Wrangham zur widersprüchlichen Einstellung des Menschen zu Gewalt: *Die Zähmung des Menschen: Warum Gewalt uns friedlicher gemacht hat – Eine neue Geschichte der Menschwerdung*, übers. von Jürgen Neubauer (DVA, 2019).

Kapitel 27: Ein Leben in der Maschinerie
Hintergrundinformationen zur Kultur des Natufien: O. Bar-Yosef: The Natufian culture in the Levant, threshold to the origins of agriculture. *Evolutionary Anthropology*, 6(5): 159–177 (1998).

Archäologische Spuren von Hunden werden in diesem Buch vorgestellt: Susan Janet Crockford (Hrsg.): *Dogs Through Time: An Archaeological Perspective* (British Archaeological Reports, 2008).

Zur Bestattung von Hunden schreibt D. F. Morey: Burying key evidence: the social bond between dogs and people. *Journal of Archaeological Science*, 33: 158–175 (2006).

Zur Geschichte der Nutzpflanzen: T. A. Brown, M. K. Jones, W. Powell und R. G. Allaby: The complex origins of domesticated crops in the Fertile Crescent. *Trends in Ecology & Evolution*, 24(2): 103–109 (2009).

Von Jared Diamond sollte man mindestens dieses Buch lesen: *Arm und Reich: Die Schicksale menschlicher Gesellschaften,* übers. von Volker Englich (Fischer, überarbeitete Neuausgabe 2006).

Das geläufige Bild der neolithischen Revolution und der einfachen Lebensweise der Jäger und Sammler kritisieren David Graeber und David Wengrow: *Anfänge. Eine neue Geschichte der Menschheit*, übers. von Henning Dedekind, Helmut Dierlamm, Andreas Thomsen (Klett-Cotta, 4. Auflage 2022).

Zum Ursprung des patriarchalen Familienmodells am Anfang des Neolithikums: A. Ananthaswamy und K. Douglas: The origins of sexism: How men came to rule 12,000 years ago. *New Scientist*, 18. April 2018.

Über den Beitrag von Thomas von Aquin zur Verstärkung des Dualismus zwischen Mensch und Natur schreibt Elisa Aaltola in ihrem Artikel Ihminen eläimenä ja osana luontoa (Der Mensch als Tier und als Teil der Natur). Er findet sich in dem Buch: Elisa Aaltola und Vilma Hänninen (Hrsg.): *Ihminen kaleidoskoopissa: Ihmiskäsitysten kirjoa tutkimassa (Der Mensch im Kaleidoskop: Forschungen zum Spektrum des Menschenverständnisses)* (Gaudeamus, 2020).

Lynn White Jr. legte seine Gedanken zu den Auswirkungen des Christentums auf die Ausbeutung der Natur in diesem Artikel dar: The historical roots of our ecologic crisis. *Science*, 155: 1203–1207 (1967).

Zum Thema Ökotheologie hat der finnische Theologe Panu Pihkala viel geschrieben, u. a. hier: Ekoteologian määrittelystä (Zur Definition der Ökotheologie). *Teologinen Aikakauskirja*, 118(2): 142–154 (2013).

Kapitel 28: Geteiltes Leid, geteilte Freude
Zum erhöhten Selbstmordrisiko von Tierärztinnen und -ärzten: S. E Tomasi, E. D. Fechter-Leggett, N. T. Edwards *et al*: Suicide among veterinarians in the United States from 1979 through 2015. *Journal of the American Veterinary Medical Association*, 254(1): 104–112 (2019).

Zu Klima- und Umweltangst hat Panu Pihkala geforscht: Anxiety and the Ecological Crisis: An Analysis of Eco-Anxiety and Climate Anxiety. *Sustainability*, 12(19):7836 (2020).

Auf Finnisch wird das Thema Klima- und Umweltangst beispielsweise hier behandelt: H. Rintala, S. Saarimäki, M. Peijari *et al*: Ympäristöahdistus näkyy monissa muodoissa. (Klimaangst zeigt sich in vielen Formen) in der Zeitschrift *Lääkärilehti*, 76(38): 2086–2087 (2021).

Anmerkung der ÜS: Auf Deutsch zu diesem Thema weiterlesen kann man in: Christoph M. Hausmann, Katharina van Bronswijk *et al* (Hrsg.): *Climate Emotions: Klimakrise und psychische Gesundheit (Forum Psychosozial)* (Psychosozial-Verlag, 2022)

Elisa Aaltola: *Häpeä ja rakkaus: Ihmiseläinluonto (Scham und Liebe: Die Menschtiernatur)* (Into Kustannus, 2019).

Zum Sentimentalismus schreibt Elisa Aaltola in dem Artikel Eläimellinen moraalipsykologia: tunne, järki ja kiasmat. (Moralpsychologie der Tiere: Gefühl, Vernunft und die Chiasmen) in der Zeitschrift *Niin & näin*, 2 (2015).

Kapitel 29: Kann sich überhaupt etwas ändern?
Jacques Derrida: *Das Tier, das ich also bin,* übers. von Marcus Sedlaczek (Passagen, 2010).

Die Bedeutung des Reports »Die Grenzen des Wachstums« wird hier beleuchtet: Donella Meadows, Jørgen Randers und Dennis Meadows: *Grenzen des Wachstums – Das 30-Jahre-Update*, übers. von Andreas Held (Hirzel, 2021).

Der UN-Report zum Zustand der Natur in der Welt: W. V. Reid, H. A. Mooney, A. Cropper *et al*: *Ecosystems and Human Well-Being: A Report of the Millennium Ecosystem Assessment* (Island Press, 2005).

Mehr zum Begriff »nature's benefits to people«: S. Díaz, S. Demissew, C. Joly *et al*: A Rosetta Stone for nature's benefits to people. *PLOS Biology*, 13(1):e1002040 (2015).

Mehr zum Begriff »nature's contributions to people«: S. Díaz, U. Pascual, M. Stenseke *et al*: Assessing nature's contributions to people. *Science*, 359(6373): 270–272 (2018).

Kapitel 31: Wie man glücklich wird
Die Selbstbestimmungstheorie geht auf dieses Buch zurück: Edward L. Deci und Richard M. Ryan: *Intrinsic Motivation and Self-Determination in Human Behavior* (Plenum, 1985).